Zwischen Nord- und Ostsee

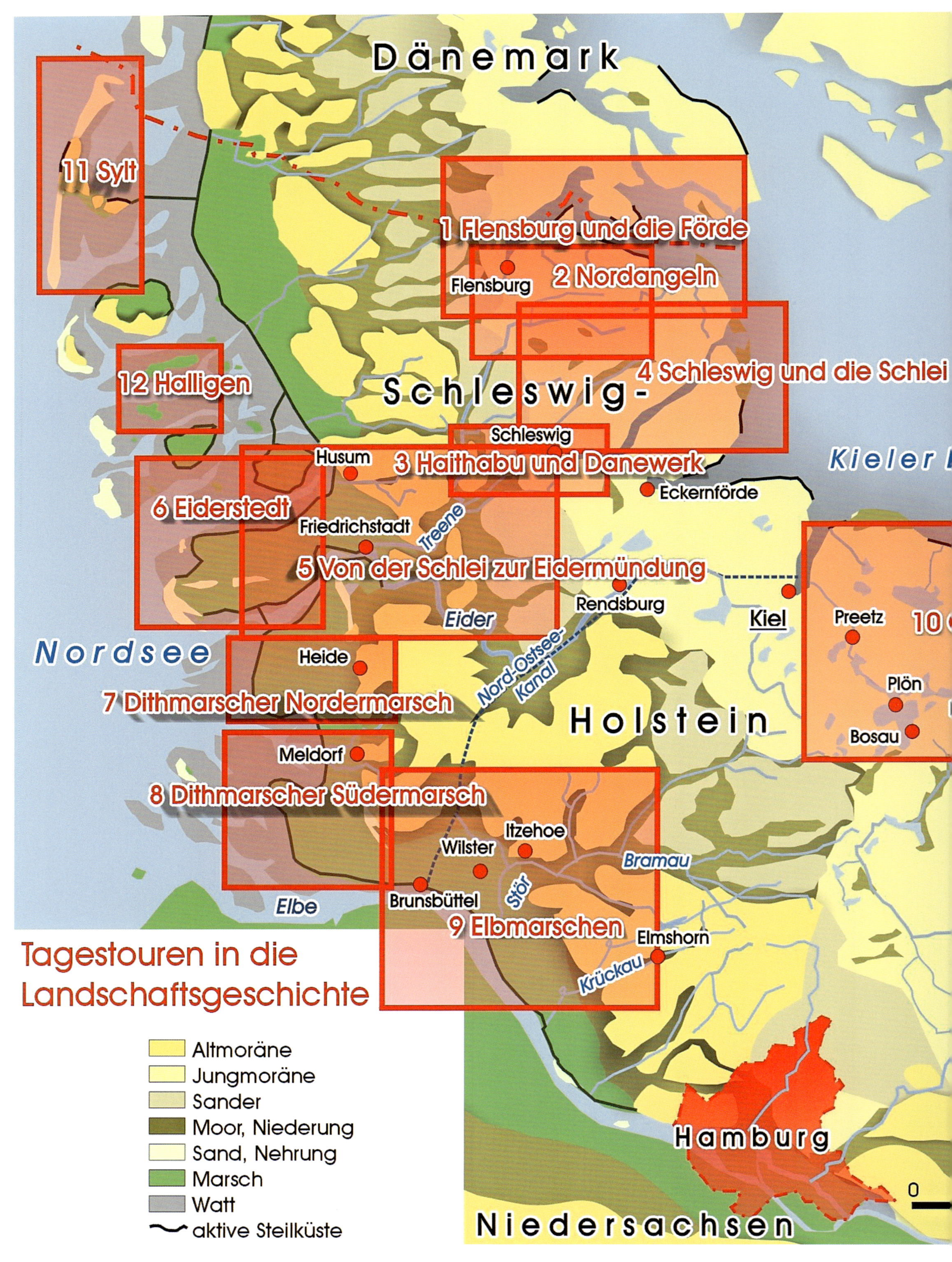

Tagestouren in die Landschaftsgeschichte

Dirk Meier

Zwischen Nord- und Ostsee

Tagestouren in die Landschaftsgeschichte

BOYENS

ISBN 978-3-8042-1540-5

Herstellung: Boyens Buchverlag
Layout und Gestaltung: Dörte Kromrei
Druck:BELTZ Bad Langensalza GmbH, Bad Langensalza
Printed in Germany
www.boyens-buchverlag.de

INHALTSVERZEICHNIS

DIE DITHMARSCHER NORDERMARSCH

VON MELDORF NACH BRUNSBÜTTEL

VON BRUNSBÜTTEL IN DIE ELBMARSCHEN UND NACH LIETH

OSTHOLSTEIN

SYLT

HALLIGEN

VORWORT

Schleswig-Holstein besitzt zwischen Nord- und Ostsee unverwechselbare Kulturlandschaften mit zwei unterschiedlichen Küsten. Deren Entwicklung und Geschichte lassen sich mit diesem Buch anhand 12 ausgewählter Tagestouren erkunden.

Diese führen ausgehend von Flensburg zu beiden Seiten der Flensburger Förde entlang der in der Weichsel-Kaltzeit und dem nacheiszeitlichen Meeresspiegelanstieg geformten Landschaft, zu den Fröruper Bergen und durch das Jungmoränengebiet Nordangelns. Eine Exkursion zum Weltkulturerbe Haithabu mit dem Danewerk schließt sich ebenso an wie eine weitere entlang der malerischen Schlei bis Maasholm und Schleimünde. Die Exkursion von der Schlei zur Eidermündung bietet einen Landschaftsquerschnitt durch Schleswig-Holstein von der letzten Kaltzeit über die Sander und Moore der Eider-Treene-Sorge-Niederung bis hin zu den Altmoränen Stapelholms und den Marschen entlang der Eidermündung. Über die Halbinsel Eiderstedt folgt eine Tour den alten Deichen und Warften. Im Dithmarscher Küstengebiet haben zwei Exkursionen die Landschaftsgeschichte und Besiedlung seit den ersten nachchristlichen Jahrhunderten zum Ziel. Eine weitere Tagestour geht durch die Wilster- und Krempermarsch zu Warften, Kirchorten und den kleinen Städten Wilster, Krempe und Glückstadt. Ein Abstecher führt in die Kalkgrube von Lieth bei Elmshorn, wo sich die Erdgeschichte von heute bis zum ausgehenden Erdaltertum erkunden lässt. Eine weitere Fahrt führt von Kiel über Oldenburg nach Heiligenhafen durch die Jungmoränenlandschaft Ostholsteins und zu slawischen Burgen. Ebenso im Programm sind die Insel Sylt mit ihrer von den Naturgewalten geformten Landschaft sowie die Halligen Hooge und Langeness im Weltnaturerbe Wattenmeer.

Das Buch vermittelt so Eindrücke von Exkursionen, die ich oft geleitet habe. Zur Vertiefung der Landschaftsgeschichte sei auf meine Bücher beim Boyens Buchverlag hingewiesen, dessen Verlagsleiter Bernd Rachuth ich ebenso danke wie Dörte Komrei für das qualitätvolle Layout.

Dirk Meier

FLENSBURG UND DIE FÖRDE

FLENSBURG

Flensburg liegt im inneren Winkel der Flensburger Förde. Den besten Blick auf die westliche Seite der Stadt hat man von der östlichen Hafenseite und der Großen Treppe auf Jürgensby. Die obere Silhouette prägen die charakteristischen im Bedre Byggeskik (Bessere Baupraxis) und im Heimatschutzstil errichteten Gebäude der Duborg Skole und der ehemaligen Handelslehranstalt auf dem Marienberg, der Museumsberg und das Alte Gymnasium. Der 1873 als Städtische Handelslehranstalt entstandene Bau am Schlosswall wurde 1929 an der Stelle der ehemaligen Duburg gebaut. Im Tal fällt der Blick auf den Museumshafen, das 1602 für die Flensburger Schiffergilde erbaute Kompagnietor, die Schiffbrücke, die Marienkirche sowie die Hafenspitze. Im Süden erblickt man St. Nikolai. Von der Aussichtsplattform auf der Westseite am Schlosswall reicht der Blick über St. Marien und über den Hafen hinüber nach Jürgensby mit der Goetheschule und der St.-Jürgen-Kirche sowie nach Norden bis zum dänischen Kollund und den Ochseninseln. Ein weiterer Überblick über die Stadt ergibt sich vom Turm des 1964 an das Pferdewasser verlagerten neuen Rathauses sowie im Sommer vom Wasserturm im Volkspark. Ein gutes Verständnis des Naturraums und der historischen Stadtentwicklung vermittelt das Stadtmodell im Schifffahrtsmuseum.

Die heutige Topographie der Stadt ist das Resultat der in der Weichsel-Kaltzeit (115.000–9.700 v. Chr.) entstandenen bis etwa 64 m über NN hohen Seitenmoränen des Förde-Gletschers entlang der Förde, dem holozänen Meeresspiegelanstieg und menschlicher Aktivitäten einer über 750-jährigen städtischen Besiedlung. In der beengten Tallage mit ihrem gut von der Ostsee erreichbaren und infolge der hohen Seitenhänge vor Wind geschützten Hafen entwickelte sich die Bebauung bandartig um das Ende der Förde herum. Zudem lief westlich der Stadt der von Jütland nach Hamburg führende Heerweg vorbei, auf den im Gebiet von Flensburg Querwege von Angeln nach Nordfriesland trafen.

Die ursprüngliche Bebauung beschränkte sich auf die schmalen Uferstreifen entlang der Flensburger Innenförde und folgt einem keilförmigen, in das Endmoränenplateau der letzten Kaltzeit einschneidendes Gletschertal. Am Ostufer der Flensburger Förde mündet im Flensburger Stadtgebiet das Erosionstal des Lautrupsbachs in die Förde. Im Süden der Flensburger Förde erstreckt sich das ausgeprägte Erosionstal des Mühlenstroms, in dem sich am Ende der Weichsel-Kaltzeit die Entwässerung umkehrte, sodass das Wasser in die Förde abfloss. Die Förde erstreckte sich ursprünglich weiter in das Tal hinein und reichte bis an eine quer verlaufende Landschwelle (Angelburger Straße), sodass man mit Schiffen fast bis zum Südermarkt fahren konnte. Diese durchbrach der heute verrohrte Mühlenstrom, der zu zwei nach dem Ersten Weltkrieg zugeschütteten Mühlenteichen führte. Der verlandete Südteil der Förde war bereits vorher zugeworfen worden, um Platz für neue Hafenanlagen und den Bau der ersten Eisenbahn zu gewinnen, die 1854 bis zum Hafen geführt wurde. Auf dem Gelände des ehemaligen Kleinen Mühlenteiches entstand nach der Abstimmung 1920 als „Reichsdank für deutsche Treue“ das Deutsche Haus als Mehrzweckhalle. Im Bereich des früheren Großen Mühlenteichs steht seit 1928 der heutige Bahnhof auf einer Pfahlgründung.

Neben der Angelburger Straße bildet auch der Holm im Westen der Förde eine langgestreckte Bodenerhebung. Zwischen diesen Kuppen kennzeichnen ursprünglich Wasserläufe und sumpfige Gräben das ehemals unre-

Stadtexkursion: Altstadt von Flensburg

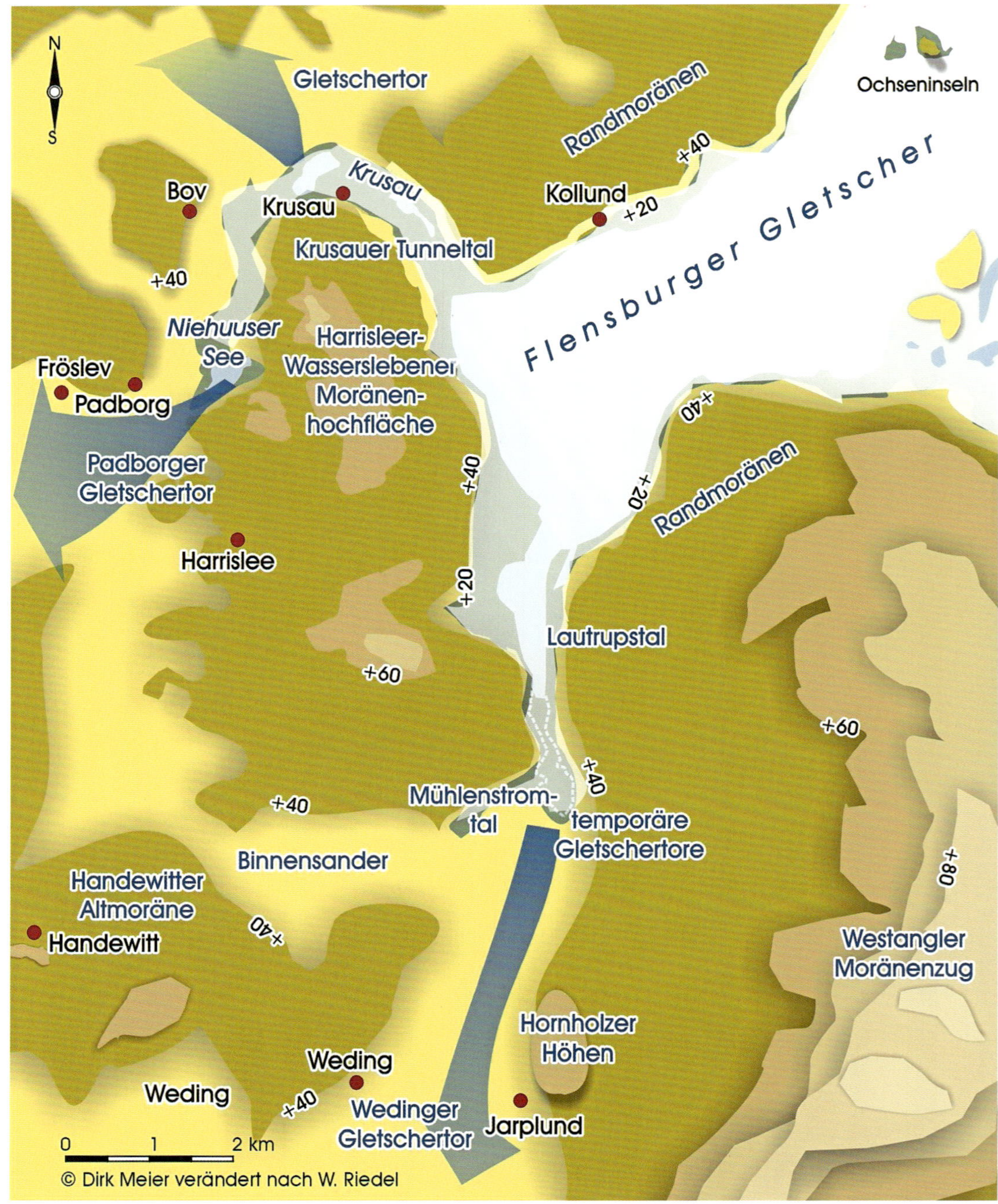

Eiszeitliche Topographie mit Flensburger Förde-Gletscher, Schmelzwassertälern, Jungmoränen und Sandern

gelmäßige Relief. Dahinter erstreckten sich zu Besiedlungsbeginn im Hochmittelalter sumpfige Niederungen mit kristallklarem Wasser, was von den quellreichen Moränenhängen sprudelte. Dieses sammelte sich in einem Graben (Süder- und Nordergraben), der den Holm und die Große Straße im Westen zur ansteigenden Moränenkuppe begrenzte. Von hier floss das Wasser in mehreren, später überbrückten Bächen bis in die Förde.

Die frühe Stadtwerdung Flensburgs ist sagenhaft umhüllt. So soll sich zur Zeit des Schleswiger Jarls Knud Lawards (1115–1231) der aus dem Flecken Leck stammende Ritter Fleno im Kirchspiel St. Johannis am Ostufer der Flensburger Förde niedergelassen haben, dem die dortigen Fischer hörig wurden. Nach seinem Tod kam die von ihm errichtete Burg an den Landesherrn, wobei der wachsende Ort den Namen Flensburg erhielt. Gesichert ist nur, dass Knud Laward in Verbindung mit dem deutschen Kaiser Lothar stand und von diesem die Handhabung von Herrschaftsrechten, Steuererhebungen und Stadtgründungen übernahm. Im Bereich der Angelburger Straße am ehemaligen Mühlenstrom befand sich eine Zollstätte, die den Warenverkehr zwischen der Wiesharde im Westen und der Husbyharde im Osten überwachte. Im Gebiet von St. Johannis dürft ein kleiner Handelsort existiert haben, dessen Schutz vor maritimen Überfällen ostholsteinischer Slawen (Wenden) Knud Laward wichtig war. Nahe der Förde lag vermutlich eine Befestigung, eine weitere Turmhügelburg befand sich im Viertel St. Marien. Die Ansiedlung von St. Johannis dürfte in dieser Zeit über die Bedeutung eines Marktortes (Wiks) nicht hinausgegangen sein. Die in Fahrtgenossenschaften zusammengeschlossenen Bauern Schleswigs trieben Handel auf eigenen Schiffen.

Zwar sind die Anfänge Flensburgs weit unbedeutender als Schleswigs im 12. Jahrhundert, doch sollte sich die tiefere Förde positiv auf den maritimen Fernverkehr auswirken. Vor allem das westliche Fördeufer zwischen Wasser und dem Steilrand der Moränen bot Raum für die Anlage eines urbanen Zentrums, das 1284 Stadtrecht erhielt. Parallel zum Fördeufer verbindet noch heute die Hauptverkehrsachse der Altstadt, die Große Straße und der Holm, die mittelalterlichen Siedlungskerne von St. Marien und St. Nikolai. Wie schon erwähnt, reichte der Hafen bis zur Straße Plankemai bei St. Joahnnis sowie zur Angelburger Straße und umfasste ferner den östlichen Teil der Grundstücke, die sich vom Holm zu den Südhofenden erstrecken. Deren Eigentümer haben über Jahrhunderte hinweg ihre „Hofenden“ mit der Anhäufung ihrer Abfälle in den Hafen vorgeschoben. Hier lagen auch die reichen Kaufmannshöfe. Die durch Senken und über kleine Höhen parallel verlaufende Hauptstraße erhöhte der Schwemmsand, der bis zur Pflasterung der Straßen jahrhundertelang die Hänge und Hohlwege hinabgespült wurde. Heute ist dies noch am unteren Ende der Marienstraße nachvollziehbar.

Blick auf die Hafensüdspitze in Flensburg in den 1950er Jahren mit Hafenbahn, Kompagnietor und Marienkirche sowie auf die westliche Höhe mit Altem Gymnasium und Heimatschutzbauten an Stelle der ehemaligen Duburg. Quelle: Kalender des SSW

Flensburger Hafen mit Kompagnietor, Marienkirche und Altem Gymnasium Foto: Dirk Meier

Das 1269 gegründete, ursprünglich von einer Mauer umgebene ehemalige Franziskanerkloster und der Südermarkt liegen auf einem Hügel. Am Südermarkt befindet sich der natürliche Untergrund 3 m unter dem heutigen Niveau, am Kloster wurde seit 1500 durch Abfälle die Oberfläche um 2 m aufgehöht. Der zum Südermarkt führende Klostergang fiel im Mittelalter zu einem Wasserarm stark ab, dessen Grund sich mit 7,5 m unter dem heutigen Niveau noch unterhalb des Wasserspiegels der Förde befand. Den Gang verband eine Brücke mit der Klosterpforte, deren Fundamente 3 m unter der heutigen Oberfläche erbaut wurden. Zur Klosterinsel hinauf stieg der Weg wieder etwas an, während die Insel zur Roten Straße abfiel. Am Rand der hier vorhandenen sumpfigen Niederung verlief die Klostermauer. Der südliche Teil der Roten Straße ist hingegen eine Durchbruchsstraße des 16. Jahrhunderts. Damals wurde über die westliche Ausbuchtung des Klosterareals über die alte Umfassungsmauer hinausgehend und quer über das sumpfige Mühlenstromtal ein Damm aufgeschüttet, der das Wasser des Mühlenstromes für die Wassermühlen an der Roten Straße staute, auf dem die neue Ausfallstraße nach Süden verlief. Auf den Aufschüttungen an der ehemaligen Grenze des Klosters wurde das Rote Tor erbaut. Das ältere, 1436 erwähnte Tor, das etwa bei den Häusern Rote Straße 12–14 lag, brach man dafür ab. Weitere Gebäude wurden für die Durchbruchstraße der Straßenbahn zum Bahnhof und mit der Altstadtsanierung zwischen Klostergelände und Rathaus abgerissen.

Nördlich des Klosters deutet die Anlage des Südermarkts auf eine Planung hin, da hier die Straßen rechtwinklig zum Marktplatz führen. Eine Häuserreihe trennte früher die 1322 erstmals erwähnte Nikolaikirche vom Südermarkt. Die gotische, teilweise über einem Vorgängerbau von vor 1332 erbaute Gewölbekirche wurde um etwa 1400 errichtet und bis 1480 erweitert. Mit 90 m ist der Kirchturm einer der höchsten in Schleswig-Holstein. Nachdem 1878 ein Blitzschlag die alte gotische Turmspitze zerstört hatte, entstand der heutige neugotische Aufsatz. Archäologische Ausgrabungen vor dem Bau der Stadtgalerie am Holm nahe des Südermarktes belegen Siedlungsaktivitäten in der ersten Hälfte des 13. Jahrhunderts. So wies die Datierung einer am damaligen Hafenbereich errichteten Holzpalisade in die Zeit um 1231.

Schon nach dem Regierungsantritt Knud VI. 1182 ist weiter im Norden mit der Anlage eines Kirchspiels St. Marien um den Nordermarkt begonnen worden. Maßgeblich beteiligt daran waren die Kaufleute der Knudsgilde. Das Marienpatrozinium unterstreicht die Bedeutung der ersten Marktgründung Flensburgs, die dem Schema einer deutschen Gründungsstadt folgt, wie sie seit Heinrich dem Löwen im Ostseeraum üblich wurde. Diese charakterisiert in Flensburg der viereckige Nordermarkt, in dessen Enden Straßen rechtwinklig enden und den eine Budenreihe von der Marktkirche St. Marien trennte. Ferner ist hier einbezogen die lange Hauptstraße *haerscop gatae* (Herrschaftsstraße, heute: Große Straße). Zwischen der Rathausstraße und dem Nordermarkt liegt die Heiligengeistkirche eines ehemaligen Hospitals, die seit 1588 der dänischen Gemeinde der Stadt dient. Am Nordermarkt steht mit dem Schrangen ein 1595 errichteter Repräsentativbau, unter dessen Laubengängen einst die Metzger ihre Verkaufsstände besaßen. Der älteste Teil der dahinter liegenden Marienkirche stammt aus dem 13. Jahrhundert. Zuvor stand hier eine unter König Waldemar I. um 1165/70 oder Knud VI. 1182 errichtete romanische Steinkirche, die bei Auseinandersetzungen zwischen König Erik IV. und Herzog Abel von Schleswig 1248 zerstört wurde. Im Mai des gleichen Jahres wurde mit dem heutigen Bau begonnen. Die Kirche erfuhr immer wieder Erweiterungen und Umbauten. Der Hauptaltar gilt als Hauptwerk der norddeutschen Spätrenaissance. Der 1730/31 erbaute Turm wurde 1878 bis 1880 durch den heutigen neugotischen ersetzt. Für die Stadtgeschichte sehenswert ist in der Ostwand der Südkapelle der Epitaph für Georg Beyer von 1581 mit der ältesten Ansicht Flensburgs.

An der Marktsiedlung St. Marien fanden die größer werdenden Schiffe tieferes Wasser vor, als es am Ende der Förde bei der Wik-Siedlung St. Johannis vorhanden war. So konnten hier die Schiffe an einem Sandkegel im Bereich der heutigen Schiffbrücke anlegen. Parallel dehnte sich die Marktsiedlung entlang der Förde nach Norden mit der Neuen Straße und nach Süden mit dem Holm zum Südermarkt hin aus. Während der Stadtwerdungsphase wuchs Flensburg so aus den kleinen Siedlungsgefilden St. Johannis, St. Nikolai, St. Marien und St. Gertrud zusammen. Ein weiterer kleiner Siedlungskern dürfte sich in der Ramsharde (Gertrudenvier-

Blick von der Aussichtsplattform Am Schlosswall auf die Hafenostseite und die Flensburger Förde mit Kollund im Hintergrund.
Foto: Dirk Meier

Flensburg um 1450

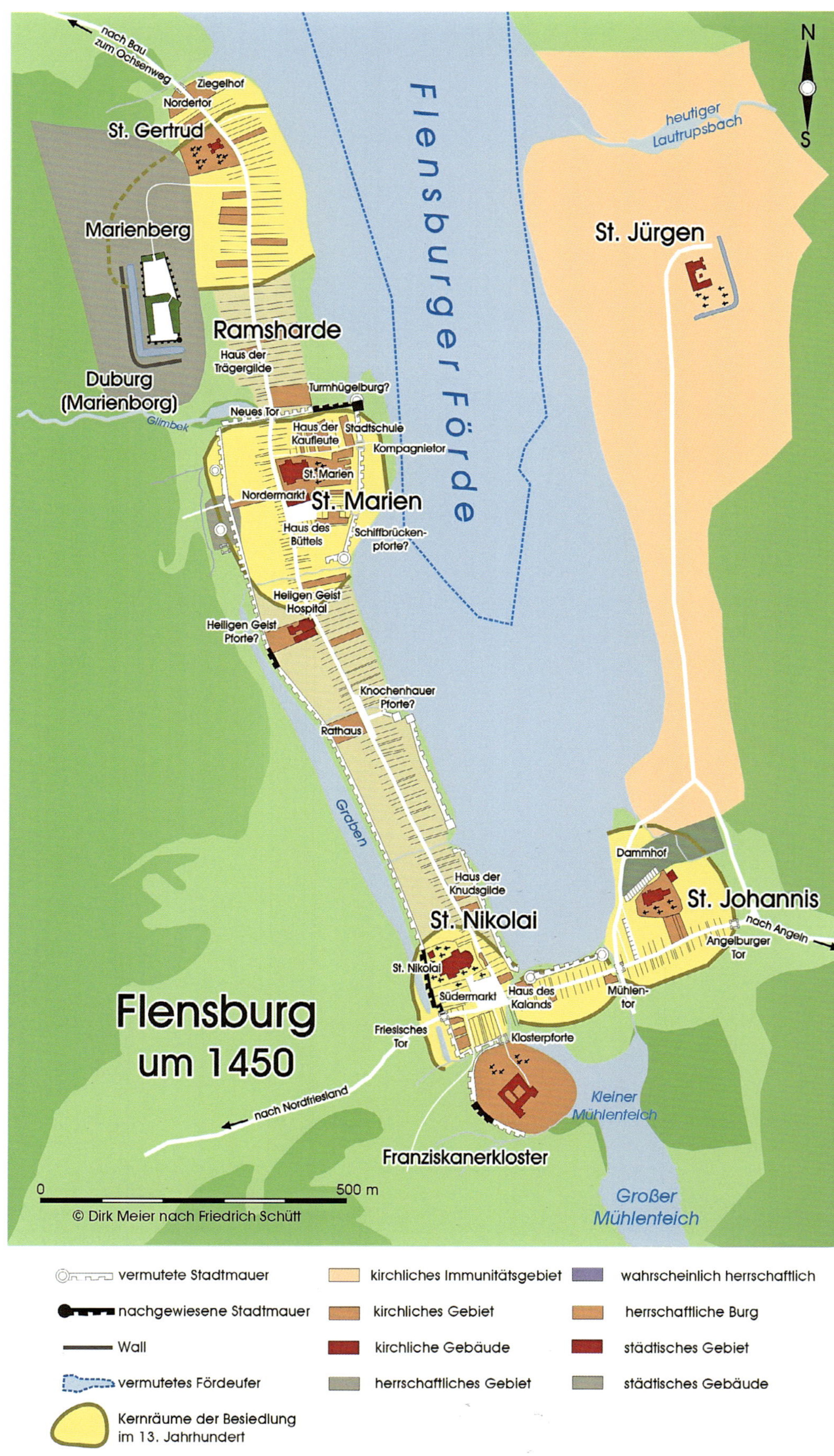

tel) nördlich von St. Marien befunden haben. Hier zieht sich das letzte Teilstück der alten langen Straße am westlichen Fördeufer (Norderstraße) entlang einiger noch erhaltener hoher Giebelhäuser wie das „Alt-Flensburger-Haus“ mit seiner barocken Fassade bis zum 1595 erbauten Nordertor.

An der Dänischen Zentralbibliothek führt eine Treppe auf den Steilhang hinauf zum Schlosswall. Der Marienberg war 1411 unter dem Neffen der dänischen Königin Margarethe I., Erik von Pommern, befestigt worden. Bereits vorher dürfte sich hier ein Edelsitz befunden haben. Die neue Feste sollte die Stadt und das Herzogtum Schleswig gegen holsteinische Ansprüche schützen und den Fernhandel kontrollieren, wurde jedoch im Verlauf der Auseinandersetzungen um das Herzogtum Schleswig zwischen König Erik VII. und den Schauenburgern von den Holsteinern letztlich 1431 erfolgreich belagert. Danach Sitz eines Amtmannes, verfiel die Anlage und wurde 1720 abgebrochen. Vom Aussichtspunkt Schlosswall reichte der Blick weit über die Stadt und die Förde bis zu den Ochseninseln am Horizont. Vom Marienberg verlief ein Weg (Schloßstraße) zu einer kleinen Kirche bis zum Wasser, wo eine Fischerstraße überliefert ist.

Nach Gegensätzen und Fehden, die Flensburg und das Herzogtum Schleswig in eine dänische und eine holsteinische Partei teilten, begann dann unter König Christian I. als neuem Landesherrn nach dem Vertrag von Ripen 1460 eine ruhige Entwicklung. Dieser erlaubte auch den Amsterdamer Kaufleuten die Durchfuhr ihrer Waren über Husum auf dem Landweg nach Flensburg sowie weiter in die Ostsee und trug mit der Bestätigung damit zum Aufschwung Flensburgs am Ende des leidgeprägten 15. Jahrhunderts bei. Mit dem Niedergang der Hanse im 16. Jahrhundert wuchs Flensburg zu einer der wichtigsten Handelsstädte in Skandinavien heran. Hering und andere Massengüter fanden Absatz in der Stadt, deren Einwohnerzahl ebenso stieg wie die des Umlandes, wenn auch Feuer, Pest und Syphilis bis 1502 den Aufschwung wiederholt unterbrachen. Flensburger Kaufleute erhielten Zollprivilegien für Dänemark, Norwegen und Schweden, wohin sie die Produkte aus Westeuropa (Textilien, Wein, Gewürze, Salz, Metallwaren) ebenso weiter lieferten wie entlang der südlichen Ostseeküste. Getreide, Bier, Ochsen, Speck und Talg, Pferde, Fleisch, Fisch, Butter, Hanf und Flachs ebenso wie Kupfer und Eisen gelangten so nach Mitteleuropa. Die Aktivitäten der Flensburger Kaufleute reichten nun bis ins Mittelmeer, nach Grönland und in die Karibik. Neben Heringen gelangten so durch den Walfang Tran und Zucker in die Stadt. Flensburg besaß auch

Großer Mühlenteich, Südermarkt mit St. Nikolai, Angelburger Straße und Viertel von St. Johannis sowie Ende der Förde. Blick von Süden nach Norden. Modell von Flensburg, Schifffahrtsmuseum. Foto: Dirk Meier

Südermarkt mit Holm und Großer Straße mit Marienkirche und Nordermarkt. Blick von Süden nach Norden. Modell von Flensburg, Schifffahrtsmuseum. Foto: Dirk Meier

Flensburg um 1550

die meisten Schiffe in den Herzogtümern, um 1590 waren es ca. 200, während Kopenhagen um 1635 nur auf 85 kam, Rendsburg 70 und Kiel 20 hatte. Das 1604 fertig gestellte Kompagnietor diente der Hafenabfertigung der 1565 angelegten und 1576 erweiterten Schiffbrücke, beherbergte die Schiffergilde und war Sitz der Stadtwaage. Der Dreißigjährige Krieg unterbrach diese Blütezeit.

Erst im 18. Jahrhundert florierte der Handel erneut mit dem Import des Rohrzuckers aus Dänisch-Westindien, wo Dänemark mit den Kleinen Antillen in der Karibik seit 1616 eine Kolonie besaß, die 1917 an die USA verkauft wurde. Der zunächst im Rahmen des Dreieckshandels zwischen Europa, Afrika und Amerika, der 1807 mit dem Verbot des englischen Sklavenhandels endete, aus der Karibik bezogene Rohrzucker wurde in Flensburg zu Rum raffiniert und bildete ein Ausweichgeschäft im Westindienhandel. Als Folge von Dänemarks Eintritt auf der Seite Napoleons in den Krieg gegen England 1807 verlor Flensburg nicht nur seine Flotte, sondern auch seinen Absatzmarkt. Nur kurz lebte mit dem Bau einer ersten Eisenbahn von Flensburg nach Tönning (1856) der alte Ostwest-Transitverkehr wieder auf. Nach dem Deutsch-Dänischen-Krieg von 1863/64 bezog man das Zuckerrohr aus dem damals britischen Jamaika. Von einst über 20 Rumhäusern, darunter Hansen, Pott, Asmussen, Sonnenberg und Dethleffsen, besteht heute nur noch das Rumhaus Johannsen in der Marienstraße.

Marienberg mit Duburg und Nordermarkt mit Marienkirche. Blick von Norden nach Süden. Modell von Flensburg, Schifffahrtsmuseum. Foto: Dirk Meier

Noch 1863 war Flensburg kaum über seine mittelalterlichen Grenzen hinausgewachsen. Nur im Osten sind entlang der Johannisstraße als neuer Leitlinie Neubauten entstanden, und auch vor dem Nordertor haben sich in der Neustadt neue Betriebe angesiedelt. Diese gehen auf eine enge Verflechtung zwischen Reederei und Handel zurück (Reismühlen, Ölmühlen, Tranbrennerei, Tabak- und Zuckerfabriken). Im Hafen diente die Englische Brücke dem Viehtransport. Erst in preußischer Zeit nach 1864 beginnt eine weitere gewerbliche und nun auch industrielle Aufwärtsentwicklung. Seit dem Ende des 19. Jahrhunderts weitete sich die Bebauung von der Talstadt zunächst auf die westliche und dann auf die östliche Höhe aus.

St.-Marien-Kirche und Schrangen am Nordermarkt. Foto: Dirk Meier

KRUSAUER TUNNELTAL

Von der Flensburger Westtangente (B 77) aus erreicht man über Harrislee oder über die Abfahrt Klues und dann über den Kluesrieser und Niehuuser Weg sowie den Schloßberg den kleinen Ort Niehuus am gleichnamigen See. Dieser entstand aus einem Eisstausee nach dem Ab-

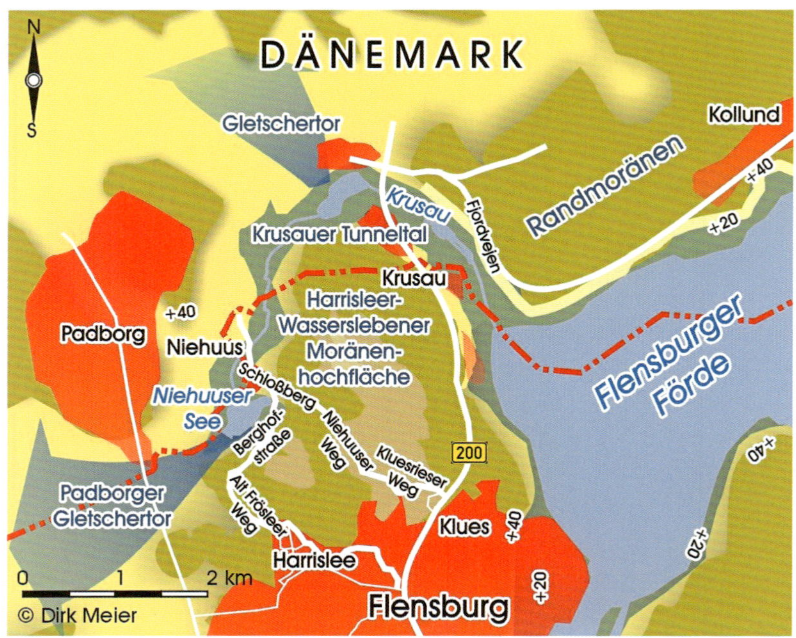

Krusauer Tunneltal

schmelzen des Flensburger Gletschers, der hier einen Toteisblock zurückließ. Den besten Blick auf den Niehuuser See hat man von der Berghofstraße aus Harrislee herkommend. Am Anfang der Weichsel-Kaltzeit war der Flensburger Förde-Gletscher in breiter Front auf den sperrenden Querriegel der Harrisleeer-Wasserslebener Moränenhochfläche vorgestoßen. In den kältesten Abschnitten des Weichsel-Hochglazials zwischen 24.000 und 22.000 v. Chr. (Brandenburger- und Frankfurter-Phase) drang dieser erneut bis nach Ellund vor und lagerte Blockschutt und Mergel ab. Die Entwässerung des an seinem Ende zweigeteilten Flensburger Fördegletschers erfolgte im Bereich des Krusauer Tunneltals nördlich von Niehuus, bei Padborg sowie im Süden zwischen Jarplund und Weding zwischen den Moränenhochflächen. Die Schmelzwasseraustritte lagen etwa 35 m höher als die Gletschersohle.

In Niehuus folgt man der Straße Schloßberg und überquert kurz nach dem Ortsende die Krusau. Steile Hänge und zahlreiche Quellen kennzeichnen in einer flachen Hügellandschaft mit Erlenbrüchen und Weidengebüsch hier den Verlauf des Krusauer Tunneltals mit seinem feuchten, nährstoffreichen Grund und seinen Weiden. Nördlich von Flensburg durchfließt die Krusau ihr Tal in entgegengesetzter Richtung der Fließrichtung des ehemaligen Flensburger Gletschers. In diesen ursprünglich tiefen und langschmalen Tunneltälern rauschte das Schmelzwasser entlang vom Gletscher vorgeprägten Rinnen. Ihre Flanken charakterisieren heute steile Hänge der Grundmoräne zwischen dem ausgespülten Bett des Schmelzwasserstroms. Nach dem Abschmelzen der Gletscher blieben in diesen Tälern oft Toteis-

Blick auf den Niehuuser See.
Foto: Dirk Meier

Tunneltal von Krusau. Foto: Dirk Meier

blöcke zurück. Daher kennzeichnen langgestreckte Seen (Rinnenseen) und Moore heute manche Tunneltäler ebenso wie Senken und Schwellen.

NORDSEITE DER FLENSBURGER FÖRDE

Sønderhav – Ochseninseln – Gråsten – Egernsund – Broager: Catharinesminde, Brunsæs, Kragesand, Kliff von Skelde *(Stensigmose klint)*, Vemmingbund – Düppeler Schanzen –Sønderborg – Als: Kegnæs

Die landschaftsgeschichtliche Tagestour führt ausgehend von Flensburg entlang der nördlichen Seite der Flensburger Förde. Nach Überquerung der Grenze bei Kruså folgen wir dem Flensborgvej bis zur Kreuzung, wo wir nach rechts Richtung Gråsten – Sønderborg abbiegen. Am Ortsende führt nach rechts der Fjordvej nach Kollund. Danach erreicht man, die Seitenmoräne hinabfahrend, bei Sønderhav die Flensburger Förde, wo sich ein herrlicher Blick auf die beiden Ochseninseln und die Halbinsel Holnis ergibt. Parallel der Förde führt ein etwa 75 km langer Wanderweg (Gendarmenstien) entlang, der früher der Grenzüberwachung diente. In Sønderhav ist der Punkt, näher auf die Weichsel-Kaltzeit zwischen 115.000 bis 9.700 v. Chr. einzugehen.

Deren Gletscher schufen nicht nur aus den mitgeführten Gesteinsschuttmassen die Jung-, End- und Grundmoränen, sondern wirkten auch durch ihr Schmelzwasser auf die Oberflächenformen des Landes ein. Das Schmelzwasser sammelte sich in tunnelartigen Kanälen, wo diese Ablagerungen sich in Becken absetzten. Nachdem infolge des wärmer werdenden Klimas die Gletscher tauten, der Meeresspiegel anstieg und später im Laufe der Ostseeentwicklung das Meer in die bis 20 m tiefen, durch Gletscherschurf und Schmelzwasser ausgeformten Täler eindrang, bildeten sich die heutigen Buchten und Förden Schleswig-Holsteins. Diese sind überwiegend von Ostnordost nach Westsüdwest ausgerichtet. Die etwa 45 km lange Flensburger Förde, durch welche seit 1920 die Grenze zwischen Deutschland und Dänemark verläuft, weist als langgezogener Seitenarm der Ostsee von allen Förden der Jütischen Halbinsel die größte Wasserfläche auf. Sie trennt die vom Südufer nach Norden vorspringende Halbinsel Holnis in die Innen- und Außenförde. Mit ihren steil aufragenden

Fjordvejen (Fördestraße) bei Sønderhav mit Marineschule in Flensburg Mürwik im Hintergrund in den 1930er Jahren. Aquarell meines Großvaters Theodor Andresen (1894–1949).

Exkursionsroute entlang der Nordseite der Flensburger Förde: 1 Sønderhav mit Ochseninseln, 2 Gråsten und Egernsund, 3 Broager, 4 Catharinesminde, 5 Brunsnæs, 6 Kragesand, 7 Stensigmose Klint, 8 Vemmingbund, 9 Düppeler Schanzen, 10 Sønderborg, 11 Kegnæs

Randmoränen bildet sie in ihrem westlichen Teil bis zur Südspitze von Broager ein ehemaliges Eisschürfbecken, das im Weichsel-Hochglazial um etwa 24.000 bis 20.000 v. Chr. entstand. Mit dem Abtauen des Gletschers im Spätglazial formten Schmelzwässer hier ein Tunneltal.

Von Sønderhav aus kann man mit einer Fähre zur Großen Ochseninsel übersetzen. Nach einer Sage sollen die Große und Kleine Ochseninsel *(Okseøer)* aus dem Schuh eines Riesen entstanden sein, der einst die Flensburger Förde von Süderhaff nach Glücksburg überspringen wollte. Er landete jedoch im Wasser und verlor Lehmklumpen von seinen Schuhen, aus denen die Ochseninseln entstanden. Ihre erste Erwähnung finden sie im Erdbuch Waldemars II. von 1231. Zu dieser Zeit und auch später dienten die Inseln als Weideflächen. Ein Teil der Steilküste der Großen Ochseninsel ist um 1985 infolge eines Unwetters abgerutscht. Die Bewohner der 7,5 ha umfassenden Großen Ochseninsel lebten von der Landwirtschaft, der Fischerei und dem Bootsbau. 1830 erwarb der Besitzer des Gutes Frueskov bei Sønderhav die Insel, die dann 1845 an den Bootsbauer Lorenz Issack ge-

langte. Erst 1982 verkaufte die Familie Issack die Große Ochseninsel, die heute im Besitz des dänischen Umweltministeriums, der Region Syddanmark und der Kommune Aabenraa ist. Heute befinden sich auf der Insel eine Gaststätte *(Oens Kro)* und ein Campingplatz. Bis 2016 war eine kleine Werft in Betrieb.

Um 1800 entstand auf der Kleinen Ochseninsel eine Gaststätte. Deren Gebäude wurden nach ihrer Zerstörung infolge des Sturmhochwassers am 13. November 1872 zwangsversteigert. 1881 gelangte die Insel in den Besitz des Flensburger Rechtsanwaltes und Notars Emil Ebsen, der sein neues Sommerdomizil mit einem Park mit antiken Vasen und Wanderwegen ausgestalten ließ. Nachdem 1919 Rigmor Bardram Mayer die Insel erworben hatte, verkaufte er diese 1933 an den dänischen Staat. Seit 1963 besteht ein Schullandheim auf der Insel.

Bei der Weiterfahrt entlang der in den 1930er Jahren erbauten Küstenstraße (Fjordvejen) von Kruså über Sønderhav und Rønshoved bis nach Gråsten hat man einen guten Ausblick auf die Flensburger Förde. Die Straße folgt den steilen Randmoränen des Fördegletschers, die seitliche, durch nacheiszeitliche Erosionen entstandene Kerbtäler unterbrechen. Mit dem abgebauten Material wurde ein Teil des Talbodens der Flensburger Förde aufgefüllt und das Relief insgesamt geglättet.

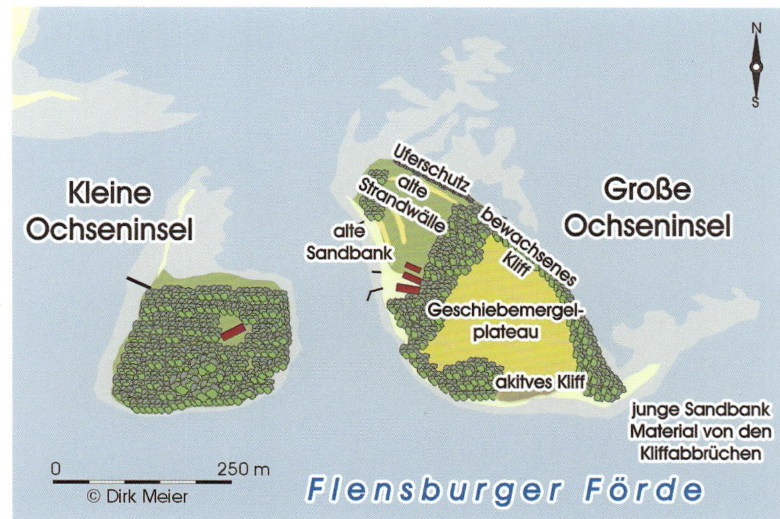

Die Ochseninseln

In Gråsten (Gravenstein) lohnt ein Abstecher zum Schloss. Hier begann Friedrich von Ahlefeldt als Gutsherr und dänischer Statthalter in den Herzogtümern um 1680 einen großen Um- und Ausbau des Schlosses. Kurz nach 1700 zeigte sich die fertige Anlage im niederländischen Stil mit einem Hauptflügel, der einen mehrstöckigen Mittelteil mit abschließender Laterne besaß, sowie zwei Seitenbauten. Aufgrund der Verschuldung seiner Nachfolger kaufte 1725 Herzog Christian August I. von

Blick auf die Flensburger Förde mit den Ochseninseln bei Rønshoved. Foto: Dirk Meier

Das Schloss von Gravenstein mit seinem Park. Foto: Dirk Meier

Museumsziegelei Carlsminde. Im Hintergrund ist die Tonabbaugrube und die Villa des Fabrikanten zu sehen. Foto: Dirk Meier

Augustenburg (1731–1754) das Schloss. Als 1757 große Teile der Anlage abbrannten, baute sein späterer Nachfolger Friedrich Christian I. (1754–1794) das Schloss von 1759 bis 1842 mit drei schlichten Gebäudeflügeln um einen Ehrenhof herum wieder auf. Der barocke Schlosspark wurde seit den 1770er Jahren in einen englischen Landschaftsgarten umgestaltet. Nach wechselnden Eigentümern ist das Schloss seit 1921 im Besitz des dänischen Staates und dient seit 1931 als Sommerresidenz des Königshauses.

In Gråsten führt eine 1968 eröffnete Straßenbrücke über den Egernsund (Ekensund), der das Nybøl Noor mit der Förde verbindet. In Egernsund – bekannt geworden durch eine Künstlerkolonie um 1900 – befinden sich nur noch Reste der einzigen Ziegeleien. Über Egernsund erreicht man Broager.

Die Halbinsel Broagerland besteht zumeist aus ausgedehnten Moränenrücken der letzten Kaltzeit, umgeben von einer Serie von Toteis-Senken zwischen dem Egernsunder Noor und dem Vemmingbund einerseits und der nordwestlichen Außenförde mit der Iller-Senke andererseits. Der Name verweist auf fruchtbare, seit der frühen Neuzeit von Knicks eingefasste Ackerfluren *(ager)*. Über viele Jahrhunderte existierte eine Fährverbindung zwischen Brunsæs und Holnis am Südufer der Flensburger Förde. Den Westen der Halbinsel nehmen weitgehend Grundmoränen ein mit ihren Ackerfluren auf fruchtbaren Geschieblehmböden. Im hochgelegenen Ort Broager ist die auf einer 40 m hohen Moräne errichtete, im Kern romanische und in gotischer Zeit erweiterte Kirche mit ihren Doppeltürmen von weithin sichtbar.

Südlich von Broager führt nach links der Illerstrandvej zum Catharinesminde-Tæglværk (Museumsziegelei) an der Förde. Die natürliche

Voraussetzung für die vielen Ziegeleien an der Flensburger Förde, 1895 waren es noch 70, war steinfreier Lehm, der sich am Ende der letzten Kaltzeit (Weichsel-Kaltzeit) vor 15.000 Jahren abgelagert hatte. Nachdem die Gletscher geschmolzen waren und das Land freigaben blieb Toteis in Hohlformen zurück. Als dieses abtaute, entstanden Seen. In diesen lagerte sich Sand und steinfreier Lehm ab, die im Eis eingefroren gewesen waren. Dicke Schichten mit hellgelbem, grobem Sand bildeten sich dabei während des schnellen Abtauens im Frühjahr und Sommer, während sich im Herbst dunkelbrauner, feiner Lehm ablagerte, wenn das Eis langsamer schmolz. Diese Warven genannten Jahresablagerungen erreichen an der Flensburger Förde Mächtigkeiten von bis zu 18 m.

Dem Illerstrandvey folgend erreicht man entlang der Förde Brunsæs und weiter über die Moränenlandschaft dem Gl. Færgevej folgend Busholm, wo man nach links in den Busholmvej abbiegt. Diesem folgt man nach Osten und kommt über den Hertugvej zum Ort Gammelgab, über den man Skelde erreicht. Hier kann man Süden über Overballe bis nach Kragesand mit seinem Strand an der Südküste gelangen oder über den Skeldekobbelvej das Kliff von Skelde-Stensigmose besuchen. Die

Blick von Kragesand auf die Südwestküste von Broagerland mit Steiküste.
Foto: Dirk Meier

Blick auf den Vemmingbund mit Höhen von Dybbøl.
Foto: Dirk Meier

Düppeler Mühle mit Blick auf Sonderborg. Foto: Dirk Meier

25 m hohe Steilküste an der Südostseite von Broagerland ist aufgrund ihrer marinen, Fossilien führenden Süßwasserablagerungen der Eem-Warmzeit vor 126.000 bis 115.000 Jahren und glazialtektonischen Strukturen bemerkenswert. Infolge des Eisdrucks der letzten Kaltzeit kam es zu gestaffelten Absackungen, da die unter dem Eis liegenden Sandablagerungen in gefrorenem Zustand zerbrachen und versetzt wurden.

Zurück über Skelde, führt die Tour über die kuppige Randmoränenlandschaft nach Vemmingbund als Binnensenke des ehemaligen Nybøller Toteis-Gewässersystems. Östlich der Halbinsel Broagerland reichen der Vemmingbund und die Sønderborg Bugt bis zur Insel Al-

sen mit Sønderborg. Vom Vemmingbundvej hat man eine gute Sicht auf die Höhen der Düppeler Schanzen *(Dybøl Skanser)*, die wir über den Flensborg Landvej erreichen. Diese sollten im Deutsch-Dänischen Krieg von 1863/64 vergeblich den Zugang über den Sund zur Insel Als schützen. Von hier hat man einen schönen Überblick über den Vemmingbund, die Flensburger Förde und den Alsensund.

Diesen überquert in Sønderborg (Sonderburg) die von 1925 bis 1930 gebaute 220 m lange Christian X. Bro (Brücke). Vorgänger war eine 1856 eröffnete, 220 m lange Pontonbrücke. Die Christian X. Bro bildete bis zur Eröffnung der Alsensundbroen 1981 die einzige feste Querung zur Insel Als. Die für Sønderborg namengebende Burg wurde wohl im 12. Jahrhundert als eine vierflügelige Anlage über einem Fundament aus Steinquadern aus Backsteinen errichtet und ist heute ein Museum. Von den einstigen Wehrtürmen sind nur noch Fundamente erhalten, nur an der Nordwestecke des Schlosses befindet sich noch ein Turmstumpf. Nahe der Burg wuchs der heutige Ort heran, der sich seit dem 15. Jahrhundert zu einer Stadt entwickelte, die im Deutsch-Dänischen Krieg von 1864 stark bombardiert wurde.

In Sønderborg kann unsere Exkursion ihren Abschluss finden, oder man nimmt sich noch Zeit für einen Abstecher nach Als, so etwa nach Kegnæs an der Südostküste. Diese trennt den Fördearm des Hørup Havs von der Halbinsel von Als, die nur durch eine aufgespülte Sandbank mit der Insel verbunden ist.

Blick auf Keknæs (Kekenis) mit dem Leuchtturm. Bleifstiftskizze meines Großvaters Theodor Andresen von 1937

Alsensund und Sonderborg mit Christian X.-Brücke. Foto: Dirk Meier

SÜDSEITE DER FLENSBURGER FÖRDE

Glücksburg – Halbinsel Holnis – Bockholmwik – Langballigholz – Neukirchen – Habernis – Geltinger Birk

Wie die Nord- bietet auch die Südseite der Flensburger Förde mehrere Ziele für eine Landschaftsexkursion. Ausgehend von dem 1582 erbauten sehenswerten Wasserschloss der Glücksburger Herzöge führt eine Straße zur Halbinsel Holnis, die die Innen- von der Außenförde trennt. Deren unregelmäßigen Oberflächenformen der Jungmoränenlandschaft sowie der Wechsel von Mergel, Sand und Kies deuten hier auf eine Eisrandlage der letzten Kaltzeit hin. Das naturbelassenen bis 22 m hohe Kliff der Jungmoräne von Holnis, zu dem ein Fußweg führt, reicht an die Förde heran. Bis heute ist das Kliff den Naturkräften von Wind, Regen und Strömung überlassen. Da die Moräne wasserundurchlässige Tonschichten durchziehen, auf denen sich das Niederschlagswasser sammelt und austritt, rutscht Material ab. Während das gröbere an der Brandungsplattform liegenbleibt, wird feineres durch die Strömungen verfrachtet und zu Sandwällen aufgeworfen. In den schräg gestellten und geschichteten fluvioglazialen Sanden lassen sich infolge des Eisdrucks Stauchungen und Verwerfungen beobachten. Die Ablagerungen gehören zur Füllung eines ehemaligen Eisstausees nahe der Mündung eines Gerinnes, das Schmelzwässer in das Becken führte.

Typisch für die Ränder von Eisstauseen sind Beckensedimente von Schluff und Feinsand. Der Holnis-Eisstausee gehört neben dem von Egernsund und Iller zu den größten im Bereich der Flensburger Förde. Diese Becken charakterisieren die Eiszerfallslandschaft und waren von Toteis umgeben. Aus der Höhenlage der Beckensedimente lässt sich auf einen Spiegel des Eisstausees von 25 bis 29 m über NN schließen. Unklar ist dessen Abflussrichtung. Als das Gebiet später ein weiterer Gletschervorstoß überfuhr, wurden die Beckensedimente gefaltet und von einer Grundmoräne überdeckt. An der Nordwest-Spitze von Holnis finden wir ein typisches Höftland (Strandwallebene).

Von Holnis sind vereinzelt prähistorische Funde bekannt geworden, so Flintabschlag-

und Lagerplätze der jungpaläolithischen Rentierjäger. Ebenfalls belegt sind Lager des Mesolithikums. So fanden die Menschen der mittleren Steinzeit in vielen Küstenabschnitten der Förde ideale Bedingungen für Jagd und Fischfang vor. Von vielen Punkten der Halbinsel Holnis und dem Mündungsgebiet der Langballigau stammen Abschläge, Meißel, Schaber, Dolche, Kernbeile und geschliffene Beile aus Feuerstein vom Mesolithikum bis zur Steinbronzezeit. Das Rohmaterial für die Feuersteinherstellung kommt vor allem von den Steilküsten der Flensburger Förde, wurde aber auch von den flintreichen Steilküsten der dänischen Inseln bezogen. Im Holnis-Noor, südlich der Steilküste, stieß man 1925 am Rand

Exkursion entlang der Südseite der Flensburger Förde: 1 Glücksburg, 2 Halbinsel Holnis, 3 Bockholmwik, 4 Langballigholz, 5 Neukirchen, 6 Habernis, 7 Geltinger Birk

Blick auf die Halbinsel Holnis und die Flensburger Förde von der dänischen Seite aus. Foto: Dirk Meier

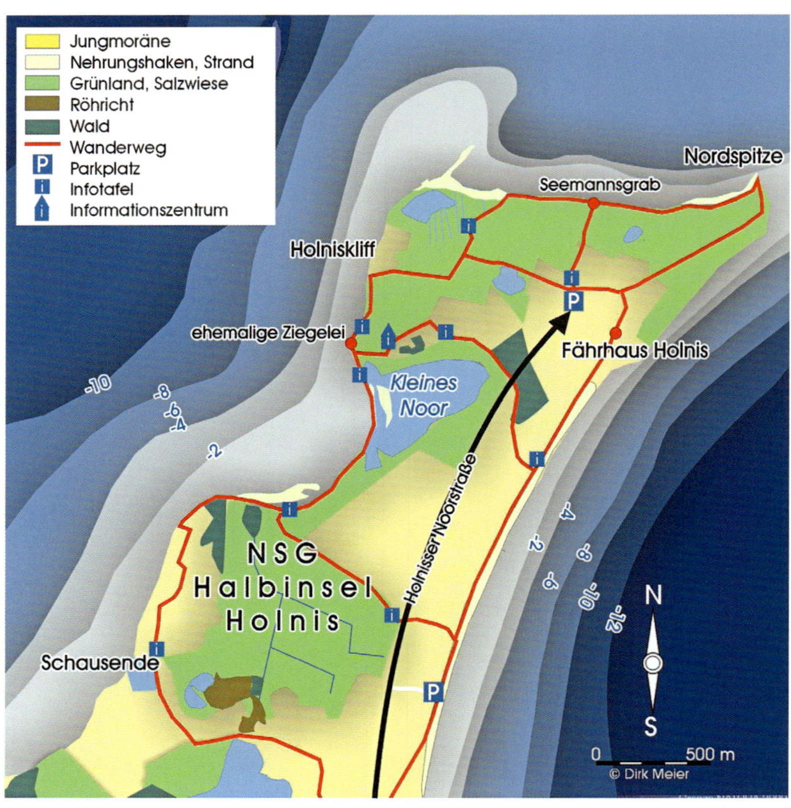

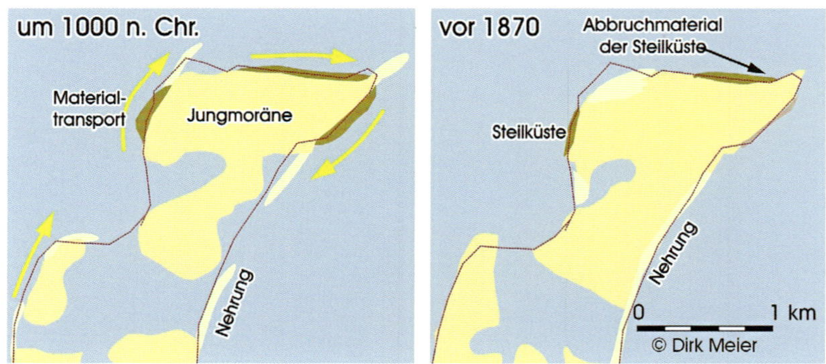

Halbinsel Holnis an der Flensburger Förde

einer kleinen anmoorigen Erhöhung auf Knochen vom Elch, Rind, Reh und Pferd neben Tongefäßen der mesolithischen Ertebølle-Kultur (5100–4100 v. Chr.). Besondere Beachtung verdient der Fund eines vermutlich mesolithischen oder neolithischen Einbaums von der Südseite des Holnis-Noors aus einer kleinen Erhebung des früheren Seegrundes, der wie ein Holm aus seiner Umgebung herausragt. Der nur teilweise erhaltene Einbaum aus Buchenholz lag nur wenige Zentimeter unter einem morastigen Boden mit vielen Muscheln auf einer dünnen, ebenfalls mit Muscheln durchsetzten Sandschicht. Die Pollenanalyse der Mudde lässt auf eine Vegetation von Kiefern, Buchen und Birken sowie mit niedrigeren Werten auch auf Hasel, Esche und Erle schließen.

Noch vor 1.000 Jahren bildete der nördliche Teil von Holnis eine Insel. Infolge ständiger Abtragungen der Steilküsten durch das Meer wurden Sande und Kiese abgetragen und zu Strandwällen aufgehäuft, die zu Nehrungen heranwuchsen. Von höheren Standpunkten aus lassen sich im Wasser mehrere küstenparallele Sandtransportbahnen ausmachen, deren bewegtes Material von Kliffabbrüchen stammt. Von der Jungmoräne bei Bockholm führt eine Nehrung bis fast zum Gasthaus Holnis Fähre, eine weitere reicht weiter im Norden von der nur wenige Meter hohen Steilküste mit vorgelagertem Geröllstrand mehrere hundert Meter in die Förde hinein. Landeinwärts der Nehrungen entwickelten sich aus den abgeschnürten Teilen der Förde Strandseen. Die Abtragungsvorgänge dauern bis heute an und betragen an der Steilküste von Holnis etwa 30 cm im Jahr.

Mit der Eindeichung des Kleinen und Großen Noors 1929 wurde das Gebiet der Holnis Spitze mit dem übrigen Teil der Halbinsel endgültig verbunden. Bereits vorher weisen Holzkonstruktionen bzw. Pfahlreihen auf lokale Sicherungsmaßnahmen gegen Überschwemmungen hin. Beide Noore ebenso wie die Seen Neu- und Altpugum bildeten ursprünglich flache Buchten der Flensburger Förde. Diese niedrigen, unterhalb des Meeresspiegels liegenden Flächen entwässert heute ein Schöpfwerk bei Schausende. Infolge eines 2002 erfolgten Deichdurchstichs ist das Kleine Noor wieder an die Flensburger Förde angeschlossen worden, wodurch ein artenreiches Biotop entstand. Dieses steht heute ebenso wie die Steilküste, die Salzwiese, der Nordstrand und die Flächen am Deich bei Schausende mit ihren Rast- und Brutgebieten der Seevögel unter Naturschutz. Einige der Wiesen beweiden extensiv Galloways und schottische Hochlandrinder. So ist eine savannenartige Landschaft mit hoher Artenvielfalt entstanden. Diese ist ebenso wie der kurtaxenfreie Strand bei Kaffee Drei ein beliebtes Ausflugs- und Naherholungsziel, was auch Probleme für den Naturschutz schafft.

Östlich der Halbinsel Holnis öffnet sich die Außenförde zur Ostsee hin mit ihrem im Vergleich zur Innenförde größeren Wasseraus-

tausch. Hieraus resultiert eine bessere Wasserqualität mit höherem Sauerstoff- und Salzgehalt. Von Holnis aus lohnt ein Abstecher über Rüde zum Strand bei Bockholmwik und weiter über Nebenwege nach Langballigholz.

Die Küstenkliffs östlich der Halbinsel Holnis sind größtenteils inaktiv. Bei Langballigholz durchbricht die Seitenmoräne des Förde-Gletschers das unter Naturschutz stehende Tal der Langballigau. In der frühen Nacheiszeit verlief die Langballigau mäandrierend in einem Tal. In der Nähe des ehemaligen Bachbettes lagen bis zu einer Tiefe von NN -27 m durch den Fluss aufgearbeitete Geschiebemergel, Steine, Kiese und Sande. Vor der heutigen Fördeküste erstreckte sich ursprünglich eine moorige Landschaft. Das Vordringen der Ostsee trug die Moränenkerne teilweise ab, verfrachtete das Material und schüttete das ehemalige Tal zu. Erste Anzeichen für brackische Verhältnisse in der südwestlichen Ostsee finden sich bereits um 8030 v. Chr. Verschiedene Rekonstruktionen des Meeresspiegels in der südwestlichen Ostsee belegen einen schnellen Anstieg zwi-

Blick auf die Steilküste von Holnis an der Flensburger Förde. Foto: Dirk Meier

Kleines Noor, Holnis. Foto: Dirk Meier

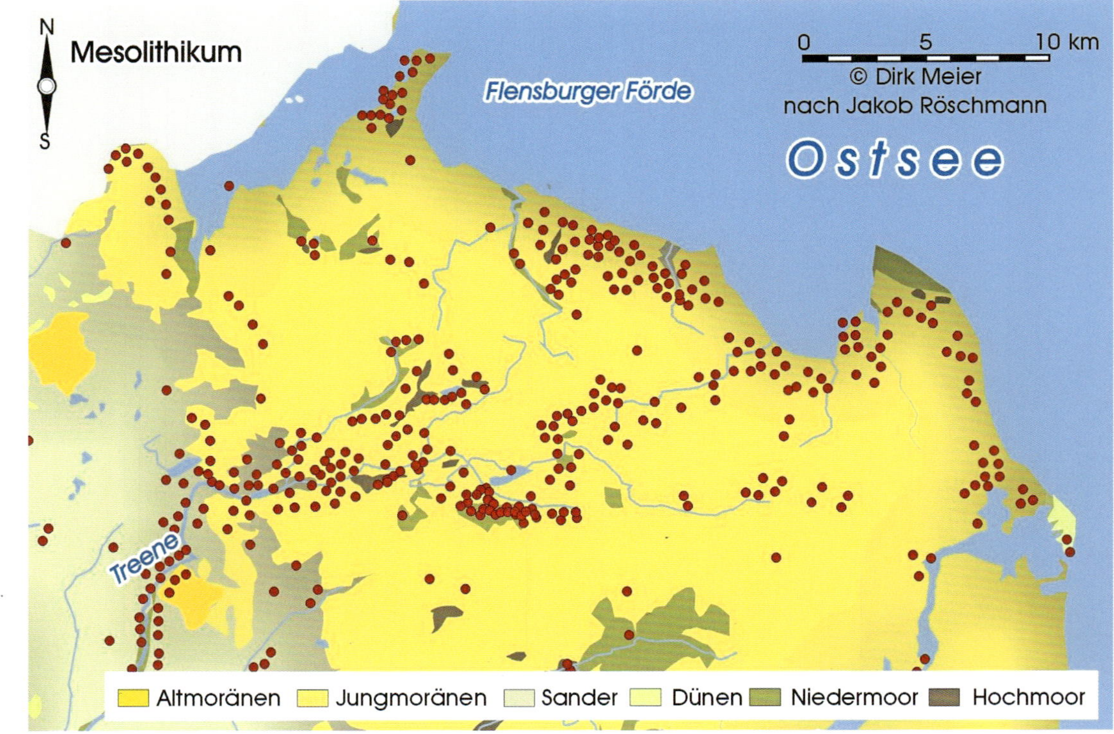

Mesolithische Besiedlung an der südlichen Seite der Flensburger Förde und in Nordangeln.

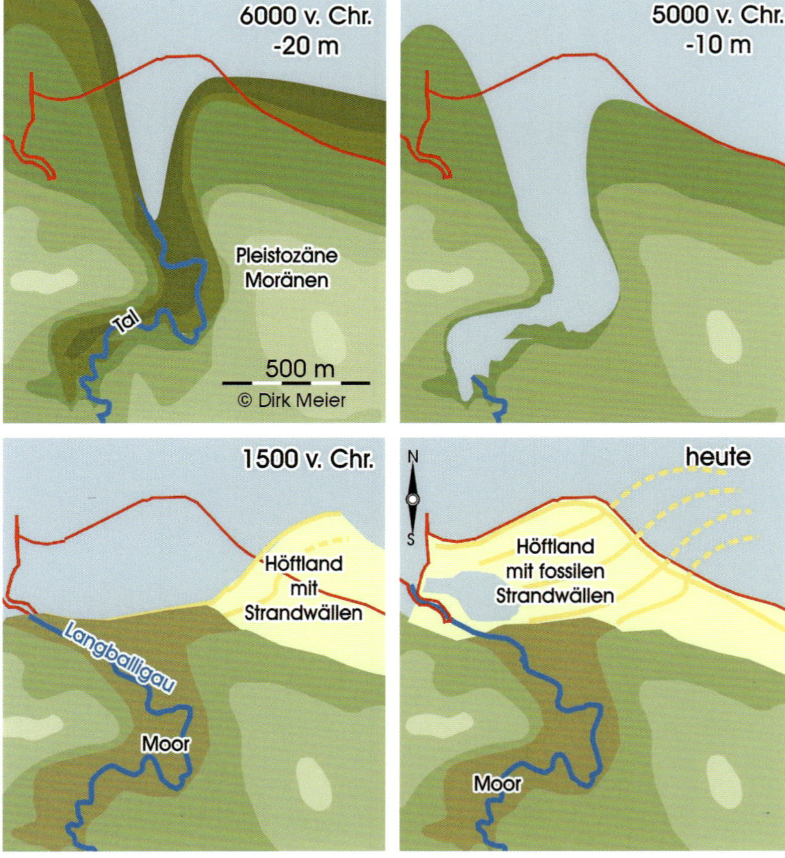

Landschaftsentwicklung der Langballigau von 6000 v. Chr. bis heute

schen 6900 und 4900 v. Chr. mit Anstiegsraten des Wassers von 2,5 cm im Jahr zwischen 6820 und 6150 v. Chr. Das Meer dieser sog. Littorina-Transgression drang in die alten Tunneltäler ein und schuf so die Förden. Die Transgression endete um 4550 v. Chr., danach erfolgten nur noch geringfügige Änderung des Wasserstandes in der Ostsee.

Mit verlangsamtem Meeresspiegelanstieg bildeten sich im Gebiet der Mündung der Langballigau in die Flensburger Förde allmählich Schwemmfächer und Strandwälle. Der Ansatzpunkt der Nehrungshaken lag am Kliff von Westerholz, das sich ehemals weiter in die Förde erstreckte. Den Strömungen folgend, bauten sich die Nehrungen nach Nordwesten vor und bogen dann Richtung Westsüdwest um. Im 2. Jahrtausend v. Chr. war eine größere Strandwallebene (Höftland) entstanden. Komplizierte Prozesse der Erosion und Akkumulation, d.h. des Abtragens und Anhäufens der Meeresablagerungen, formten diese immer wieder um. Der nun langsamer, von NN -3 m bis NN steigende Meeresspiegel bewirkte die Überwanderung seewärts liegender, älterer, flacher Strandhaken durch jüngere, höhere, langgezogene Wälle in westlicher Fortsetzung. Die niedrigeren Partien des Höftlandes und Strandwallsenken vermoorten. Die endgültige Abschirmung des Langballigautals durch das Höftland führte dazu, dass die ehemals aktiven Kliffs den Angriffen des Meeres entzogen wurden. Die älteren Strandwälle wie auch die jüngeren überragen die mittleren etwa um 50 cm, die wikingerzeitliche Gräber in die Zeit um 800 bis 1000 n. Chr. datieren. Älteste Funde aus dem Bereich von Langballigolz reichen bis in das Mesolithikum und Neolithikum zurück. Darunter stammen aus Baggerrungen im Mündungsgebiet der Langballigau Hirschgeweihe, Knochen, Muscheln und Haselnüsse sowie ein bearbeitetes Hirschgeweihstück.

Weiter über Westerholz führt die immer wieder reizvolle Ausblicke bietende Fördestraße über Dollerupholz zum Straßendorf Neukirchen mit seiner weiß getünchten Kirche an der Steilküste. Hier erwarb 1618 Herzog Johann der Jüngere von Glücksburg mit dem Gut Nübel auch die „Wildnis am Strande", um am Eingang der Flensburger Förde einen Handelsplatz zu errichten, um eine maritime Verbindung zu seinen Besitzungen an der nördlichen Seite der Förde zu schaffen und eine Konkurrenz zu Flensburg aufzubauen. Entlang der heutigen Dorfstraße von Neukirchen entstanden 32 Häuser und eine Kirche. Mit dem Tod des Herzogs 1622 wurde die Kirche zwar fertig gebaut, aber die hochfliegenden Hafenpläne fanden ihr Ende, da die Flensburger Kaufleute beim dänischen König protestierten.

Weiter geht es über Nieby nach Habernis. Hier lohnt sich ein Fußweg an der Steilküste. Die Seitenmoränen des ehemaligen Fördegletschers sind hier wie so oft nach außen hin gestaucht. Infolge dieser Verwerfungen am Rande des Zungenbeckens schuppten graue bis graugrüne tonige Meeresablagerungen mit Muscheln des Typs *Arctica Islandica* der Eem-Warmzeit in unterschiedlich starken Schollen auf. Während dieses Interglazials existierte im Bereich der heutigen Außenförde eine Meeresbucht, in deren Vertiefung später der weichselkaltzeitliche Gletscher vorstieß.

Blick auf die Strandwallebene von Langballigau vom Moränenabhang bei Westerholz. Foto: Dirk Meier

Zwischen Bockholm und Neuenkirchen bieten sich immer wieder reizvolle Ausblicke auf die blaue Flensburger Außenförde als Kontrast zu den gelben Rapsfeldern im Frühjahr. Foto: Dirk Meier

Der wuchtige Kirchturm der Kirche von Neuenkirchen. Foto: Dirk Meier

Über Norgaardholz und Steinbergholz erreicht man die B 199 und kommt nach Gelting, von wo man nach Norden zur Birk an der Geltinger Bucht gelangt, dem mit 773 ha größten, mit Rundwegen erschlossene Naturschutzgebiet des Kreises Schleswig-Flensburg.

Vor etwa 2000 Jahren wurde infolge der Küstenlängsströmung von der südöstlich liegenden Steilküste bei Falshöft immer mehr Sand abgetragen und nach Norden verfrachtet, wo etwa 2 km lange fächerförmige Strandwälle entstanden. Diese verlängerten sich weiter nach Westen. Während das Material des ersten Hakens vom Küstenabbruch bei Falshöft stammt, versorgte das der Abtragungsfläche des flachen Kalkgrundes die jüngeren Strandwälle. Auf diesen entstand die heutige Geltinger Birk. Die deutlich nach Süden umbiegenden Hakenenden folgen hier dem submarinen Relief. Deren Zuspitzung zur Birk-Nack ist auf den Aufbau der Strandwälle entlang der geringsten Wassertiefenlinie auf dem Kalkgrund zurückzuführen, der nach Norden,

Westen und Osten abfällt. So entstand ein weitgehend vom offenen Meer abgetrennter Strandsee, das Berveroer Noor, ursprünglich eine Insel (dän.: *Beveroe* für Biberinsel). Erst um 1650 schuf der gebildete Strandwallfächer eine Verbindung zwischen Insel und Festland. Nachdem um 1580 eine erste Eindeichung des Noores zur landwirtschaftlichen Nutzung fehlgeschlagen war, gelang dies 1824 mit dem Bau eines Deiches entlang der Nordostseite des Geltinger Noores, der das Basrotter und Beveroer Noor von der Ostsee abtrennt. Zwei Entwässerungsmühlen, von denen heute noch die Mühle Charlotte neben dem modernen Pumpwerk steht, legten das Niederungsgebiet weitgehend trocken. Aufgrund der Wasserabsenkung von bis zu NN -3,5 m verschwand das Beveroer Noor in den 1930er Jahren vollständig für eine Intensivierung der Landwirtschaft.

Um Lagunen und Salzwiesen wieder entstehen zu lassen, wird seit 2013 nördlich von Falshöft über ein Rohr salzhaltiges Ostseewasser in die Birk gelassen. Das Höftland der Geltinger Birk prägen heute Wasserflächen des Geltinger Noores, Salzwiesen, Dünen, Strände und Nehrungshaken sowie Seegraswiesen, somit Pflanzengesellschaften, wie sie charakteristisch für sandige, flache Küstenbereiche sind. Die botanisch wertvolle Weidelandschaft der Geltinger Birk wird nachhaltig von der Stiftung Naturschutz Schleswig-Holstein mit Koniks und schottischen Hochlandrindern bewirtschaftet. Rund 200 verschiedene Vogelarten brüten auf der Birk. Die Untiefe Breigrund (Bredgrund) markiert nahe der Birk den Übergang der Außenförde in die Ostsee, die an dieser Stelle im Norden bei Gammel Pøl in den Kleine Belt *(Lille Bælt)* und im Süden in das Seegebiet der Kieler Bucht übergeht.

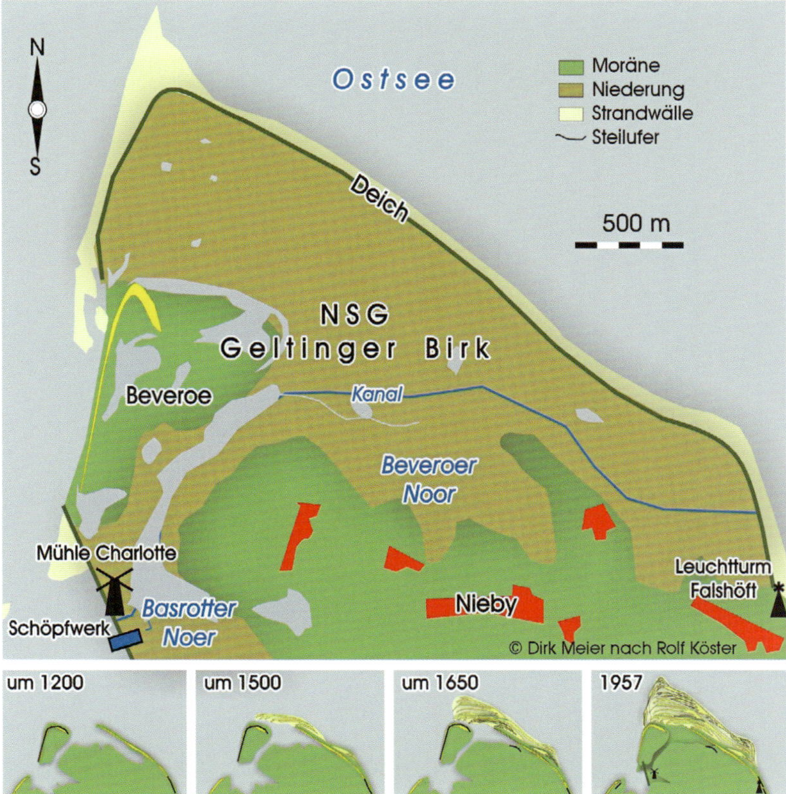

Landschaftsentwicklung der Geltinger Birk

Entwässerungsmühle Charlotte von 1824 und Pumpwerk auf der Geltinger Birk. Foto: Dirk Meier

NORDANGELN

Sankelmarker See – Düne am Treßsee und Fröruper Berge – Satrupholmer Moor – Schersberg – Munkbrarup

SANKELMARKER SEE

Südlich von Flensburg folgt die B 76 etwa dem Maximalvorstoß der Weichsel-Kaltzeit in Schleswig-Holstein zwischen 24.000 und 20.000 v. Chr. Nach kurzer Fahrt erreicht man mit dem Sankelmarker See einen etwa 6,5 m tiefen, kalkreichen Tieflandsee, dessen mittlerer Wasserspiegel bei 25,33 m liegt und der ein Einzugsgebiet von 18,76 km² aufweist. Seine heutige Größe von etwa 56 ha erhielt er 1937 infolge einer Wasserstandabsenkung um 1,1 m. Verschiedene Bakterienarten färben den See je nach Jahreszeit unterschiedlich stark. Am Nordufer erhält er einen Zufluss von den Bächen Billau und Marienau, die Gräben miteinander verbinden, nach Süden entwässert die kleine Beek den See zur Treene. Am Ufer und Grund des Sees befinden sich mehrere Quellen. Am westlichen Ende des Sees liegt eine kleine

Exkursionsroute durch Nordangeln: 1 Treßsee, 2 Fröruper Berge, 3 Satrupholmer Moor, 4 Sörup, 5 Scheersberg, 6 Unewatt, Landschaftsmuseum Angeln, 7 Munkbrarup

Insel. Der Sankelmarker See entstand aus einer unter dem Gletscher liegenden Rinne als Teil der Südensee-Treßsee-Rinne in der Weichsel-Kaltzeit.

Solche Rinnen oder Tunneltäler entstehen unter dem Gletschereis durch die abtragende Wirkung von Schmelzwässern und sind typisch für Grund- und Jungmoränenlandschaften im skandinavischen Vereisungsgebiet, wo sie langgestreckte Hohlformen bilden. Im Winter verringert sich der Schmelzwasserabfluss stark, sodass sich die Rinnen wieder schließen, wenn von oben Gletschereis gegen diese drückt. Oft bleiben nach dem Abtauen des Gletschers in geschützten Senken der Rinnen Toteisblöcke zurück, die sich nach deren Abtauen mit Wasser füllen und so Seen schaffen.

Fröruper Berge

DÜNE AM TRESSSEE UND FRÖRUPER BERGE

Südlich des Sankelmarker Sees zweigt von der B 77 der Juhlschauer Weg nach Osten ab, man folgt der Straße am alten Kiesabbau weiter und biegt dann nach Süden in den Weg Zur Heide ab. So erreicht man den Treßsee (Naturschutzgebiet Obere Treenelandschaft). Dieser ist ein Relikt eines weichselkaltzeitlichen Tunneltals, wo die Westangler Gletscherzunge bei ihrem Abschmelzungsprozess Schmelzwasser zum Eisrand abführte. Hier befinden sich unter Naturschutz stehende seltene Binnendünen, deren Material von sandigen Ablagerungen in Gletschernähe stammt. Nach einer nach Westen offenen Bogendüne lässt sich auf vorherrschende Winde aus dieser Richtung schließen. Die Dünenbildung vollzog sich dabei in mehreren Phasen seit dem Beginn des Spätglazials um etwa 11.850 v. Chr. Podsolböden in den Dünen deuten darauf hin, dass es auch noch später schnell aufeinander folgende Aufwehungs- und Umlagerungsphasen gab. Dabei kamen hier noch oberhalb des holozänen Bodens umgelagerte, von der westlich liegenden sandigen Geest stammende Flugsande wohl in der frühen Neuzeit zur Ablagerung. Um den Treßsee führen ausgeschilderte Wanderwege. Über die Nebenstraßen Zur Düne, Am Treenetal und den Augaarder Weg erreicht man wieder die B 76 und fährt weiter bis zum Abzweig zu den Fröruper Bergen.

Der Straße Frörupsand folgend, erreicht man das alte Kieswerk, von wo ein Fußweg zum Aussichtspunkt am Ihlsee führt. Hier hat man einen guten Ausblick bis hin zu den Altmoränen des Warthe-Stadiums der vorausgegangenen Saale-Kaltzeit vor etwa 130.000 Jahren im Südwesten. Der kleine Ihlenseestrom lässt kaum erahnen, dass hier in der Weichsel-Kaltzeit rauschende Schmelzwässer vom Gletscherrand über die eisfreie Ihlensee-Niederung bis zum oberen Treenetal abflossen und so schließlich das Nordseebecken erreichten. Von dem einst mit Schilf bestandenen Ihlensee (ihl = Blutegel, il = Schilf) sind nur noch feuchte Wiesen und Weiden übriggeblieben. Mehrere Wanderwege führen durch die unter Naturschutz stehenden Fröruper Berge.

Diese bilden eine Stauchendmoräne der Weichsel-Kaltzeit, die wohl vor etwa 22.000 bis 20.000 Jahren (Frankfurter-Phase) entstand. Unter Endmoränen versteht man eine wallartige Aufschüttung von Gesteinsmaterial am Ende eines Gletschers oder glazialen Inlandeises. Sie entstehen dort, wo am Ende eines Gletschers Abschmelzung und Eisnachschub ausgeglichen sind und kennzeichnen einen maximalen Eisvorstoß. Der Eisrand bleibt hier zwar längere Zeit stabil, zerfällt aber aufgrund seiner

Blick von der Aussichtsplattform in den Fröruper Bergen auf die Ihlseeniederung und Altmoränen der Saale-Kaltzeit im Hintergrund.
Foto: Dirk Meier

Bewegungen in einzelne Gletscherzungen (Loben). An deren Berührungspunkten zwischen den deutlich ausgeprägten Endmoränen tritt das Gletscherwasser aus, von denen aus die Sander – wie westlich der Fröruper Berge – aufgeschüttet werden. Stauchendmoränen entstehen dort, wo aus dem Gletscher ausschmelzendem Material aus Gesteinsblöcken, Geschiebemergel, Sanden und Eisstausedimenten sich am Eisrand ablagert und unter dem Druck eines vorstoßenden Gletschers gestaucht und aufgeworfen wird.

Während Angeln und Schwansen schon teilweise eisfrei waren, bestanden der Flensburger und Eckernförder Gletscher noch fort. Aus diesen traten Schmelzwässer aus, wenn auch kleinere Austritte, wie von Oeversee, versiegten. So entstand ein langgestrecktes Sanderplateau, das die Treene nach Süden parallel zum Eisrand hin abdrängte. Ursprünglich folgte die Treene der westlichen Treßseeniederung, durchstieß dann den Endmoränenbogen der Fröruper Berge mit seinen in der Nacheiszeit vermoorten Senken und ergoss sich in den Raum der heutigen Ihlenseestromniederung. Verbunden mit einer Stromberuhigung schufen die mitgeführten Sedimente den Treenesander. Kies und Sand wurden in den Fröruper Bergen ebenso abgetragen wie noch heute auf dem Flensburger Sander zwischen Weiche, Wanderup, Harrislee und Ellund.

In vier großen subglazialen Rinnen flossen die Schmelzwässer der weichselkaltzeitlichen Gletscher nach Westen ab, so im Tunneltal der Flensburger Förde, im heutigen Talzug Lippingau-Südensee-Bondenau-Treßsee (mit Kielstau von Norden), im heutigen Talzug Mühlenau-Boholzer Au-Wellspanger Au-Langsee und in der Schlei-Rinne. In diesen Rinnen und seitlich angrenzenden Niederungen lagerten sich Binnensander ab. Nachfolgende Eisvorstöße verschoben diese teilweise und stauchten sie wie im Gebiet der Fröruper Berge auf. Deren niedrigere Partien überlagerten diese Sande und spülten erodiertes Material bis in die Täler von Treene und Bollingstedter Au. Im Nordteil der Fröruper Berge und nördlich des Treßsees sind auch Flugsände verbreitet.

Südwestlich der Fröruper Berge bei Oeversee vollzieht die Treene einen deutlichen Richtungswechsel von ost-westlicher nach nord-südlicher Richtung. Ursprünglich verlief die Treene als Schmelzwasserstrom wie andere nach Westen, bevor Sedimentablagerungen des Flensburger Förde-Gletschers sie nach Süden abdrängten. Dieser südliche Flensburger Sander (Kiesabbau bei Wanderup) überschüttete im Spätglazial seit 12.500 v. Chr. auch den Toteis-Komplex des Sankelmarker Sees, weshalb dessen Eis im frühen Postglazial länger erhalten blieb, bevor ein See die Hohlform ausfüllte. Bevor die Fröruper Berge während des zweiten Eisvorstoßes der Weichsel-Kaltzeit aufgestaucht wurden, könnte die Treene vom heutigen Treßsee aus auch nach Südwesten zur Ihlenseeniederung geflossen sein. Später durchbrach das aufgestaute Schmelzwasser im Bereich des heutigen Großsolter Moores den dortigen Endmoränenzug (heutiger Zufluss zum Ihlseestrom). Zudem beeinflusst den Verlauf der Treene an dieser Stelle eine geotektonische Störungszone (Sieverstedter Störung) im Untergrund.

Nur hingewiesen sei hier auf den südöstlich der Fröruper Berge in Angeln liegenden Langsee, ebenfalls ein Rinnensee, der aus einer weichselkaltzeitlichen Schmelzwasserrinne entstand, sowie einen Oser am Ahrenholzer See. Oser bilden langschmale Rücken aus Kies und Sand, die aus Sedimentverfüllungen in Schmelzwassertunneln im oder unter dem Eis vor dem Schmelzwasseraustritt des Gletschertores entstehen.

SATRUPHOLMER MOOR

Von den Fröruper Bergen aus erreicht man über die B 77 nach Süden den Abzweig nach Großsolt und Satrup. Kurz hinter der Kirche geht es links Richtung Flensburg, dann gleich wieder rechts Richtung Sörup (Söruper Straße). Östlich von Satrup liegt das Satrupholmer Moor, das man kurz nach dem Ortsende, nach rechts dem Nebenweg folgend, erreicht. Hier bietet sich ein beschilderter Rundweg an.

Das Satrupholmer Moor entstand in einem während der Weichsel-Kaltzeit von der Westangler Gletscherzunge bedeckten Gebiet. Nach dem Maximaleisvorstoß im letzten Hochglazial stieß nach einer Warmphase der Gletscher in einer kälteren Periode mehrfach wieder vor, wenn auch weniger weit. Die südliche Randmoräne einer dieser Rückzugsstadien des Gletschers bildet die Linie von Bistoft über Esmark, Rüde und Sörupholz. Darin eingeschlossen liegt die Hohlform des Satrupholmer Moores. Dieses erstreckt sich in einem Rest eines ehemaligen Zungenbeckens der Westangler Eiszunge.

Mit dem wärmeren Klima des beginnenden Holozäns taute hier ein Toteisblock ab, und es entstand ein See, den anfangs ein flacher Überlauf mit dem Südensee verband. Im Satrupholmer Moor unterstreichen Paddel, Fischspeere und Reusen die Bedeutung des ehemaligen Sees zur Nahrungsbeschaffung im späten Mesolithikum zwischen 5100 und 4100 v. Chr. Auch im nachfolgenden Frühneolithikum suchten Menschen die Seeufer auf. Das Faunenspektrum der archäologisch untersuchten Fundplätz umfasst vor allem Ur, Rothirsch, Wildschwein, Fische und Vögel.

Im Laufe der Zeit verlandete der Satrupholmer See. Es entstand zunächst ein Niedermoor, bevor sich später über mehrere Stadien hinweg ein Hochmoor entwickelte. Dieses hat der Torfabbau in der Vergangenheit stark überprägt. Erst infolge der Renaturierung erholt sich die Pflanzen- und Tierwelt wieder. In der Neuzeit wurde der Wasserspiegel des Südensees durch einen Durchstich zur Bondenau gesenkt, sodass die Verbindung verloren ging.

SÖRUP, SCHEERSBERG, UNEWATT UND MUNKBRARUP

Von Satrup aus führt die Landstraße weiter nach Sörup, dessen Kirchturm man am Ende des Südensees erblickt. Zusammen mit dem Sankelmarker See, dem Rüder See, dem Treßsee, dem Winderatter See und dem Havetofter

Steinzeitliche Fundplätz am Satruper Moor

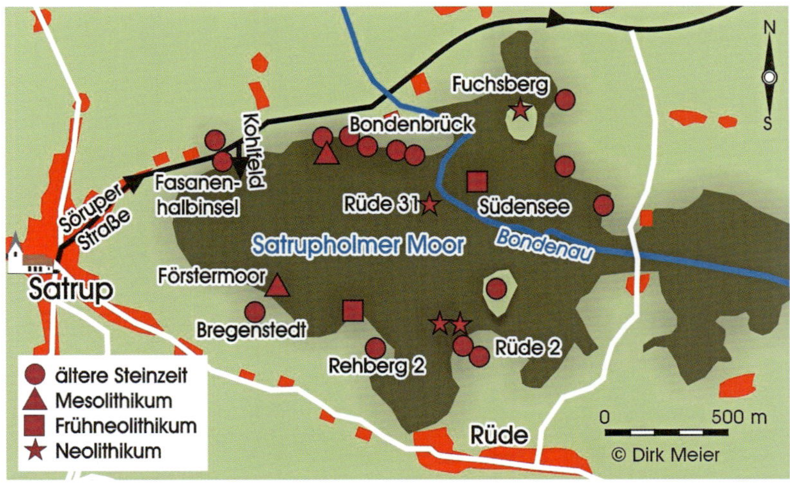

*Links:
Kirche von Sörup.
Foto: Dirk Meier*

*Rechts:
Scheersbergturm.
Foto: Dirk Meier*

See ist dieses Gewässer im nördlichen Angeln aus einer glazialen Abflussrinne der Weichsel-Kaltzeit entstanden. Das 1338 erstmals als Dorf am See *(Soddorp)* erwähnte Sörup an der 1881 eingeweihten Eisenbahn zwischen Flensburg und Kiel reicht mit seiner Kirche bis in das 12. Jahrhundert zurück. An dem sehenswerten Bau arbeiteten vermutlich Handwerker mit, die auch am Dombau in Schleswig beteiligt waren. Schon kurz danach wurde das aus Granitquadern im romanischen Stil errichtete Kirchenschiff der einschiffigen Saalkirche erweitert. Bei der Errichtung des 57 m hohen Turms um 1500 wurde das ursprüngliche westliche Portal an die westliche Turmwand versetzt. Die Turmhaube stammt von etwa 1600. Der Anbau am Eingang ist von 1830. Bemerkenswert sind mehrere Reliefs an den Portalen bzw. Türen und das romanische Taufbecken aus gotländischem Kalkstein der Zeit um 1200 mit Darstellungen aus dem Leben Jesu, das Weihwasserbecken aus dem 13. Jahrhundert, das Triumphkreuz aus dem 14. Jahrhundert und die barocke Kanzel von 1663.

*Altes Angliter Bauernhaus (Marxenhaus), Museumsdorf Unewatt, Angeln.
Foto: Dirk Meier*

In Sörup folgt man der Bahnhofstraße Richtung Kappeln. Kurz vor Sterup geht es links ab nach Groß Quern mit seiner um 1200 errichteten romanischen Dorfkirche mit dem spätgotischen Backsteinturm.

Kurz hinter Groß Quern erreicht man Scheersberg (Dänisch: *Skærsberg*: Berg mit Stei-

Wassermühle Buttermühle mit Stauteich und Gasthaus, Museumsdorf Unewatt, Angeln. Foto: Dirk Meier

nen). Mit über 70 m über NN ist dieser einer der höchsten Erhebungen Angelns und entstand durch Gletscherzungen der letzten Kaltzeit. Seit 1706 gibt es hier einen Krug, der 1884 nach einem Brand neu erbaut wurde. Seit 1903 steht auf dem Scheersberg der weithin sichtbare Bismarckturm, zu dem 1899 Spendensammlungen begannen und für den 1900 der Grundstein gelegt wurde. Für den Bau des Turmes wurde ein Megalithgrab mit zwei Grabkammern abgetragen. Im Turm mit seiner Aussichtsplattform befindet sich eine Ausstellung zur Geschichte Schleswig-Holsteins. Nachdem 1928 vom früheren Landkreis Flensburg hier ein Zentrum für „Jugend- und Volkstumsarbeit" eingerichtet wurde, dient der Bau seit 1948 dem Deutschen Grenzverein. Ferner befindet sich hier eine Jugendherberge bzw. die Internationale Bildungsstätte Jugendhof Scheersberg. Außerdem findet hier jährlich das Scheersbergfest statt.

Vom Scheersberg aus führt die Nordstraße (B 199) durch Angeln zurück nach Flensburg. Unterwegs kommt man an Unewatt vorbei, wo das Landschaftsmuseum über die Kulturgeschichte Angelns informiert. Sehenswert sind hier ein altes Angliter Bauernhaus (Marxenhaus), die Räucherei, die Buttermühle und die Windmühle Fortuna. Das Dorf lässt sich zu Fuß erkunden.

Lohnenswert ist auf der Weiterfahrt nach Flensburg noch die Besichtigung der im letzten Viertel des 12. Jahrhunderts erbauten Granitquaderkirche von Munkbrarup, deren Südportal dem Petri-Portal des Schleswiger Doms nachempfunden ist. Der Munkbraruper Löwenkampf auf dem Taufstein dürfte von einem Einheimischen aus dem Granit gemeißelt worden sein. Das Südportal ist dem Petri-Portal des Schleswiger Doms nachempfunden. 1582 wurde die Kirche nach einem Brand wiederhergestellt. Das Triumphkreuz in der Kirche stammt aus dem Rudekloster bei Glücksburg.

Kirche von Munkbrarup. Foto: Dirk Meier

HAITHABU UND DANEWERK

HAITHABU

Über die Landschaft der inneren Schlei erhält man vom 24,8 m hohen Karberg an der B 76 am östlichen Nordufer des Haddebyer Noors einen ersten Überblick. Im Holozän entstand vom Haddebyer Noor zur Schlei hin ein Strandwall, der 1813 zum heutigen Straßendamm ausgebaut wurde. Zwei kurze Abflüsse verbinden das Haddebyer Noor mit der Schlei. Deren Wasserstand schwankt je nach West- und Ostwind stark. Strömt bei Westwind das Schleiwasser Richtung Ostsee, entwässert das Haddebyer Noor, während es bei Ostwind Frischwasser aus der Schlei erhält. Eine 10 m breite Engstelle verbindet das Haddebyer mit dem südlicheren Selker Noor. Beide Noore erstrecken sich in einer Hohlform, die der Schleigletscher der letzten Kaltzeit formte. In den Nooren leben Süßwasserfische. Vom Karberg sieht man jenseits des Haddebyer Noores die um 1200 aus Feldsteinen errichteten Kirche von Haddeby, die bewaldete „Hochburg“ und den etwa 10 m hohen Halbkreiswall des frühmittelalterlichen Handelsortes Haithabu, das sich mit seinem Museum zu Fuß erkunden lässt.

Der Platz für deren Gründung war gut gewählt, denn hier berühren sich mit der Schlei und dem Flusssystem von Eider und Treene Nord- und Ostsee an der schmalsten Stelle der Jütischen Halbinsel. Von Westen her gelangten die Schiffe über Eider und Treene bis nach Hollingstedt, von wo die Waren – wie karolingisches Trinkgeschirr oder Mühlsteine aus Mayener Basalt – auf Wagen umgeladen wurden. Luxusgüter wie Silber und Seide gelangten aus dem Osten auf Schiffen über die Ostsee nach Haithabu und wurden dort gegen Waren aus Westeuropa eingetauscht. Über die sandige Geest westlich von Haithabu verlief von Nor-

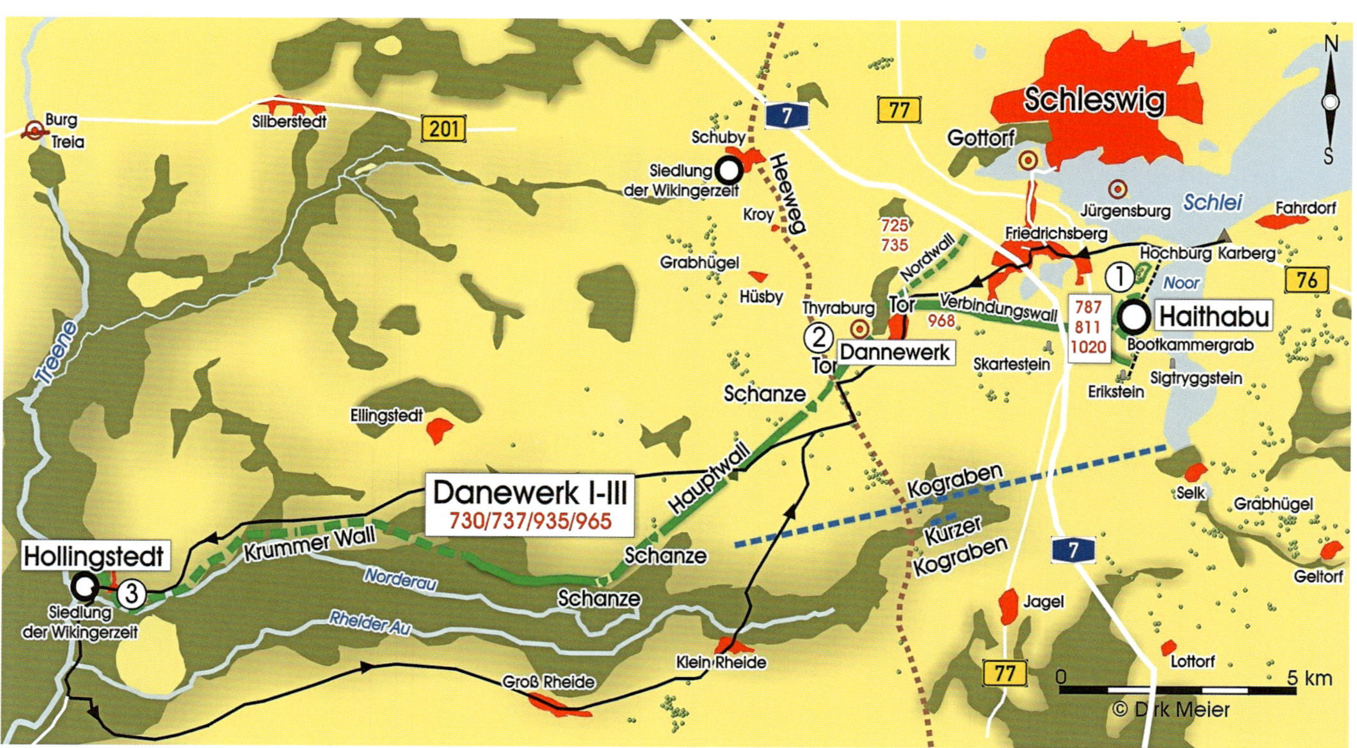

Exkursionroute: Haithabu und Danewerk

Blick vom Karberg auf das Haddebyer Noor mit Haithabu, der Hochburg und dem Damm zur Schlei hin. Foto: Dirk Meier

den nach Süden der alte Heerweg. Der im 10. Jahrhundert errichtete Halbkreiswall Haithabu mit seinem vorgelagerten Spitzgraben umfasst ein zum Wasser sanft geneigtes Areal von etwa 24 ha. Nördlich davon befindet sich ein bewaldeter Höhenrücken, dessen Plateau ein Wall umschließt und in dessen Innerem ebenfalls ein Hügelgräberfeld liegt.

Es war der dänische Altertumsforscher Sophus Müller, der 1897 die sog. Oldenburg als Haithabu klassifizierte, dessen Name auf einem in der Nähe gefundenen Runenstein steht. Haithabu und das nahe Danewerk als dänischer Grenzwall zwischen Hollingstedt und der Schlei gehören als Weltkulturerbe zu den eindrucksvollsten Kulturstätten Nordeuropas. Der Halbkreiswall Haithabus mit seinem vorgelagerten Spitzgraben besitzt im Norden und im Süden Tore, die heute ein Weg miteinander verbinden. Etwa in der Mitte der Umwallung verläuft ein kleiner Bach durch das Innere der alten Handelsniederlassung. Im Westen folgt dieser in einer natürlichen Senke, östlich des Weges einem ausgebauten Bachbett bis zum Noor.

Den am Ende der Schlei gelegenen Handelsort bezeichnete Adam von Bremen in seiner Hamburger Bischofsgeschichte 1075 als *Heidiba* und *portus maritimus*, somit als einen maritim erreichbaren Hafen. Da hatte der Ort seine

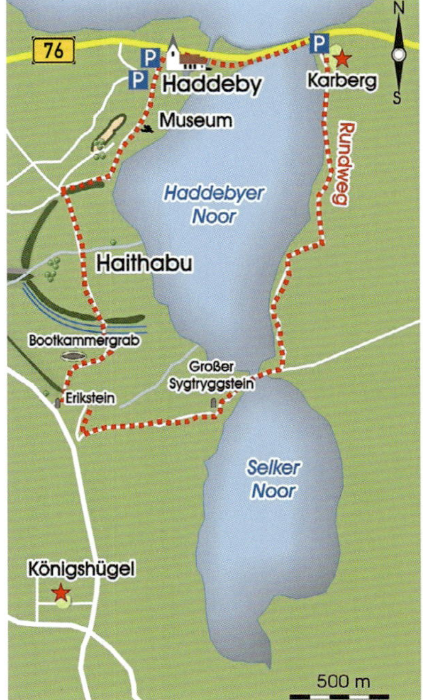

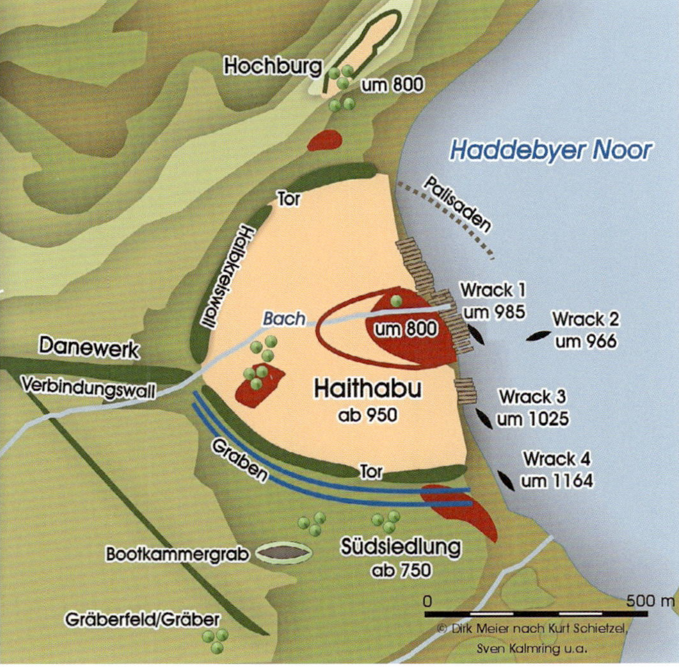

Aussichtspunkte Karberg und Königshügel, Wanderweg um das Haddebyer Noor sowie Haithabu mit Siedlungskernen, Lage des Bootkammergrabes, Gräberfeldern und Wracks

Halbkreiswall von Haithabu mit Haddebyer Noor. Foto: Dirk Meier

Glanzzeit schon hinter sich und war wenige Jahre zuvor, 1066, von einem Slawenüberfall zerstört worden. In den Fränkischen Reichsannalen heißt es zu 808, dass das *in oceani litore* (gemeint ist die Ostsee) gelegene Reric, wohl Groß Strömkendorf bei Wismar, im Land des slawischen Stammes der Abodriten von dem dänischen König Göttrik überfallen wurde. Er verschleppte dann von dort die Kaufleute zu einem *Sliesthorp (Sliesvig)* genannten Hafen *(ad portum, qui Sliesthorp dicitur)*. Hier siedelte er sie neu an und regierte bis zu seiner Ermordung 810 über den Ort. Mussten die Kaufleute vorher den slawischen Fürsten Abgaben zahlen, fielen diese nun an den dänischen König.

Die Ergebnisse der über einhundertjährigen archäologischen Forschungen zeigen, dass zunächst südlich des späteren Halbkreiswalles in der zweiten Hälfte des 8. Jahrhunderts eine Siedlung entstand. Die Menschen bestatteten ihre Toten in einem Körpergräberfeld oder setzten sie in Urnen bei. Von einem ehemaligen Bootkammergrab südlich des Halbkreiswalles ist heute nichts mehr zu sehen. Um 800 existierte neben der Südsiedlung je ein weiterer Siedlungskern an dem schon erwähnten in das

Rekonstruierte Häuser von Haithabu. Foto: Dirk Meier

Noor fließenden Bach sowie nördlich des späteren Halbkreiswalles am Fuß der Hochburg unweit eines weiteren Wasserlaufs. Jeder dieser Siedlungen lässt sich ein Gräberfeld zuordnen. Neben dem Fernhandel mit Luxusgütern kennzeichnet eine über den Eigenbedarf hinausgehende Produktion, wie die Herstellung von Tuchen, Schuhen und Bekleidung, Holz- Gold- und Schmuckverarbeitung sowie Metallguss und Eisenverarbeitung, das frühmittelalterliche Zentrum. Brunnen dienten der Wasserversorgung.

Seit der Mitte des 9. Jahrhunderts hatte sich die dichtere Bebauung nach Norden an einen kleinen, in das Noor fließenden Bach verschoben, der seit dem 10. Jahrhundert kanalisiert und mit Planken eingefasst war. Etwa 1.500 Menschen lebten hier. Aufgrund des starken Holzverbrauchs dürfte sich im Umfeld der Siedlung kaum noch Wald befunden haben, sodass die Menschen lange Wege in Kauf nehmen mussten. Neuere Magnetometer- und Radarmessungen zeigen, dass die Besiedlung außerhalb des bekannten Areals innerhalb des Halbkreiswalles stark ausdünnt. Parallel zum Hafen führte entlang geordnet angelegter Häuser ein Weg. Weitere waren rechtwinklig oder entlang des Baches ausgerichtet. Neben Grubenhütten, einräumigen Blockbauten sowie anderen kleinen Gebäuden existierten zweiräumige Wohnstallhäuser und dreiteilige Wohnstallhäuser für Gewerbezwecke. Besondere Beachtung verdient aus der jüngsten Siedlungsphase ein etwa 100 m^2 großer Bau mit Schwellrahmenkonstruktion. Die Wände bestanden zumeist aus Spaltbohlen oder Flechtwerk, die Dächer waren mit Reet gedeckt.

In den kleinen Ställen der Häuser erlaubten gehaltene Rinder, Schafe, Schweine, Pferde sowie Geflügel neben etwas Anbau von Kulturpflanzen eine Selbstversorgung der Menschen. Angebaut wurden vor allem Gerste, aber auch Roggen, Leinen, Hafer, Zwergweizen, Rispenhirse und Pferdebohnen. Die Bebauung richtete sich dabei nach den Agrarflächen. Hopfenanbau diente der Biergewinnung. Nur bescheiden war die Kultur von Obstbäumen, wie der Pflaume. Noch überwog das Sammeln von Beeren- und Steinobst. Woher die Bewohner notwendiges Salz erhielten, ist unklar. Honig diente vermutlich zum Süßen der Speisen. Fischfang erfolgte mit Netzen von Booten aus. Zu den wichtigsten Fischen zählte der im Frühjahr die Schlei hinaufziehende Hering, aber man fing auch Flussbarsche, Hechte, Karpfen und Plattfische. Die Jagd auf Rotwild, Wildschweine und Auerochsen war weniger wichtig. Für die Pelzjagd erlegte man Rotfüchse. Biber deuten auf von Bäumen umstandene Fließgewässer im näheren oder weiteren Umkreis der Siedlung hin. Auch Beeren und Haselnüsse sammelte man. Das Wirtschaftszentrum umgaben

Äcker, Weide- und Heideflächen. Im Uferbereich des brackigen Haddebyer Noores wuchsen Seggen, Röhrichte und Erlen. Im weiteren Umkreis schlug man Eichen für Bauholz. Infolge der anthropogenen Eingriffe wich die Bewaldung immer mehr einem Offenland mit Büschen. Im weiteren Umkreis der Siedlung wuchsen Kiefern und Tannen. Aus Linden- und Weidenbast fertigte man Schnüre.

Eine ergänzende Versorgung der Menschen mit Agrarprodukten stellten die Siedlungen des Hinterlandes sicher, deren Bewohner wiederum vom Fernhandel und den handwerklichen Produkten dieses Handelszentrums profitierten. Die dichter werdende Besiedlung Ostschleswigs in der Wikingerzeit ist somit eine unmittelbare Folge des Aufblühens Haithabus. Nachgewiesen sind mit Schuby im Nordwesten, Winning und Brodersby am Nordufer der Schlei sowie Weseby, Gammelby und Kosel in Schwansen mehrere Siedlungen.

DANEWERK

Von Haithabu aus lässt sich über die Busdorfer Straße und Friedrichstraße bis zum Abzweig der Mansteinstraße und dann des Husumer Baums der Ort Dannewerk erreichen, wo am Ende der Straße das Danevirkemuseum und der Hauptwall des Danewerks mit der Waldemarsmauer besichtigt werden können.

Das Danewerk (dänisch *Danevirke*, altdänisch *danæwirchi*) sichert den Nord-Süd Weg dort, wo an der Schleswiger Landenge natürliche Barrieren mit den versumpften Talauen von Treene und Rheider Au sowie mit ausgedehnten Mooren im Westen und der Schlei im Osten die Verbindungsmöglichkeiten über Land auf einen schmalen, nur wenige Kilometer breiten Durchgang auf der Geest einengen. Die angrenzenden Jungmoränen waren im frühen Mittelalter noch dicht bewaldet und nur dort gerodet, wo sich Siedlungen wie Schuby erstreckten. Westlich von Schleswig bei Hüsby und Groß-Dannewerk finden sich weitere weichsel-kaltzeitliche Endmoränen.

Zwischen diesen natürlichen Sperrzonen verläuft auf dem sandigen Geestrücken, teilweise von Grabhügeln der Bronzezeit begleitet, der alte Heerweg, den westlich von Haithabu das Danewerk sperrte. Westlich von Schleswig folgt dieser in einem Bogen um die vorstoßende Höhe der Jungmoräne mit den Orten Groß- und Klein Dannewerk sowie Husby, während der spätere mittelalterliche Ochsenweg über diese Höhe führt. Offensichtlich vermied man in der Bronzezeit die Überschreitung von Höhen mit lehmigen Böden, sondern orientierte sich bei den Wegeverbindungen an leichten Sandböden. Hingegen legte man im Mittelalter einen größeren Wert auf eine gerade und damit kürzere Linienführung. Wann sich diese Änderung vollzog, ist unbekannt. Jedenfalls nimmt

Hauptwall des Danewerks mit Graben. Foto: Dirk Meier

der Wegedurchlass des Kograbens wie auch das Tor des Danewerks Bezug auf den Wegeverlauf.

Neben der Sperrung des Heerweges war die strategische Position der schmalen Schleswiger Landbrücke noch für die Sicherung der West-Ost Handelswege wichtig. So waren die natürlichen Möglichkeiten der Querverbindungen der Jütischen Halbinsel äußerst begrenzt. Neben der Verbindung Eider – Treene – Rheider Au – Schlei gab es nur die Möglichkeit von der Niederelbe zur Travemündung, von Ribe zur Ostküste und durch den Limfjord zum Kattegat. Von diesen Querverbindungen wurde seit dem späten 8. Jahrhundert die Linie Eider – Treene – Schlei bevorzugt. Insofern kam der Sicherung dieser Verkehrswege durch das 30 km lange Danewerk mit seinen Wällen und Gräben große Bedeutung zu, zumal es auch die südlichste Grenze des dänischen Machtbereiches dokumentierte.

Dieses fand erstmals Erwähnung 808 in den Fränkischen Reichsannalen im Zuge der Ankunft des dänischen Königs Göttrik (Godofrid): „Hier [Sliesthorp] blieb er [Godofrid] mehrere Tage und beschloss, die Grenze seines Reiches nach Sachsen zu mit einem Wall zu schirmen, in der Weise, dass von dem östlichen Meerbusen, den jene Ortasalt nennen, ein Bollwerk reichte, nur von einem einzigen Tor [gemeint ist das Tor am Heerweg] unterbrochen, durch das Wagen und Reiter hinaus und wieder hereinkommen könnten....“ Da der Begriff „Verteidigungswall“ und „Grenze seines Reiches“ in den Fränkischen Reichsannalen von 804/08 benutzt wird, dominiert dies bis heute die Deutung.

Der zwischen zwei Wasserläufen verlaufende Hauptwall des Danewerks weist mehrere Ausbaustufen auf. Während ein ältester, zweimal erhöhter Wall mit vorgelagertem Graben noch undatiert ist, deutet ein zweiter mit einer Sodenmauer in die Zeit um 500 n. Chr. Dieser besaß wohl schon ein Tor im Verlauf des Heerweges, das dann mit der im 8. Jahrhundert errichteten Feldsteinmauer im Hauptwall des Danewerks (Danewerk I) belegt ist. Das Danewerk I (Hauptwall, Nordwall, Ostwall) ist dendrochronologisch auf die Jahre zwischen 730 und 737 datiert und bestand aus einem ca. 2 m hohen und etwa 12 m breiten Erdwall mit einer starken Holzpalisade als Wallfront. Der Bau dieses Walles dürfte als Grenzziehung gegen Slawen und Sachsen gedacht gewesen sein. Die Errichtung des Ostwalls, der die Halbinsel Schwansen absperrte, ist zeitlich nicht ganz klar. Untersuchungen ließen nur eine Bauphase und eine hölzerne Frontpalisade vor dem aufgeschütteten Erdwall erkennen. Der kleine Margarethenwall auf einer Halbinsel an einer schmalen Stelle der Schlei diente als Annäherungshindernis nach Angeln. Zusätzlich sicherte die Förde das 737 bei Reesholm bestehende Schleisperrwerk zur Abwehr feindlicher Flottenvorstöße.

Waldemarsmauer. Foto: Dirk Meier

Das Danewerk II bestand aus einem 6,5 km langen, etwa 2 m hohen und 7 m breiten Erdwall, dem ein circa 4 m breiter und 3 m tiefer Spitzgraben (Kograben) vorgelagert war. Die Wallfront verkleidete eine Holzpalisade, die schräge Pfeiler stützten. Radiokohlenstoffdatierungen deuten auf dessen Errichtung um 800, somit in die Zeit des Königs Göttrik hin, der sein Reich gegen das nach Norden expandierende Fränkische Reich sichern wollte. Der Kograben davor erstreckt sich schnurgerade von der Rheider Au bei Kurburg bis an das Selker Noor an der Schlei. Dort, wo dieser die sumpfige Niederung der Rheider Au überquert, setzt er aus. Neben dem langen Kograben befindet sich auf einer kürzeren Strecke der sog. Kleine Kograben. Der bis 1935 erhaltene Wall hatte eine Breite von 8 m und eine Höhe von 0,50–0,70 m.

Der Hauptwall des Danewerks III (Hauptwall, Verbindungswall, Krummwall, Bogenwall, Doppelwall) erreichte eine Höhe von 5 m und eine Breite von 20–30 m. Der hier Verbindungswall oder Margarethenwall genannte Abschnitt verband den Hauptwall mit dem landseitigen, im 10. Jahrhundert errichteten Halbkreiswall Haithabus. Im westlichen Teil ist auf einer Länge von 800 m ein Doppelwall festzustellen. Hinter dem Doppelwall, in Richtung Norden, befindet sich im Winkel zwischen dem Margarethen- und dem Nordwall ein in seiner Funktion unklares Wallstück. Der Margarethenwall besaß ursprünglich keine Holz-, sondern eine geböschte Plaggenfront. Erst in der jüngsten und dritten Bauphase erstreckte sich vor dem Wall ein Sohlgraben. Die Holzsubkonstruktionen an der Basis des Verbindungswalles datieren dessen Errichtung in das Jahr 968.

Die Wallfront des Verbindungswalls zwischen dem ehemaligen Danewerksee im Westen und dem habkreisförmigen Wall von Haithabu im Osten, mit dem darauf verlaufenden Wehrgang in Form einer Holzpalisade, verstärkte in der Folgezeit zunächst eine 3 m hohe und 3 m breite Feldsteinmauer, später eine 7 m hohe Backsteinmauer. Der Baubeginn des Danewerks III wird dendrochronologisch auf das Jahr 968 datiert. Grund für den Ausbau könnten die Auseinandersetzungen zwischen dem Ostfränkisch-Ottonischen und dem Dänischen Reich oder später die Kämpfegegen die Slawen gewesen sein.

Die Endphase des Danewerks III bildet die um 1170 unter Waldemar I. errichtete Backsteinmauer. Diese etwa 3,7 km lange Waldemarsmauer an der Wallfront gilt als ältestes profanes Backsteinbauwerk Nordeuropas. Da die Grenze zwischen Dänemark und dem Heiligen Römischen Reich, aber auch zwischen Schleswig und Holstein seit dem frühen 11. Jahrhundert endgültig die Eider südlich des Danewerks markierte, verringerte sich dessen Bedeutung. Als Holstein nach 1201 unter Waldemar II. dänischer Reichsteil wurde, spielte es bis zum 19. Jahrhundert keine Rolle mehr. So wurde das heutige Mittelstück des Hauptwalles 1860 im Zuge der Neubefestigung des Danewerks ausgebaut. Ferner entstanden fünfeckige Schanzen, von denen eine bei Dannewerk rekonstruiert ist (Schanze 14). Letztmalig wurde das Danewerk vom dänischen Heer im Krieg des Deutschen Bundes gegen Dänemark 1863/64 besetzt. Dieses zog jedoch kampflos ab, nachdem die preußischen Truppen die Schlei bei Arnis überschritten hatten.

Von Dannewerk aus fahren wir nach Süden, biegen nach links in den Rheider Weg ein und folgen dann dem Margarethenwall nach Westen Richtung Hollingstedt. Dabei durchschneidet westlich von Dannewerk die Straße den alten, hier gut erhaltenen Grenzwall.

HOLLINGSTEDT

In Hollingstedt spaltete sich nach Karten des 18. Jahrhunderts die Treene nördlich der heutigen Brücke auf. Im Bereich des heutigen Deichverlaufs lag das Ufer des östlichen Treenearms, wo die Schiffe im ruhigen Flusswasser, von der Eider und Nordsee herkommend, im frühen Mittelalter leicht anlanden konnten. Südlich der heutigen Treenebrücke liefen die Schiffe an mehreren Stellen auf das flache Ufer auf, von wo man sie nach dem Entladen an Land zog. Im Bereich der heutigen Lahmenstraat befanden sich auf einem höheren Areal mehrere Pfosten, die teilweise zu Zäunen gehörten, die Gebäude umgaben. Weiter höher lag ein jüngeres Haus in einem Areal mit Funden des 9. bis 12. Jahrhunderts. In dem von Überflutungen bedrohten Treeneufer errichteten die Menschen in der Mitte des 12. Jahrhunderts plattformartige Holzkonstruktionen, an denen aber aufgrund der zu geringen Wassertiefe keine Schiffe anlegen konnten. Der Baum einer der Plattformpfosten wurde Winter 1161/62 gefällt, somit in einer Zeit, als in Hollingstedt der „Nordseehafen“ der Stadt Schleswig bestand. Hinweise auf einen zweiten im Hochmittelalter bestehenden Landeplatz geben Tuffsteinquader, die bei der Begradigung des Süderwiesenbachs 1962 zu Tage traten, der südwestlich des Dorfes in die Treene mündet. Funde von Schiffsnägeln und Klammern zeigen, dass zwei unterschiedliche Schiffstypen den Landeplatz ansteuerten. Dabei handelt es sich um solche nordischer Bautradition als auch früher Koggen aus der Mitte des 12. Jahrhunderts.

Somit lassen sich für Hollingstedt drei Nutzungsphasen nachweisen: Ohne Spuren von Häusern, aber mit zahlreichen Funden beginnt die älteste im 9. Jahrhundert. Neben wenigen

Treene bei Hollingstedt. Foto: Dirk Meier

skandinavischen Scherben belegen Reliefbandkeramik, Pingsdorfer Ware, Kugeltopfware sowie Mühlsteine aus Eifellava und Tuffsteinen aus dem Neuwieder Becken vom 9. bis 12. Jahrhundert die Bedeutung dieses Schiffsländes in der überregionalen Transportroute nach Haithabu. Auch drei Münzen stammen aus dieser Zeit, so ein in Straßburg geprägter Denar Ludwig des Kindes, ein Haithabu-Halbbrakteat vom Dorestad Typ aus dem 9. Jahrhundert sowie ein in Ribe geprägter Denar des dänischen Königs Sven Grathe (1146–1154). Frühestens im 11. Jahrhundert entstanden feste Bauten und Fassbrunnen im höher gelegenen Bereich. Holzplattformen verbesserten dann im 12. Jahrhundert die Anlandung der Schiffe. Den Keramikfunden nach wurde dieses unmittelbar an der Treene gelegene Gelände bis dahin nicht genutzt.

Vom Schiffslände aus wurden die für den weiteren Transport nach Haithabu und später nach Schleswig bestimmten Waren auf Wagen umgeladen. Zwar berichtet die um 1260 geschriebene *Knýtlinga saga*, dass der Dänenkönig Sven mit seinem Heer und einer Anzahl von Schiffen die Landenge von Schleswig nach Hollingstedt 1151 überquerte. Dabei handelte es sich aber um leichtere Kriegsschiffe, die man getragen oder anders transportiert haben könnte. Die in die Treene mündende Rheider Au wäre ohne einen Ausbau mit Staustufen für die Flussschifffahrt ungeeignet gewesen. Allenfalls Einbäume hätten hier zum Einsatz kommen können. Für die letzte Strecke nach Haithabu hätte man immer noch Wagen benötigt. Nördlich und südlich des vermoorten Tals der Rheider Au bestanden zwischen Hollingstedt und Haithabu wohl jeweils ein Landweg. Der nördliche verlief am Geestrand nördlich des seit 500 in Teilen bestehenden, 727 und auch danach weiter ausgebauten Danewerks, bevor er dieses passierte und dann das Südtor des Halbkreiswalles von Haithabu erreichte. Der südliche Weg führte vielleicht von Hollingstedt über das heutige Groß Rheide am Geestrand bis zum Ochsenweg. Die Deutung der Ortsnamen Rheide als Reede (Schiffsliegeplätze) lässt dabei an ein Umladen der Waren von Einbäumen auf Karren oder Tragtiere denken. Auch die Sorge wurde mit Booten befahren, wie der Fund eines Wikingerschwertes des 8./9. Jahrhunderts 450 m südlich der Brücke von Fünf Mühlen im Börmer Koog aus 1 bis 2 m tiefen Kleiablagerungen unter dem Wasserspiegel belegt.

Von Hollingstedt können wir südlich der Rheider Au über Groß und Klein Rheide wieder zurück nach Dannewerk und Schleswig gelangen.

SCHLESWIG UND DIE SCHLEI

Schleswig – Die Schlei – Missunde – Kosel –
Lindaunis – Ulsnis – Arnis – Kappeln –
Maasholm – Schleimünde

SCHLESWIG

Der bedeutendste Profanbau Schleswigs ist Schloss Gottorf, das seit 1947 die Landesmuseen beherbergt. Die frühere Wasserburg liegt auf einer Insel im innersten Winkel der Schlei, die 1582 durch Herzog Adolf I. von Schleswig-Holstein-Gottorf durch den heute auf ca. 28 m breiten und 100 m langen Damm von dem Meeresarm abgetrennt wurde. Deren erste Herren waren die Schleswiger Bischöfe, die vom 4 km nordwestlich gelegenen Alt-Gottorf bei Falkenberg hierher übersiedelten. Der älteste Bau entstand zwischen etwa 1161 und 1268. Danach ging der Besitz an Herzog Abel und 1340 an die Schauenburger Grafen über, bevor die Burg 1459 in den Besitz des dänischen Königs Christian I. (1425–1481) kam. Die ursprüngliche Verbindung der Burg mit Schleswig lag im Osten und wurde erst nach 1582 nach Süden verlegt. Zudem entstand 1650 ein Damm zum Neuwerk im Norden.

Nach dem Abbrand 1492 wurde Gottorf in mehreren Etappen im Stil der nordischen Frührenaissance erneuert. Friedrich I. (1523–1533) errichtete die zweischiffige Halle im Südflügel und ließ die Neugestaltung des Westflügels vornehmen, der lange Zeit das Haupthaus der Anlage bildete. Auch nach einem Brand in der Neujahrsnacht 1564/65 prägten Bautätigkeiten wie die Kapelle (1590–1593) und der Hirschsaal (um 1595) das Schloss. Nach der Begründung des Herzogtums Schleswig-Holstein-Gottorf unter Adolf I. (1526–1586) war es bis 1713 dessen Residenz, die unter Friedrich III. (1616–1659) zu einem Zentrum der Wissenschaft und Kultur wurde. Die Einrichtung der Innenräume setzte sich bis in das 17. Jahrhundert fort. Zwischen 1697 bis 1703 erhielt das Schloss unter Friedrich IV. (1695–1702) die heutige barocke Südfassade mit Mittelturm. Sehenswert ist auch der rekonstruierte Barockgarten mit dem Globushaus. Da die Politik Friedrichs III. Gottorf enger an die schwedische Krone gebunden hatte, geriet das kleine Herzogtum in Gegensatz zu Dänemark, was zu dessen Niedergang beitrug. Nach dem Ende der herzoglichen Zeit 1713 diente Gottorf dem dänischen Statthalter als Amtssitz, 1848–1850 als Lazarett und danach als Kaserne. Den heutigen Umfang erhielt

Plan von Gottorf und Schleswig von Oberkondukteur Hans Christoffer Lönborg 1732. Vor dem Schloss liegen der Alte Garten und der Westergarten, hinter der Schlossinsel ist der Neuwerkgarten mit den Lusthäusern zu sehen.

die Anlage nach der Schleifung der Wälle im 19. Jahrhundert.

Weiter östlich von Gottorf erstreckt sich die Altstadt von Schleswig am Nordufer der Schlei, von Knud Laward zum Zentrum seines 1114 vom dänischen König übertragenen Jarltums erhoben. In dieser Zeit war Haithabu schon nicht mehr von Bedeutung, das 1059 durch den norwegischen König Harald Hardråde und 1066 durch die Slawen gebrandschatzt worden war. Obwohl in der zweiten Hälfte des 10. Jahrhunderts der Handelsort noch von Schiffen angelaufen wurde und man sogar noch im frühen 11. Jahrhundert Hafenanlagen errichtete, verlagerte sich der maritime Fernhandel an das besser und mit größeren Schiffen erreichbare Nordufer der Schlei. Hier markiert das Jahr 1071 die früheste Errichtung einer Holzkonstruktion in der Schleswiger Altstadt. Da zwar Funde aus der ersten Hälfte des 11. Jahrhunderts, vor allem aber aus jüngeren Schichten aus der zweiten Hälfte des 11. Jahrhunderts zutage kamen, ist hier nicht vor 1050 – somit zeitgleich zum Niedergang Haithbus – mit nennenswerten Siedlungsaktivitäten zu rechnen, wenn sich auch eine Neuformierung der kirchlichen Organisation ab 1025/26 andeutet.

Schloss Gottorpia. Ausschnitt aus einem kolorierten Stich von Schleswig von Georg Braun und Frans Hogenberg zwischen 1572 und 1618.

Das gesamte, auf einer Halbinsel der Schlei sich ausdehnende urbane Siedlungsgefilde sicherte im Norden eine Umwallung mit Holzplanken im 11./12. Jahrhundert, in der sich im Bereich der in den Ort führenden Langestraße wohl ein Tor befand. Neben dem Hafen mit anschließender nördlicher Wohnbebauung treten als Strukturelemente der Altstadt die 1134 erwähnte *aula regia* als Königshof, der Bereich

Schloss Gottorf. Foto: Dirk Meier

des 1234 genannten Franziskanerklosters mit vorklösterlichen Bauresten und der hochmittelalterliche Markt mit anschließender Wohnbebauung seit dem ausgehenden 11. Jahrhundert hervor. Das Franziskanerkloster entstand dabei auf den Überresten der königlichen Pfalz. Auf der vorgelagerten Möweninsel in der Schlei erbaute Knud Laward zur Sicherung Schleswigs und der Transitwege die Jürgensburg. Dieses *castrum* bestand vom beginnenden 12. bis in die zweite Hälfte des 13. Jahrhunderts. In der 1251 niedergelegten Seeländischen Chronik heißt es für 1130, dass Knud Laward Ältermann und Schutzherr *(senior erat conuiuij iliius et defensor)* einer Gemeinschaft *(convinium)* gewesen sei, die *Hezlagh* genannt wurde. Dabei handelte es sich um eine Gilde, deren durch Schwur verbundene Mitglieder einen Schutzverband bildeten.

Zahlreiche Fernhändler aus Friesland, Flandern, Sachsen, Westfalen, Island und Bornholm kamen nun hierher. Für die meisten war Schleswig jedoch eine Endstation. Von hier führte zwar der Heerweg nach Dänemark, und man gelangte mit Schiffen über die Schlei zu den Inseln der westlichen Ostsee und Schonen, nach Roskilde und Lund, aber weniger in die östliche Ostsee und nach Russland. Größer war die Zahl der schwedischen und gotländischen Kaufleute, die im 11. und 12. Jahrhundert als Warenvermittler zwischen dem Westen und Nowgorod dienten. Wie im wikingerzeitlichen Haithabu lieferten die Weiten Russlands Pelze, Honig und Wachs, die gegen Wein, Tuche, Schmuck und andere Luxusprodukte des Westens getauscht wurden. Nur der Sklavenhandel war mit der Christianisierung zum Erliegen gekommen.

In die erste Hälfte des 12. Jahrhunderts fällt die Hauptbedeutung Schleswigs, wie auch die seit 1969 durchgeführten Ausgrabungen im Bereich des Hafenviertels und des Stadtzentrums belegen. Diese erschlossen die bürgerlichen Quartiere mit ihren Wegen und Zäunen, Gebäuden, Brunnen und Kloaken, einen ausgedehnten Hafen mit Landebrücken, den Marktplatz und die Reste der Stadtbefestigung, mehrere Kirchen und Klöster mit ihren Friedhöfen sowie einen Teil des königlichen Pfalzbezirks. Funde von Keramik, Knochen, Geweih und Horn, Leder und Holz, Textilreste, Tauwerk und Eisengerät zeigen das tägliche Leben der Bewohner ebenso wie den Nah- und Fernhandel. Am südlichen Rand der Altstadt dokumentierten die Untersuchungen in der Plessenstraße die mittelalterliche Uferlinie, die im 11. Jahrhundert etwa bis zu 150 m nördlich des heutigen Ufers verlief. Auf dem in nördlicher Richtung ansteigenden Gelände befanden sich dicht an dicht zahlreiche Holzgebäude. Bohlenwege durchzogen das Zentrum. Vom Ufer her reichten mit Erde verfüllte Spundwandkästen aus Eichenplanken in die Schlei. Die ersten dieser Schiffsanleger wurden 1087 errichtet,

Blick auf Schleswig, den Dom und die Möweninsel. Foto: Dirk Meier

bevor man sie 1095 durch größere ersetzte. Spätestens 1239 wurden weite Bereiche der Siedlung und Hafenanlagen wieder aufgegeben. An ihrer Stelle errichteten im gleichen Jahr die Dominikaner ein in den Ausgrabungen teilweise freigelegtes Kloster, das bis zur Reformation bestand. Etwa 70 m nördlich des unbebauten Ufers fanden sich Reste eines Friedhofes mit Bestattungen aus der zweiten Hälfte des 11. und dem 12. Jahrhundert, der zum Areal der St.-Nikolai-Kirche gehörte.

Nördlich der mittelalterlichen Stadt lag bis zu deren Abbruch 1870 die romanische Rundkirche St. Michaelis. Inwieweit diese mit dem 1192 aufgelösten Michaeliskloster zu verbinden ist, bleibt unklar.

Seit dem 12. Jahrhundert erfuhr der ursprüngliche Hafen- und Umschlagplatz eine Erweiterung nach Norden. Am Nordrand des heutigen Marktplatzes standen mehrere in Stabbautechnik errichtete Holzgebäude mit Lehmfußböden und ebenerdigen Feuerstellen. Flechtzäune trennten die breiten, nicht allzu langen Grundstücke, die keinen Bezug zum heutigen Straßensystem aufweisen. Das seit etwa 1100 bestehende urbane Zentrum durchzogen Bohlenwege. Das gleiche Grundmuster kennzeichnete auch die Siedlungsstruktur des 12. Jahrhunderts, bevor sich im 13. Jahrhundert die Topographie nach dem Schema einer typischen Gründungsstadt veränderte. Die Grenzen der schmaleren Grundstücke orientierten sich nun am Marktplatz und den Fluchten der anliegenden, heute noch vorhandenen Straßen. Vor der Anlage des Rathausmarktes, als dem Mittelpunkt der neuen Stadt, befand sich hier eine kleine Steinkirche mit einem Friedhof von etwa 200 Bestattungen, die einen Zeitraum vom 11. Jahrhundert bis etwa 1205 umfassten. Danach gab man Kirche und Friedhof auf und nutzte das Gelände im frühen 13. Jahrhundert als Markt.

Die Altstadt, deren Kern nicht größer als Haithabu ist, überragt der seit dem 11. Jahrhundert erbaute und 1134 urkundlich erwähnte Dom St. Petri. Das gotische Langschiff des Doms und der Chor stammen aus dem 13. Jahrhundert. Die anfangs dreischiffige Basilika wurde im 15./16. Jahrhundert in eine fünfschiffige Hallenkirche umgebaut. Auf der Südseite des Doms befindet sich das aus der Zeit um 1190 stammende Petersportal als Eingang zum romanischen Querschiff, das aus Granitquadern, schwedischem Sandstein und rheinischem Tuffstein errichtet ist. In den Granitfundamenten befinden sich Löwenskulpturen,

St.-Petri-Dom in Schleswig.
Foto: Dirk Meier

Romanisches Portal des St.-Petri-Doms in Schleswig.
Foto: Dirk Meier

Brüggemann-Altar im St.-Petri-Dom in Schleswig.
Foto: Dirk Meier

Schleswig Holm. Foto: Dirk Meier

während auf dem Tympanon Christus – umgeben von Petrus und Paulus sowie einem König – thront, bei dem es sich um den Stifter Knud den Großen handeln könnte. Dieser hält in seinen Händen das Kirchenmodell. Im Kreuzgang (Schwahl) befinden sich Reste von Wandmalereien aus dem 13. Jahrhundert. Der 112 m hohe heutige Turm, der einen älteren ersetzte, entstand 1894. Im Dom steht der ursprünglich für die Bordesholmer Klosterkirche 1521 vollendete Schnitzaltar mit 398 Figuren von Hans Brüggemann, der 1666 nach Schleswig kam. Abgesehen vom Dom sind vom Mittelalter nur noch das Graukloster (Franziskanerkloster 1234–1240), das St. Johannis Kloster (1196 erwähnt), die Fundamente der Ratsapotheke und das Lundtenhaus an der Norderdomstraße erhalten geblieben.

Vom Dom gelangt man nach Osten auf den Holm mit seinem alten Friedhof und den darum gruppierten Fischerhäusern. Schmale Gassen führen hier zur Schlei. Die Erwähnung einer zugehörigen Marienkirche in der Urkunde König Knuds von 1196 deutet auf ein hohes Alter des Holms hin. Vielleicht schon im 11., sicher aber im 12. Jahrhundert lebten hier Menschen, deren Häuser mit ihren Grundstücken an die Schlei grenzten. Östlich der Siedlung entstand im 13. Jahrhundert das Benediktinerkloster St. Johannis.

Somit ergibt sich für das mittelalterliche Schleswig folgendes Bild: Die ältere Topographie des 11. und 12. Jahrhunderts kennzeichnet das ausgebaute Hafenufer für den Fernhandel, der Pfalzbezirk als administratives Zentrum und der Dom. Der Ort erstreckte sich vom

Schleifufer nördlich bis zum Pfalzbezirk im Nordosten. Die Holzgebäude waren dabei wie am Schild zu hofartigen Grundstücken zusammengefasst oder standen wie am Hafen dicht nebeneinander. Auf erhöhter Stelle lagen zwei Kirchen mit ihren Friedhöfen, und zwar im Bereich der späteren Nikolaikirche sowie des späteren Marktes. Nördlich vor der flaschenartigen Verengung des Altstadthügels sowie auf dem Holm existierten weitere, voneinander isolierte Siedlungen bei den Kirchen St. Olav, St. Clemens, St. Marien und St. Jakobi. Im Norden der Stadt lag das Michaeliskloster.

Die jüngere Topographie ist eine Folge tiefgreifender politischer, besitzrechtlicher und ökonomischer Veränderungen des 13. Jahrhunderts, in der das aufstrebende Lübeck Schleswigs Bedeutung als Fernhandelsstadt sinken ließ. Der Hafen wurde bis auf eine einzige Landebrücke aufgegeben und die Ufersiedlung verlassen. Auf einem Teil dieses Geländes entstand 1239 das Dominikanerkloster. Den Pfalzbezirk übereignete man den Franziskanermönchen, die dort seit 1234 ihre Klausurgebäude errichteten. Anstelle der abgebrochenen Kirche auf der Kuppe der Altstadthalbinsel entstand ein Markt, auf den sich dann das neue Straßensystem bezog. Noch während der zweiten Hälfte des 13. Jahrhunderts besaß der Handel für Schleswig eine gewisse Bedeutung, wie die Befreiung der Kaufleute vom Zoll unter König Christoph I. 1252 sowie Erik VI. Menved 1289 und von weiteren Abgaben unter Erich Glipping 1282 belegen. Auch der holsteinische Graf Gerhard III. privilegierte die Stadt in der kurzen Zeit seiner Herrschaft über Schleswig. Dann wurde die Konkurrenz Flensburgs zu stark. Schleswigs Bedeutung sank schnell, da zudem Eider und Treene ihre Bedeutung als Wasserwege verloren und der Aufstieg der Hansestädte Lübeck und Hamburg begann.

DIE SCHLEI

Die Exkursion entlang der Schlei führt ausgehend von Schleswig bis nach Schleimünde. Östlich der Halbinsel Reesholm erreicht die Schlei in der Großen Breite ihre größte Breite, bevor sie sich bei Missunde stark verengt. Die natürlichen Tiefen der Schlei reichen bis 7 m bei Missunde, 9 m bei Arnis und 14 m bei Kappeln hinab, während in der Großen Breite nur 3 bzw. in der Kleinen Breite nur 2 m gemessen werden. Am flachsten ist die Schlei mit 0,5 m bei Schleimünde. Dabei schreitet die Verlandung bis heute fort.

Der von der Ostsee bei Schleimünde etwa 43 km sich bis Schleswig erstreckende schmale Meeresarm ist keine eigentliche Förde, da er nicht wie die Flensburger und Kieler Förde durch Gletscherschurf einer Gletscherzunge

Blick auf die Schlei vom Holm in Schleswig aus. Foto: Dirk Meier

Exkursionsroute:
1 Missunde, 2 Kosel,
3 Lindaunis, 4 Ulsnis,
5 Arnis, 6 Kappeln,
7 Maasholm,
8 Schleimünde

entstand, sondern lediglich dem Abfluss des Schmelzwassers diente. Die Hohlform der Schlei bildete sich im weichselkaltzeitlichen Hochglazial um 24.000 bis 20.000 v. Chr. infolge des Zusammenwirkens von Schmelzwasser und dem Schlei-Gletscher aus. Dieser bewegte sich durch das Tunneltal mit seinen breiteren Partien (Große und Kleine Breite) als ehemaligem Zungenbecken mit schmaleren Durchbrüchen in den Endmoränen (Enge bei Missunde). So gesehen handelt es sich bei der Schlei um eine Folge von Zungenbeckenabschnitten, die schmale Schmelzwasserrinnen miteinander verbinden. Die Becken entstanden während der zeitlich gestaffelten Rückzugsstadien des Schleigletschers nacheinander von Westen nach Osten.

Die Große und Kleine Breite als ehemalige Zungenbecken mit ihrem seeartigen Aussehen bilden Überreste eines Eisstausees mit Tonvorkommen. Die feingeschichteten Sande und Beckentone baute man in der Neuzeit in der Ziegeleigrube von Borgwedel am Südufer der Großen Breite ab. Das Schmelzwasser floss ursprünglich nach Nordosten durch das schmale Erosionstal von Missunde ab. In weiteren Rinnen, noch erkennbar in den Hohlformen des Burgsees bei Schloss Gottorf, des Busdorfer Teiches sowie des Haddebyer und Selker Noores, brach das Schmelzwasser zum Eisrand durch. Die Haddeby-Selker-Noor-Rinne bildet dabei den ältesten rekonstruierbaren Schmelzwasserüberlauf des hochglazialen Schleigletschers.

Das dazu gehörende Gletschertor lag zunächst bei Jagel.

Der flussartig schmale Abschnitt der Schlei zwischen Missunde und Rabelsund besteht aus mehreren schmalen Zungenbecken, die Schmelzwasserrinnen miteinander verbinden. Das östliche Schleibecken zwischen Olpenitz und Wormshöft, Rabelsund und Schleimünde entstand aus einem breiteren Zungenbecken. Ein flacher Strandwall trennt dieses von der offenen Ostsee ab. Die subglaziale Rinne der späteren Schlei wurde, nachdem der Gletscher zunächst abgeschmolzen und dann wieder in einem kleinen Zweigbecken vorgedrungen war, nochmals vom Eis überformt.

Der Wasseraustausch der im Durchschnitt nur 1,3 km breiten Schlei mit der Ostsee ist nur gering, sodass ihr Salzgehalt von Schleimünde bis Schleswig immer weiter abnimmt. Die Grenze zwischen Salz- und Brackwasser befindet sich etwa auf der Höhe von Lindaunis. Neben der 1,8 ha großen Möweninsel vor Schleswig mit ihrer Lachmöwenkolonie sind mit Hestholm in der Großen Breite, Kieholm nahe von Kosel in Schwansen und Flintholm weitere kleinere Inseln in der Schlei vorhanden. Das von zahlreichen Komoranen aufgesuchte Hestholm ist als verlängertes Ende der Halbinsel Reesholm zu sehen. Flintholm liegt an der Mündung des Wormhöfter Noors etwa 450 m westlich von Maasholm. Der Untergrund besteht aus eiszeitlichem Geschiebelehm, auf dem sich später Sand ablagerte.

Von der Schlei reichen kleine Buchten (Noore) in das Landesinnere. Dazu gehören das schon behandelte Haddebyer-Selker Noor bei Schleswig und das kleine, in einer Rinne der letzten Kaltzeit liegende Ornumer Noor etwas östlich von Missunde. Ebenso wie der Unterlauf der Koselau Au ist das Noor ein wichtiges Laichgebiet für verschiedene in der Schlei lebende Fische wie Hecht, Barsch, Aal und Plötze. Die letzten Schleifischer haben in Holm in Schleswig ihre jahrhundertealte Tradition bewahrt, während andere Standorte wie Kappeln, Arnis, Missunde und Sieseby ihre Bedeutung einbüßten. Noch bis vor einhundert Jahren bildete die Fischerei mit dem Fang von Hering, Aal, Barsch, Brassen und Weißfischen einen wichtigen Erwerbszweig. Vom Spätmittelalter bis in das 19. Jahrhundert existierten zahlreiche Fischzäune für den Heringsfang, von denen heute nur einer bei Kappeln erhalten ist. War die Schlei in der Wikingerzeit und im Hochmittelalter bis zum 12. Jahrhundert ein bedeutender Schifffahrtsweg, sank ihre Bedeutung als maritimer Fernhandelsweg mit dem Aufkommen größerer Schiffe und der Verlagerung der Handelsströme.

Über die Schleidörferstraße erreicht man über Brodersby die Enge bei Missunde. An der Missunder Enge sperrt eine Moräne ein kaum mehr als 100 m breites Schmelzwassertal, wobei noch Reste der Terrasse des alten Stausees zu erkennen sind. Bereits Hügelgräber des Neolithikums und der Bronzezeit nehmen Bezug auf diesen hier leicht mit Wasserfahrzeugen querbaren Meeresarm. An dieser schmalsten Stelle der Schlei ist seit etwa 1472 eine alte Fährverbindung nachgewiesen. Im Mittelalter schützte diese Engstelle eine Burg auf der Anhöhe gegenüber dem Missunder Fährhaus. Im Deutsch-Dänischen Krieg von 1864 scheiterten hier die preußischen Truppen bei ihrem Umgehungsversuch des Danewerks, bevor ihnen bei Arnis der Übergang gelang, was zum Rückzug der dänischen Armee vom Danewerk in die Flankenstellung von Düppel an der Flensburger Förde führte.

MISSUNDE

Über die 1960 gebaute und 2003 erneuerte Grundseilfähre gelangt man von Angeln über die Schlei bei Missunde nach Schwansen. Am südlichen Ortsende von Missunde, abbiegend vom Missunder Weg zur Straße Die Fähre, be-

Missunde; Schleifähre 1894. Foto: Wilhelm Dreesen

Megalithgrab von Missunde. Foto: Dirk Meier

findet sich innerhalb der Gedenkstätte für die Gefallenen im Gefecht von Missunde ein Ganggrab der Trichterbecherkultur aus der Zeit zwischen 3500 und 2800 v. Chr. Schon 1842 wurde der südliche Hügelteil abgetragen und die Kammer ausgeräumt. Nach der damaligen Beschreibung und archäologischen Untersuchungen wurde die Anlage 1961/62 rekonstruiert. Ehemals befand sich die ost-westlich orientierte Grabkammer unter einem etwa 30 bis 35 m im Durchmesser großen und mindestens 3 m hohen Hügel. Die Kammer vom Holsteiner Typ bestand ursprünglich aus 11 Trag- und 4 Decksteinen. In dieser wurden 1842 Reste von Bernsteinperlen, eine Feuersteinklinge, Keramikscherben der Trichterbecherkultur sowie Skelettreste gefunden.

KOSEL

Über den Missunder Weg gelangt man nach Kosel, wo in den 1980er Jahren eine Siedlung der römischen Kaiserzeit und der Wikingerzeit des 9. bis 11. Jahrhunderts mit einem Gräberfeld freigelegt wurden. Im Mittelalter lag das Dorf, dessen Laurentius-Kirche mit ihrem charakteristischen Rundturm in ihren ältesten Teilen auf das 12. Jahrhundert zurückgeht, im südlichen Bereich der dänischen Besiedlung. Der Osterwall als ein Teil des Danewerks verläuft nur wenige Kilometer südlich vom Windebyer Noor bis zur Schlei. Von Kosel aus führt die Straße nach Bohnert. Westlich von Bohnert liegt die bewaldete Halbinsel Königsburg, auf der sich die Reste einer 1415 vom dänischen König Erich von Pommern in der Auseinandersetzung mit Herzog Heinrich benutzten Burg befinden, von der nur noch Umwallungen und ein Turmfundament aus Findlingen erhalten ist. Heute ist das Areal teilweise bebaut.

Enge von Missunde. Foto: Dirk Meier

LINDAUNIS

Weiter über Rieseby mit seiner spätromanischen Feldsteinkirche und vorbei am Gut Stubbe mit seinem klassizistischen Gutshaus kommt man über die Brücke von Lindaunis wieder nach Angeln. An dieser schmalen, etwa 200 m breiten Stelle wird die Schlei wiederum von einer Moräne eingeengt. Bereits von 1881 bis 1926 überquerte hier eine Bogenbrücke mit einem Drehteil in der Mitte die Schlei. Da deren Öffnung für die Schifffahrt nicht mehr ausreichte, wurde diese durch die heutige, seit 1927 für den Straßen- und Eisenbahnverkehr errichtete Klappbrücke ersetzt. Der ursprüngliche Kettenantrieb wurde 1975 auf einen hydraulischen Antrieb umgestellt. Im Oktober 2019 begannen die Planungen für den Bau einer neuen Brücke weiter nördlich.

Kirche von Kosel.
Foto: Dirk Meier

ULSNIS

Von Lindaunis erreicht man Kius, in dessen Nähe bis zur Flurbereinigung 1970 die Reste der 1644 durch die Schweden zerstörten, erstmals 1360 erwähnten Motte und Burganlage von Hesselgaard noch sichtbar waren. Von hier kommt man nach Ulsnis mit seiner weißgetünchten Kirche und dem auf einem bronzezeitlichen Grabhügel stehenden Glockenturm. Von hier hat man einen schönen Ausblick auf die Schlei und das alte Pastorat. Der ältere Teil der auf einer Moränenkuppe stehenden Kirche ist ein 13,3 m langer und 6,5 m breiter romanischer Feldsteinbau mit der Verwendung rheinischen Tuffsteins aus der Mitte des 12. Jahrhunderts. Um 1200 n. Chr. erfolgte nach Westen ein 7,4 m langer Erweiterungsbau, ein weiterer Ausbau nach Osten kam dann 1796 hinzu, nachdem bereits im 17. Jahrhundert der Dachstuhl erneuert worden war. Durch die erste Verlängerung erhielt die bescheidene Ulsnisser Kirche eine Größe, wie sie sonst nur von großen romanischen Kirchen in Angeln dieser Zeit, etwa Munkbrarup oder Sörup, erreicht wird.

Brücke von Lindaunis.
Foto: Dirk Meier

Blick vom Glockenturm in Ulsnis auf die Schlei. Foto: Dirk Meier

Wer sich zu Christus bekennen wollte, betrat die Kirche durch das Nordtor, wurde am Taufbecken, das ursprünglich zwischen den Portalen stand, getauft und trat durch das mit einem *Tympanon* (geschmücktes Bogenfeld) verzierte Südtor hinaus. In Ulsnis besteht dieses aus kostbarem, schwarzem, rheinischem Tuffstein. Während bei den meisten Tympana über Südtoren in Angeln der die Kirche begründende Christus dargestellt ist, indem er Petrus den Schlüssel und Paulus das Buch übergibt, begegnet uns in Ulsnis eine Variante: Der Betrachter wird mit dem zweiten großen Sündenfall und seiner Überwindung konfrontiert, mit der Geschichte von Kain und Abel. In der Mitte sitzt der segnende Christus mit der Bibel. Links von Christus steht der Brudermörder Kain mit einem Ährenbündel, von hinten greift ihn als Untier der Teufel. Zur rechten Seite von Christus steht Abel, der ein Lamm trägt. Dieses Motiv ergänzen zwei Löwendarstellungen, ehemalige Portalsteine. Über einem demütig sich neigenden Mann erhebt sich ein Löwe. Wer Gottvertrauen hat, so die Bildaussage, dem kann das Böse nichts anhaben. Darunter befindet sich ein Lindwurm. Der zweite Löwe gegenüber beißt in den Leib eines Menschen, der ihm sein Schwert in den Rachen stößt. Die ungleichgewichtigen Darstellungen deuten darauf hin, dass das Portal umgebaut wurde oder das Tympanon gar nicht für Ulsnis geplant war.

Pastorat von Ulsnis. Foto: Dirk Meier

Die Reliefquader an der Nordostecke des Chores, die erst 1796 hierher versetzt wurden, zeigen ein eng umschlungenes, bekleidetes Paar, der Adam und Eva nach der Vertreibung aus dem Paradies versinnbildlicht. Die uns heute fremde Bildsprache des 12./13. Jahrhunderts war dem mittelalterlichen Menschen leicht begreiflich, wurden ihm doch so die Sündhaftigkeit des Menschen und die Überwindung des Bösen durch Jesus Christus deutlich vor Augen geführt. Eva ist daher als Frau und Schlange zugleich, somit auch als Symbol der Verführung, dargestellt. Das Paar ist nach dem Sündenfall bekleidet, fürchtet sich und sucht Schutz beieinander. Nur durch das Bekenntnis zu Christus lässt sich der Sündenfall überwinden. Dazu bedarf es der Taufe. An der Südwand des Chores befindet sich ein weiterer Eckquader mit einer tanzenden Frauengestalt, wohl die sündhafte Salome. Ob daneben Maria sich herabbeugt und ihr offenes Haar der Sünderin anbietet, wäre denkbar. Vielleicht war dieser Stein ursprünglich als linker Portalstein vorgesehen.

Die Löwenreliefs von Ulsnis gehören in den Umkreis früherer Domportale, wie sie auch in der Gestaltung von Simons Löwenkampf an den Kirchen von Sörup (Nordportal) und Munkbrarup vertreten sind. Die Tierplastik des 12. Jahrhunderts, soweit sie nicht dekorativer, sondern symbolischer Art ist, schmückt vor allem Portale, die die von bösen Mächten bedrohte Außenwelt vom geweihten Kircheninnenraum trennen.

Südlich der Kirche, dort wo ein Weg nach Ulnisstrand an der Schlei abzweigt, liegt die alte, in der ersten Hälfte des 19. Jahrhunderts erbaute reetgedeckte Schule des Dorfes, in der sich heute ein Kindergarten befindet und in der der Urgroßvater des Verfassers, Franz Andresen, von 1888 bis 1913 erster Lehrer war. Er bekleidete zugleich das Amt des Organisten.

ARNIS

Von Ulsnis aus gelangt man wieder über Lindaunis parallel der Schlei nach Arnis, ursprünglich eine Halbinsel in der Schlei, an deren nördlicher Seite, dem sog. Aar, Steingeräte und Feuersteinabschläge der Jungsteinzeit aus der Zeit um 4.300 bis 2.300 v. Chr. gefunden wurden. Urkundlich erwähnt wurde der Ort erstmals 1472 als *Arnytze* („Landvorsprung, wo Adler sind"). Die Enge bei Arnis und Sundsacker kontrollierte am Südufer der Schlei in Schwansen die Schwonsburg *(Svaneborg)*, die 1415 angeblich durch König Erik VII. angelegt wurde. Die Erhebung mit der Schwonsburg, Gemarkung Winnemark, trennt ein kleines Noor von der Schlei. Erik VII. befestigte vermutlich auch den ovalen Kirchberg von Arnis und ließ hier die Landverbindung durchstechen. Diesen umgibt in seiner östlichen Hälfte eine Trockenmauer und im westlichen Teil ein Erdwall. Im Westen und Südwesten verläuft eine Grabensenke, die ehemals weiter um den Berg herumführte. Nach Westen führte ursprünglich über

Kirche von Ulsnis mit Glockenturm. Foto: Dirk Meier

Kirche in Arnis. Foto: Dirk Meier

Kirchberg von Arnis und die Insel auf der Schleikarte von 1665 von Johannes Mejer mit Heringszäunen

die sumpfige Niederung ein Holzsteg, der die Verbindung mit dem 1796 errichteten Alten Damm herstellte, der das heute verlandete Grödersbyer Noor im Süden abschloss.

Auf der so künstlich geschaffenen, 800 m langen und 200 m breiten Insel siedelten sich ehemalige Bewohner des zum Gut Roest gehörenden Fleckens Kappeln an, die dessen Herr Detlef von Rumohr 1666 zu Leibeigenen machen wollte. 64 Familien weigerten sich jedoch, ihre Freiheit aufzugeben, und wandten sich an den Herzog Christian Albrecht von Gottorf als ihren Landesherren, der ihnen die Insel Arnis zuwies. Am 11. Mai 1667 leisteten sie dem Herzog ihren Huldigungseid. Der neue Schifffahrtsort, dessen planvolle Siedlungsanlage mit den Häusern beiderseits der Langen Straße noch gut erkennbar ist, sollte auf herzoglichem Gebiet eine Konkurrenz zu Kappeln sein. 1796 wurde für den Bau einer Straße ein Damm vom Kirchplatz der Insel zum Grödersbyer Noor aufgeschüttet. Dafür verwendete man das Material der ehemaligen Verschanzung auf dem Kirchberg. Der heutige Straßendamm entstand 1866/67. Das Gebiet zwischen beiden Dämmen legte man trocken, sodass Arnis zur Halbinsel wurde. Seit 1826 besteht eine Fährverbindung zwischen Arnis in Angeln und Schwansen, deren Recht schon 1667 eingeräumt worden war. Die Bewohner von Arnis trieben Handel im Bereich der westlichen Ostsee, wovon ausgeschmückte Grabsteine von Kapitänsfamilien auf dem Friedhof zeugen. Nach der mit Einschränkungen verbundenen Zeit der napoleonischen Kontinentalsperre erholte sich der Ort, der 1860 bereits über 1.000 Einwohner und 88 Handelsschiffe aufwies, bevor mit dem Deutsch-Dänischen Krieg 1863/64 ein wirtschaftlicher Niedergang einsetzte, da

Blick auf Arnis. Foto: Dirk Meier

In den 1950er Jahren war der Hafen von Kappeln noch ein Wirtschaftshafen. Im Hintergrund ist die Kirche, rechts die alte Drehbrücke zu sehen. Foto: Erich Meier

durch die Loslösung vom dänischen Gesamtstaat Absatzgebiete in Skandinavien verlorengingen. Zudem bedeutete die aufkommende Dampfschifffahrt das Ende der Arnisser Segelflotte.

KAPPELN

Von Arnis aus erreicht man über Grödersby die kleine Stadt Kappeln. Die dortige, 1927 erbaute Drehbrücke über die Schlei wurde 2002 durch

Die Heringszäune in Kappeln. Foto: Dirk Meier

Blick auf die alte Fischersiedlung Maasholm. Foto: Dirk Meier

eine Klappbrücke ersetzt. Das urkundlich 1357 erwähnte Kappeln kam 1406 zum Domkapitel Schleswig und 1533 zum Gut Roest. Nach Aufhebung der Leibeigenschaft 1799 kaufte 1807 der dänische König Christian VII. Kappeln von Landgraf Karl von Hessen-Kassel, der auch das Gut Roest erworben hatte. 1842 erhielt der Handelsort den Status eines Fleckens, somit einer Minderstadt in Schleswig. Stadtrechte bekam Kappeln erst in preußischer Zeit 1870. Von Kappeln aus kann man mit dem Schiff oder über die B 199 Richtung Flensburg über Rabel und Maasholm nach Schleimünde gelangen.

MAASHOLM

Der Ortsname Maasholm erscheint erstmals 1649 als *Maes* bzw. *Mås* (dän. Mose=Moor, feuchte Wiese) und erweiterte später den Namen um -holm für Insel. An der Südseite der heutigen Halbinsel Oehe existierte hier bereits in der Wikingerzeit eine Siedlung, bevor im 17. Jahrhundert eine Fischersiedlung entstand, die 1701 nach Überflutungen zugunsten des heutigen Maasholm aufgegeben wurde. Deren fast 600 Einwohner leben größtenteils in kleinen, aus Fachwerk und Ziegelsteinen erbauten Häusern entlang zweier paralleler Straßen. An der Südwestspitze befindet sich der alte Fischereihafen. Seit 1798 besteht durch einen Straßendamm über das Oeher Noor eine feste Landverbindung. Bei Maasholm-Bad befindet sich ein Naturerlebniszentrum (Exhöft-Seeberg 1).

SCHLEIMÜNDE

Die Strandwalllandschaft in der Schleimündung ist seit der letzten Kaltzeit durch die Naturkräfte von Wasser und Wind geformt worden. Diese haben Sedimente aufgebaut, die die Meeresströmungen vor allem vom südlich gelegenen Schönhagener Kliff abtragen. Bis heute wird das 20 m hohe Schönhagener Kliff jährlich um etwa 0,50 m und mehr zurückverlegt. Der ständige Wechsel von Anlandung und Abtrag, von Dünenneu- und -rückbildung ergibt hier einen der wenigen noch intakten natürlichen Bereiche der deutschen Ostseeküste. Daher ist die ursprünglich breitere Schleimündung im Verlauf der noch aktiven Ausgleichs-

mit Erweiterungen von 1842 und 1872 - zur Schaffung einer tiefen Fahrwasserrinne durch einen Durchstich vom übrigen Sandhaken abgetrennt. Im 12. Jahrhundert schützte ursprünglich eine vom Schleswiger Jarl Knud Laward errichtete, südöstlich der heutigen Einfahrt in die Schlei liegende Burg (Oldenburg) die nach Schleswig führende Wasserstraße. Die ehemalige Einfahrt befand sich etwas nördlich von der heutigen und gehörte zum Gut Olpenitz. Seit 2008 ist die Schleiregion als Naturpark Schlei anerkannt. In kultureller Hinsicht verbindet der Wikinger-Friesen-Weg seit 2007, der frühmittelalterlichen Querverbindung über Schlei, Treene und Eider zur Nordsee folgend, an der schmalsten Stelle Schleswig-Holsteins Ost- und Nordseeküste miteinander.

Schleimünde mit Öhe, Maasholm und Lotseninsel sowie Sandtransport entlang der Strandwälle

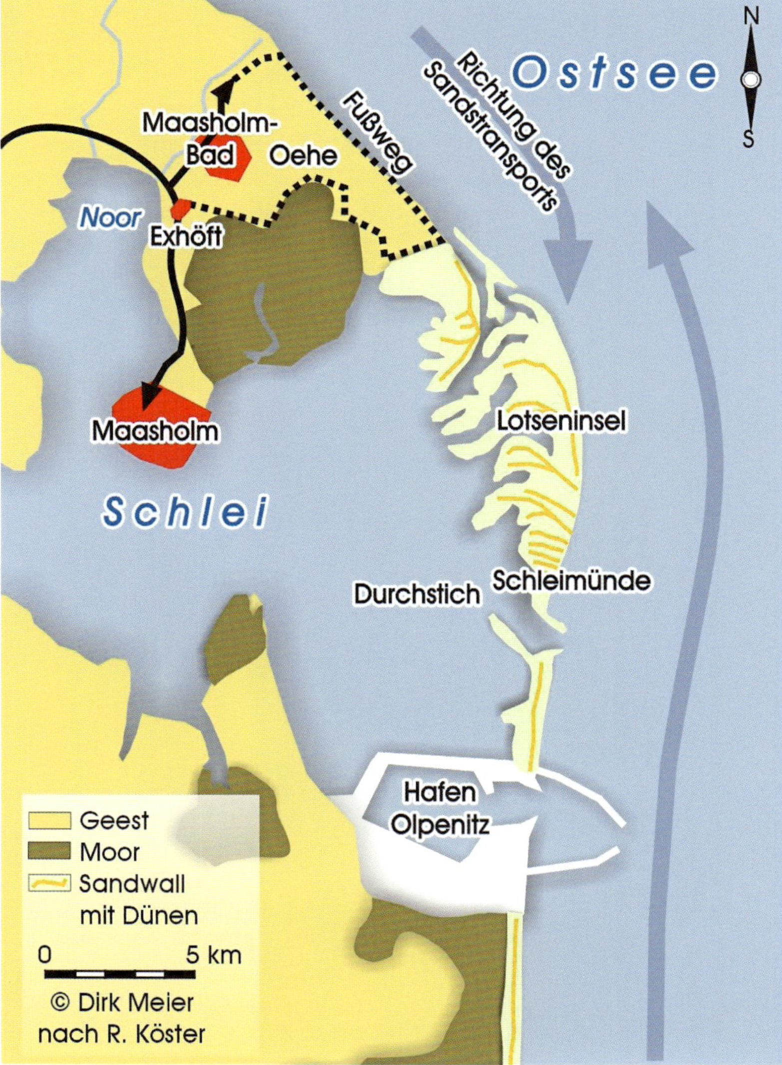

küstenbewegung heute fast geschlossen. So wurde vom Schönhagener Kliff aus auch durch eine nach Süden verlaufende Nehrung der Schwansener Binnensee völlig abgeriegelt. Der stärkste Küstenversatz erfolgt jedoch nach Norden. Dieser verbaute hier die Mündung des Schleibachs und staute ihn zu einer sumpfigen Niederung aus Strandseen auf. Gleichzeitig begann die Bildung eines nach Norden führenden Sandhakens, zu dem auch die Lotseninsel gehört. Ältere Strandwallreste entlang der Uferlinie zeigen, dass der Haken sich gleichzeitig mit seinem Wachstum nach Osten verlagerte. Von Norden her ist der Sandtransport schwächer. Hier riegelte die Nehrung zunächst das Wormshöfter Noor ab und verband die Insel Oehe mit dem Festland. Den Nordteil des Wormshöfter Noores deichte man 1798 ein und legte ihn trocken (Oeher Butterfass). An der Südostspitze von Oehe entwickelte sich von Norden her zur Lotseninsel ein kleiner Sandhaken. Heute führt hier vom Schleifhaff her ein schmaler Wasserarm zwischen den beiden Anlandungsgebieten zur Ostsee.

Die 112 ha große Lotseninsel mit ihrem Leuchtturm wurde nach ihrem Verkauf 1794 durch den Besitzer des nahen Gutes bis 1796 -

VON DER SCHLEI ZUR EIDERMÜNDUNG

Treeneniederung – Meggerkoog – Tetenhusener Moor – Sandschleuse – Erfde – Steinschleuse – Twieberge – Friedrichstadt – Lunden – Eidersperrwerk – Katinger Watt – Tönning – Reimersbude – Schwabstedt – Weißes Moor

Exkursionsroute:
1 Hollingstedt,
2 Bergenhusen und Meggerkoog,
3 Tetenhusener Moor,
4 Sandschleuse,
5 Erfde, 6 Erfderdamm und Steinschleuse,
7 Twie-Berge,
8 Friedrichstadt,
9 Lunden, 10 Eidersperrwerk, 11 Tönning, 12 Reimersbude,
13 Schwabstedt,
14 Wildes Moor

TREENENIEDERUNG

Diese Tagestour bietet einen landschaftlichen Querschnitt vom Jungmoränengebiet bei Schleswig über die Sandgeest und das Flussgebiet von Eider, Treene und Sorge hin zu den Altmoränen Stapelholms und den Seemarschen entlang der Eidermündung. Die Flusslandschaften von Eider und Treene leiten im Bereich der Jütischen Halbinsel das größte Volumen allen oberflächlich abfließenden Binnenwassers in die Nordsee. Gleichzeitig hat der Mensch diese Flüsse reguliert und durch die Urbarmachung der Moore diese Region nachhaltig verändert.

Von Schleswig aus geht es über die Sandergeest zunächst nach Hollingstedt an der Treene. Noch im 12. Jahrhundert hatten Treene und Eider eine überregional wichtige West-Ost-Verkehrsachse für Schleswig gebildet. Dies unterstreichen im urkundlich 1153 als *Hugstaeth* erwähnten Hollingstedt ausgegrabene hölzerne Schiffsanleger aus dem 12. Jahrhundert, an denen Prahme und kleinere Flussschiffe anlegen konnten. Über beide Flüsse wurden in dieser Zeit rheinische Tuffsteine transportiert, die beim Bau einiger Eiderstedter Kirchen und des 1134 urkundlich genannten Schleswiger Doms Verwendung fanden.

Kurz vor der Treene in Hollingstedt biegen wir nach Süden Richtung Dörpstedt ab, um am Ende des Weges der Straße nach Wohlde – Friedrichstadt zu folgen. Im weiteren Verlauf führt unsere Route etwa parallel der Treene. In der Nähe von Bünge und Wohlde lagen im

Niederungsgebiet die Dörfer *Buynghe* (Buyngh, Buing, Bugingh, Buge, Bünge) und *Trenstade* (Treenstat, Trenstad). In *Trenstade* besaß der Schleswiger Bischof, dem in Schwabstedt eine Burg gehörte, mehrere Äcker. Von beiden Dörfern heißt es im bischöflichen Zinsbuch, dass sie von den Bewohnern bei der großen Flut aufgegeben werden mussten. Ein Datum wird nicht genannt. Sicher existierten beide 1430 schon nicht mehr, wie indirekt eine Aussage des Rektors der Kirche von St. Jacobi in Schwabstedt belegt. *Bynghe* wird in dem ab 1462 abgefassten *Liber censualis episcopi Slesvicensis* als *villa magna et deserta inter villam Wolde et Hollingstede* bezeichnet, somit als ein großes verlassenes Dorf bei den Dörfern Wohlde und Hollingstedt. Somit erreichten vor der Abdämmung der Treene 1570 über die Eidermündung einbrechende Nordseesturmfluten dieses Gebiet. Die Bewohner kamen nach ihrer Umsiedlung auf die Wohlder Geest unter die Hoheit des Herzogs. Für ihre Ländereien in der Niederung blieben sie aber weiterhin nach dem bischöflichen Schwabstedt zehnt- und pachtpflichtig. Ferner übernahmen die Vögte der Tielenburg die ehemaligen Bewohner *Trenstades* nun als herzogliche Untertanen wohl 1375. Dabei nutzten sie eine längere Abwesenheit des Bischofs aus. Somit könnte das Dorf 1362 durch das Sturmhochwasser verwüstet worden sein. Auch der spätere Vertrag des Bischofs mit den Besitzern der *Mersch* bei Wohlde von 1446 über die Eindeichung enthält einen Hinweis auf die Preisgabe *Trenstades*. Darin steht, dass in 100 Jahren nicht gedeicht ist, also seit der Großen Mandrenke von 1362 keine Schutzvorkehrungen in der von Überflutungen zunehmend gefährdeten Niederung erfolgt waren. Allerdings war ein Deichbau nur zum Schutz der niedrigen Wiesen erforderlich, da die erwähnten Dörfer auf Dünen lagen, welche die Niederung noch um 2 m überragten. Die Lage *Trenstades* ist nach einem Sod, Eichenbohlen, Kugeltöpfen sowie den Funden eines Grapens und Mahlsteins bei Schierhoe bekannt, die beim Abbau des Dünensandes zu Tage traten. Während *Trenstade* in Wohlde ein Nachfolgedorf fand, entstand für *Bynghe* eine Neugründung gleichen Namens auf der Bünger Geestinsel. Flurnamen von Westerbünge und Bargfenne erinnern hier noch an das Vorgängerdorf.

Nach dem bischöflichen Zinsbuch von 1462/63 bestand auf dem östlichen Treeneufer gegenüber von Wohlde noch der Ort *Winderingmoor*, der im Zusammenhang mit einer ersten Bedeichung in der Niederung erwähnt ist. Hingegen lehnten die Leute von Bergenhusen eine Bedeichung der *Tzuske* Marsch ab. *Winderingmoor* mit seinen sechs Landstellen lag ebenfalls innerhalb der Vogtei Schwabstedt zwischen *Crovel* (Fresendelf) und dem Wilden Moor, wo sich der Flurname Winnermoor erhalten hat. Im späteren Zinsbuch von 1509 heißt es, das *dorp Winderingmoor licht wusst* (das Dorf Winderingmoor liegt wüst). Vermutlich erfolgte die Aufgabe zwischen dem späten 14. und der Mitte des 15. Jahrhunderts.

MEGGERKOOG

Wir biegen hinter Wohlde links nach dem Storchendorf Bergenhusen ab, wo wir über die Dörpstroot und den Lüttensee den Meggerkoog erreichen (NSG Alte Sorge). In der Sorge Niederung, die im Osten über die Landschaft Stapelholm hinaus bis in die Nachbarharden des Amtes Gottorf reichte, befanden sich noch in der Frühneuzeit mehrere große, teilweise von der windungsreichen Sorge durchflossene Seen. Für den Megger-, Börmer- und Bergenhusener See hatte Herzog Friedrich III. von Schleswig-Holstein-Gottorf den Holländer Becker, der auch am Aufbau Friedrichstadts beteiligt war, einen Oktroi für die Trockenlegung verliehen.

Dabei erfolgte nach bewährten holländischen Muster nacheinander die Trennung des Fremd- und Niederungswassers, die Ableitung des Fremdwassers um die Niederung herum, die Sicherung der Vorflut, die Ringbedeichung um die Seen und die Ableitung des Niederungswassers durch Schöpfmühlen und Sielzüge. Zunächst begann 1624 der Bau eines Umleitungsdeiches um den Meggersee, der bis zum Geestrand reichte. Dieser verhinderte, dass der Wasser der Sorge und der Bennebek weiter in den Meggersee floss. Mit einem neuen Kanal (Neue Sorge) leitete man das Flusswasser durch die

Meggerkoog mit Geestrand bei Bergenhusen. Foto: Dirk Meier

Sandschleuse westlich von Christiansholm in den alten Unterlauf der Sorge. Die abgedämmte mittlere Sorge mit ihren Flussschleifen entwässerte nun über die Neue Schlote zwischen Erfde und Norderstapel in die Eider. Aus der Treeneniederung durfte kein Wasser mehr in die Sorgeniederung abgeleitet werden.

Während die Umleitung der Sorge gelang, blieb die Entwässerung der Seen schwierig. Als der Dreißigjährige Krieg auf Stapelholm übergriff, durchstach man die Schleusen am Eiderdeich und am Umleitungsdeich. Trotz der weiträumigen Überflutung ließ sich die feindliche Besetzung nicht aufhalten. Zudem wirkte sich die Sturmflut vom Oktober 1634 verheerend aus. Zwar wurden die Deiche und Entwässerungsanlagen wiederhergestellt, doch schon 1645 kam es zu neuen Problemen, da man den Umleitungs- und Eiderdeich aufgrund des Krieges erneut durchstochen hatte. Deshalb und infolge von Streitigkeiten mit den Einheimischen gaben alle holländischen Partizipanten bis 1654 auf. Die ehemals trocken gelegten Seen, die nun wieder regelmäßig unter Wasser standen, kamen erneut zur Landesherrschaft. Gelungen waren nur die Umleitung der Sorge mit dem Umleitungsdeich am Meggerkoog sowie der Bau der Sand- und der Steinschleuse.

Der Megger- und Börmer See mit der Umleitung der Sorge in der frühen Neuzeit mit heutigen Naturschutzgebieten und Exkursionsroute

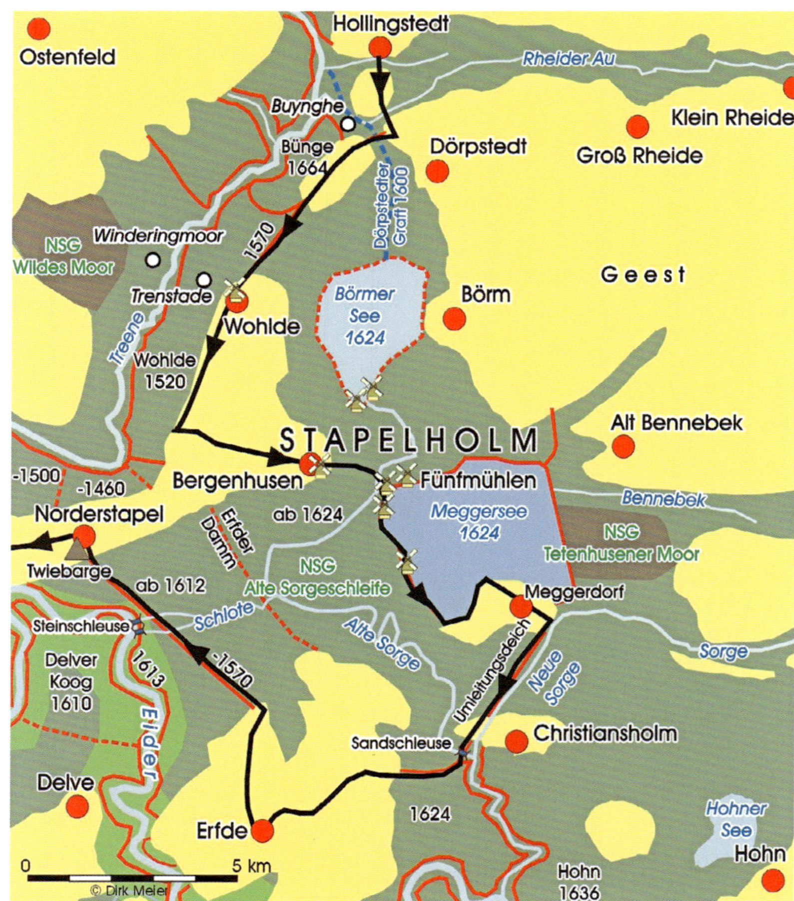

Nach einer Karte von 1703, die in einer Kopie von 1764 erhalten ist, besitzt der Meggerkoog fünf, der Börmer Koog zwei Windmühlen zur Entwässerung. Es fehlen der Umriss des Norderstapeler Sees, seine Zuleitung zur Neuen Schlote und die Neue Sorge. Obwohl im Meggerkoog (Oktroi von 1701) sowie im Börmer- und Kleinen Bergenhusener Koog bzw. Kleinseer Koog (Oktroi von 1702) die künstliche Entwässerung mit Windmühlen im 18. Jahrhundert fortbestand, waren die Ländereien in einem schlechten Zustand. Die Wiesen im Meggerkoog standen im Winter regelmäßig unter Wasser, wenn diese auch gute Erträge an Heu und Rohr lieferten. Um dieses *Dreckloch und Poggenpohl* zu bewirtschaften, bedurfte es großer Anstrengungen.

Erst nachdem 1721 die Herzoglich-Gottorfer Anteile in Schleswig und Holstein wieder mit dem Königreich Dänemark vereinigt wurden, legte man alle Seen trocken. Die Schleuse des Meggerkooges wurde 1830 neu erbaut. Dort befanden sich um die Mitte des 19. Jahrhunderts

57 Häuser. Nachdem der Landinspektor Tiedemann die Ländereien erworben hatte, ließ er die Randdeiche wiederherstellen *sowie Kanäle und Schloten räumen*, die vor allem zum Transport von Reet und Heu dienten. Er baute zudem die alte Entwässerungsmühle zum ersten Dampfschöpfwerk an der Nordseeküste aus. Damit wurde der Koog in zwei Wochen trockengelegt, was höhere Pachten für die Wiesen bedeutete. Ferner ließ der Unternehmer eine Kornmühle mit Dampfantrieb, einen Kornspeicher, eine Dampfbäckerei, eine Bierbrauerei und eine Stärkefabrik errichten, die ihre Produkte nach Rendsburg lieferten. Infolge des Schleswig-Holsteinischen Krieges musste Tiedemann jedoch 1848 fliehen. Er starb 1851 in Rendsburg. Seine Witwe konnte den Besitz nicht erhalten, jedoch gelang ihrem Schwiegersohn Schwertfeger der verstärkte Anbau von Reet für die Herstellung von Gartenlauben und Strandkörben. Auch später blieben unter verschiedenen Eigentümern die Erträge des Kooges gering, da die intensivere Entwässerung eine weitere Setzung des Landes bedingte. Im nördlichen Teil des Meggerkooges steht noch bei Reppel mit der Windmühle Gisela eine 1887 in Meldorf erbaute Kornmühle, die hierher 1922 für die Entwässerung umgesetzt wurde und seit 1978 eine Wohnmühle ist.

TETENHUSENER MOOR

Nordöstlich von Meggerdorf trennt der Umleitungsdeich das noch 205 ha große Tetenhusener Moor vom Meggerkoog. Dieses gehört zu den wenigen Hochmoorresten im Bereich der früher weitflächig vermoorten niedrigeren Teile der Sandergeest. Die Sanderflächen fallen hier vor dem weichsel-kaltzeitlichen Eisrand leicht nach Westen ab. Die Landoberfläche im Bereich der Alten Sorge liegt heute auf Meeresspiegelniveau. Infolge des holozänen Meeresspiegelanstiegs kam es hier zu einem Grundwasser-Rückstau. Dadurch entstanden Niedermoore, die ihre Nährstoffversorgung aus dem Grundwasser beziehen, sowie seit dem warmen Atlantikum zwischen 7210 und 3710 v. Chr. zunächst Erlenbruchwälder und später Hochmoore (Regenmoore). Deren Vegetation ernährt sich vor allem durch das Niederschlagswasser. Bis 1974 wurden hier noch Torfe im 2 bis 4 m hohen Moor abgebaut, obwohl es schon seit 1928 teilweise unter Naturschutz stand. Heute gehört es zum FFH-Schutzgebiet Moore der Eider-Treene-Sorge-Niederung. Zwischen 1987 und 1995 erfolgten Renaturierungen wie das Abholzen von Birkenbeständen, das Abschieben von Pfeifengrasflächen und eine Aufstauung des Grundwassers, sodass wieder eine Hochmoorvegetation aus Torfmosen, Wollgräsern, Glockenheide und Sonnentau gedeihen kann. Sie dient dem Großen Brachvogel, Kranichen und der Trauerseeschwalbe als Brutgebiet.

SANDSCHLEUSE

Über Meggerdorf folgen wir der Straße am Umleitungsdeich der Sorge bis zur Sandschleuse mit dem 1949 gebauten Schöpfwerk. Zwar ergaben sich in den ersten Jahren nach der Abdämmung der Eider bei Nordfeld 1936 so günstige Vorflutverhältnisse, dass weitere wasser- und landwirtschaftliche Maßnahmen schnell voranschritten, doch bald beeinträchtigten diese den Spüleffekt des Flusses. Auch Ausbaggerungen verbesserten die Vorflut nicht. Die Versandung des Flusses und eine zunehmend schlechtere Entwässerung mit einer Verschlammung der Gräben begrenzte die Grünlandnutzung und erforderte neue Schöpfwerke durch den Eiderverband. Die alte Sandschleuse wurde 1936 durch eine Brücke mit zwei Durchlässen

Umleitungsdeich mit der Neuen Sorge. Foto: Dirk Meier

Schöpfwerk und Sandschleuse an der Neuen Sorge. Foto: Dirk Meier

und Falltoren ersetzt, von denen man sich einen schnelleren Abfluss des Wassers versprach, was jedoch ausblieb. Daher entschloss sich der Eiderverband 1949 zum Bau eines neuen Schöpfwerks mit vier, im Durchmesser 1,20 m großen Propellerpumpen, die stündlich insgesamt 50.400 m³ Wasser fördern können. Ferner entstanden ein Transformatorhaus mit 20.000 Volt und eine Dienstwohnung. Da schon 1953 ein Wasserrückstau zwischen Brücke und Schöpfwerk eintrat und die Pumpen 1 und 2 unwirtschaftlich arbeiteten, wurde eine fünfte, im Durchmesser 2 m große Pumpe erforderlich. Mit der Leistung von insgesamt 375 PS lässt sich durch das Verstellen der Propellerblätter die Leistung von 3,5 bis auf 10,5 m³ in der Sekunde regulieren. Der jährliche Stromverbrauch des Schöpfwerks liegt bei 500.000 Kilowattstunden.

ERFDER GEESTINSEL, STEINSCHLEUSE UND TWIE-BERGE

Nach kurzer Fahrt von der Sandschleuse über den Umleitungsdeich vorbei an der Alten Sorge erreichen wir die schon seit der Jungsteinzeit besiedelte Geestinsel von Erfde mit der im

Steinschleuse am Eiderdeich mit Schöpfwerk. Foto: Dirk Meier

Twie-Berge mit Eiderniederung. Foto: Dirk Meier

12. Jahrhundert errichteten und 1305 urkundlich erwähnten Feldsteinkirche und folgen der B 202 Richtung Friedrichstadt über den nach 1570 errichteten ehemaligen Eiderdeich.

Ein kleiner Abzweig in der Niederung von der B 202 führt nach links zur Steinschleuse an der Eider. Mit dieser erhielt die Alte Sorge mit der Großen Schlote als Verlängerung der Stapelrönne 1629 einen neuen, regulierten Abfluss in die Eider, in den auch die Neue Schlote als zweiter künstlicher Wasserarm mündet. Die wiederholt zerstörte Schleuse ersetzten 1915, 1938 und 1956 Neubauten. Die Schöpfwerke an der Stein- und Sandschleuse lösten zwar die Überschwemmungsprobleme der Sorgeniederung, veränderten aber auch die Hydrologie. So sackten infolge der intensiven Entwässerung die 5 bis 8 m mächtigen Moorschichten durch die Zersetzung organischen Materials an ihren Oberflächen ab, große Flächen gerieten dadurch unter das Niveau des Mittleren Tideniedrigwassers der Außeneider.

Schon aus der Ferne erblickt man von hier den eindrucksvollen Stapelholm, wo wir am Ortsanfang von Stapel gleich nach links zu den 23,6 m über NN hohen Twie-Bergen abbiegen.

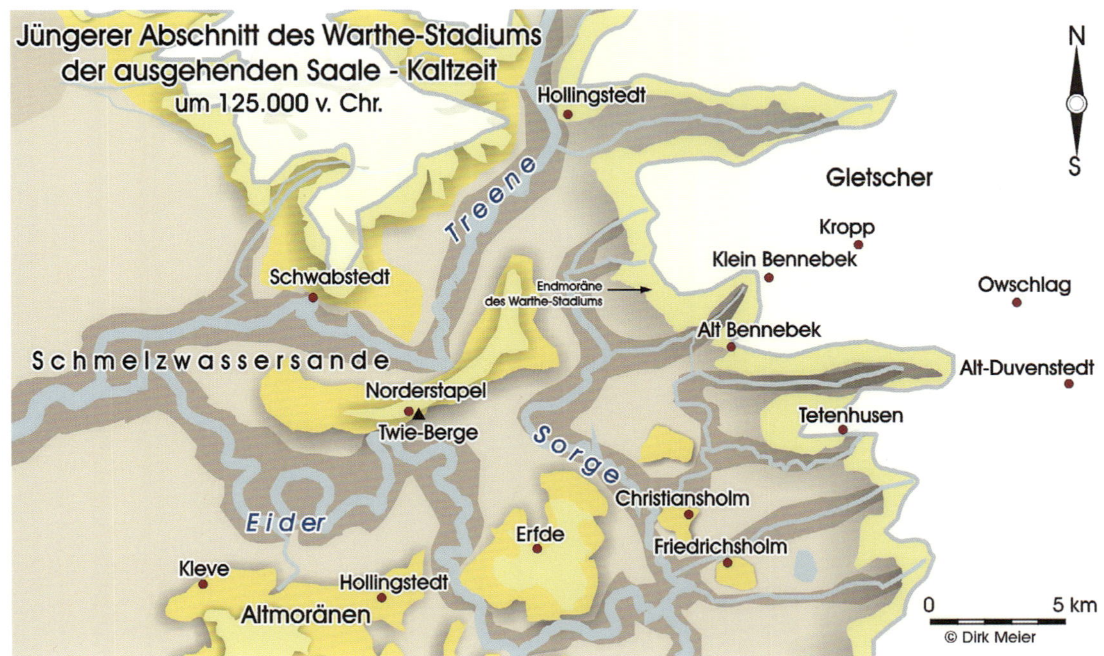

Jüngerer Abschnitt der Saale-Kaltzeit vor 125.000 Jahren mit Standort der Twie-Berge

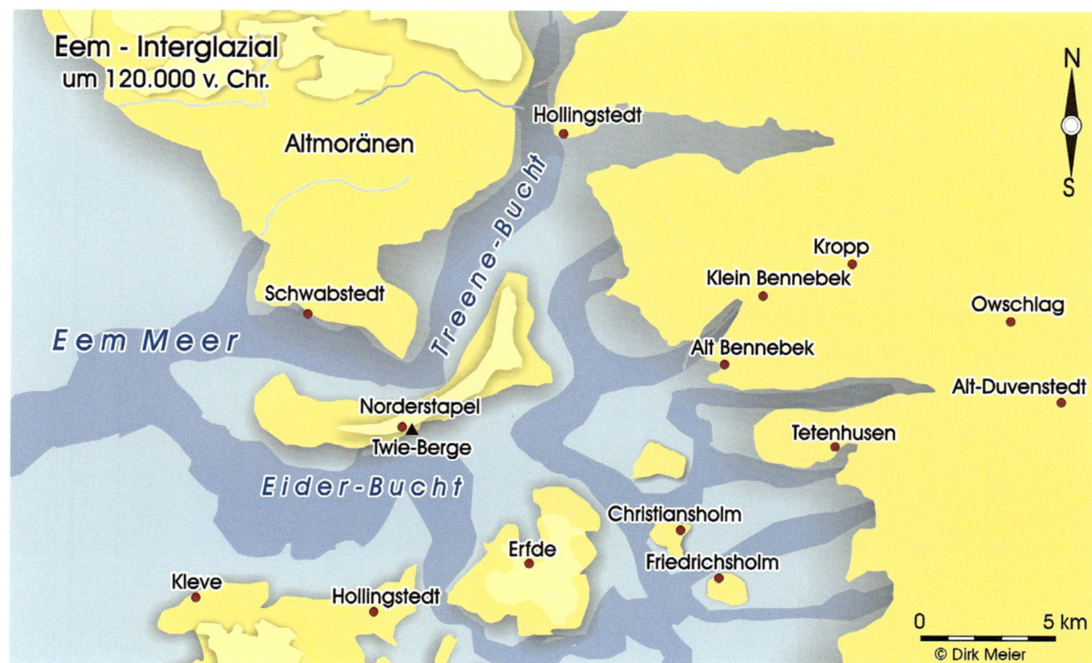

Eem Meer mit Treene- und Eider-Bucht in der letzten Warmzeit

Von hier blickt man über die weite Eiderniederung mit dem Eiderdeich bis hin zur Erfder Geestinsel. Wir stehen hier auf gestauchten Endmoränen des Warthe-Stadiums der Saale-Kaltzeit vor etwa 130.000 Jahren. Auf dem Geschiebesand liegt hier ein 1 m mächtiger steinreicher Geschiebelehm.

In der nachfolgenden Warmzeit drang das Eem Meer weit in die Eider- und Treeneniederung ein und nagte an den Geestkliffs. Deren Absätze sind noch im Treenetal bis Wohlde verbreitet. Als das Klima mit der Weichsel-Kaltzeit wieder kälter wurde, floss hier das Schmelzwasser der Gletscher östlich der Eider-Tree-

Blick vom Holm bei Süderstapel auf die Eider-Niederung mit Eiderdeich und Steinschleuse (Gebäude hinten rechts neben der Straße). Foto: Dirk Meier

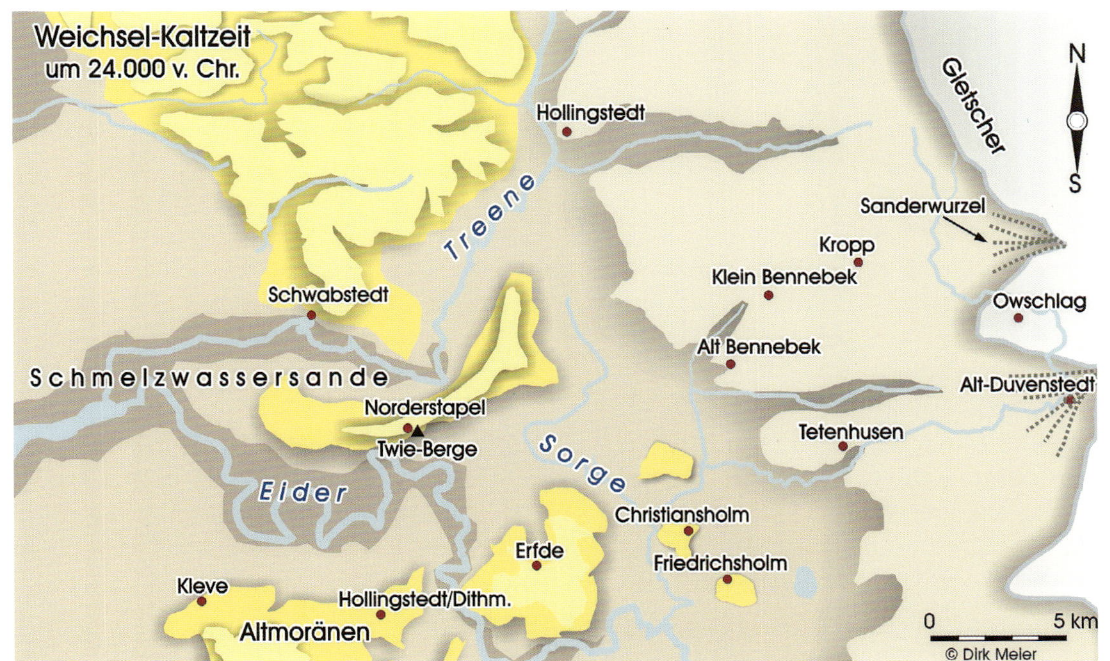

Eider, Treene und Sorge mit Altmoränen der Saale-Kaltzeit, Sandern und Eisrand im Weichsel-Hochglazial um 24.000 v. Chr.

ne-Sorge-Niederung nach Westen ab. Eine südliche Steilkante des Eiderurstromtals findet sich bei Dörpling-Hohenlieth in Norderdithmarschen. Aus dem hier geförderten Ton wurden im späten 19. und frühen 20. Jahrhundert gelbe Ziegel gebrannt und über die Eider verschifft. Im Spätpaläolithikum erlegten von hier aus Menschen Rentiere, die auf ihren jahreszeitlichen Wanderungen das Eiderurstromtal passieren mussten. Der westliche Teil der Twie-Berge steht heute unter Naturschutz, während der übrige Bereich teilweise durch den Abbau von Sand, Lehm und Ton abgegraben ist. Auf den Twie-Bergen wächst ein Tro-

ckenrasen, der sich nur unbeschattet auf nährstoffarmem Untergrund entwickelt.

FRIEDRICHSTADT

Über den Stapelholm vorbei an der Krelauer Heide führt die B 202 nach Friedrichstadt. Bei Seeth erreicht man die Niederung zwischen Eider und Treene. Auf den Dünenhöhen nördlich von Seeth lag einst südlich der Treene das ehemalige langgestreckte, dem Schleswiger Bischof gehörende Kirchdorf Dornebüll, das infolge der Sturmflut von 1436 oder kurz danach aufgegeben wurde. Dessen Ländereien grenzten im Norden an die Norderstapeler Treenewiesen und reichten im Westen bis zur Eider und Treene, die vor 1362 noch bei Reimersbude in die Eider mündete. Wir erreichen dann das zwischen Eider und Treene gelegene Friedrichstadt.

Es war Herzog Johann Adolf von Schleswig-Holstein-Gottorf, der erstmals einen umfassenden Deichschutz für die ganze Treeneniederung, die Gewinnung bis dahin unbedeichter Vorländer an der Treene und die Abschleusung des Wasserlaufes von der Mündung bis Hollingstedt ins Auge fasste. Noch vor der Abriegelung des bis 12,5 m tiefen Flussbettes mit einem etwa 2,17 km langen Damm von Koldenbüttel bis zum Olde Koog wurde die Treene durch vier Sielzüge mit vier Sielen im Frühjahr 1570 in die Eider umgeleitet. Nach etlichen Schwierigkeiten war die Abdämmung der Treene am 4. Juli 1570 vollendet. Diese schützte zwar die Treenemündung vor Überschwemmungen, verkleinerte jedoch den Tidestauraum, sodass sich die Hochwässer in der Eider noch stärker bemerkbar machten. Auch eine großräumige Verbesserung der Entwässerung unterblieb.

Mit der Durchdämmung der Treene und ihrer Umleitung in die Eider ergaben sich jedoch neue Verkehrsmöglichkeiten, die Herzog Friedrich III. (1616–1659) als Nachfolger Johann Adolfs zu nutzen gedachte. Er wollte sein Herzogtum zum Mittelpunkt des Handels zwischen Spanien und Russland machen. Als eine Querachse dieses Handelsweges schien sich die Eider anzubieten, aber es fehlte der Hafen einer Handelsmetropole nach niederländischem Vorbild. Der Herzog hatte ferner das Beispiel seines Onkels und Konkurrenten Christian IV. vor Augen, der als König von Dänemark und Herzog von Schleswig und Holstein 1617 Glückstadt an der Elbe gegründet hatte. Obwohl der Herzog mangels einer Flotte am eigentlichen Überseehandel nicht teilnehmen konnte, versuchte er trotzdem vom Spanienhandel zu profitieren. Doch ließen sich die Spanier nicht auf die Tatsache ein, dass die Exilanten im Herzogtum Schleswig-Holstein-Gottorf als Untertanen des Herzogs zu behandeln seien, sondern bestanden darauf, dass Friedrichstädter Schiffe auf der Fahrt von und nach Spanien nicht in England und den niederländischen Generalstaaten anlegen durften. So standen der neuen Gründung in Friedrichstadt Hemmnisse entgegen. Zudem sollte sich zeigen, dass sich die Güter des Überseehandels im agrarisch ausgerichteten Hinterland ohne wesentliche Städte nur schwer absetzen ließen. Der Plan einer Gesandtschaft nach Moskau

Abdämmung der Treene: Schleusen und Eindeichungen von 1570 bis 1611

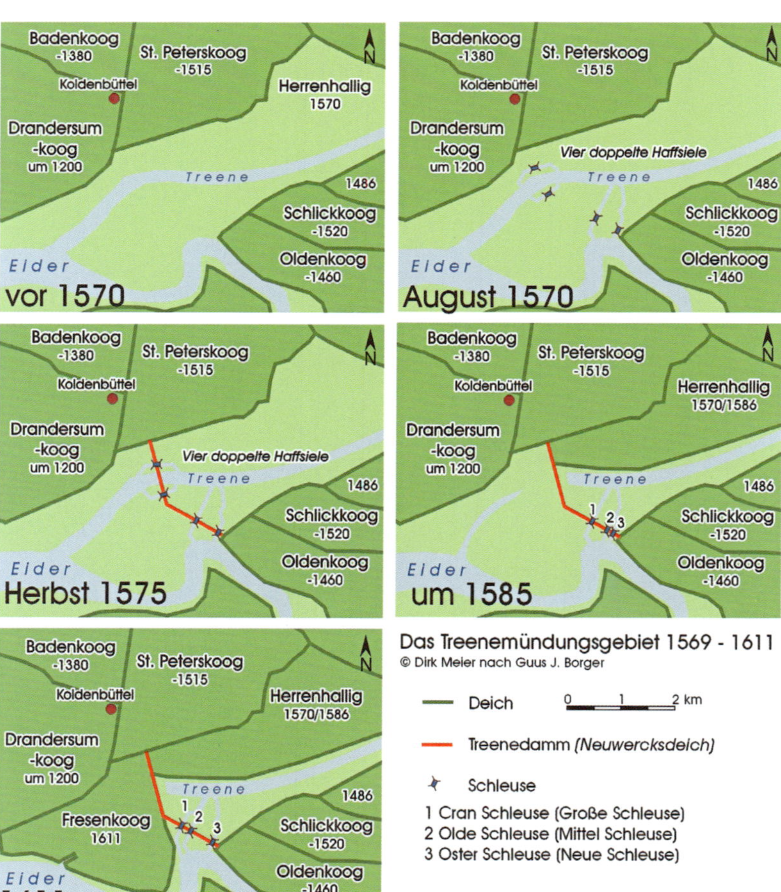

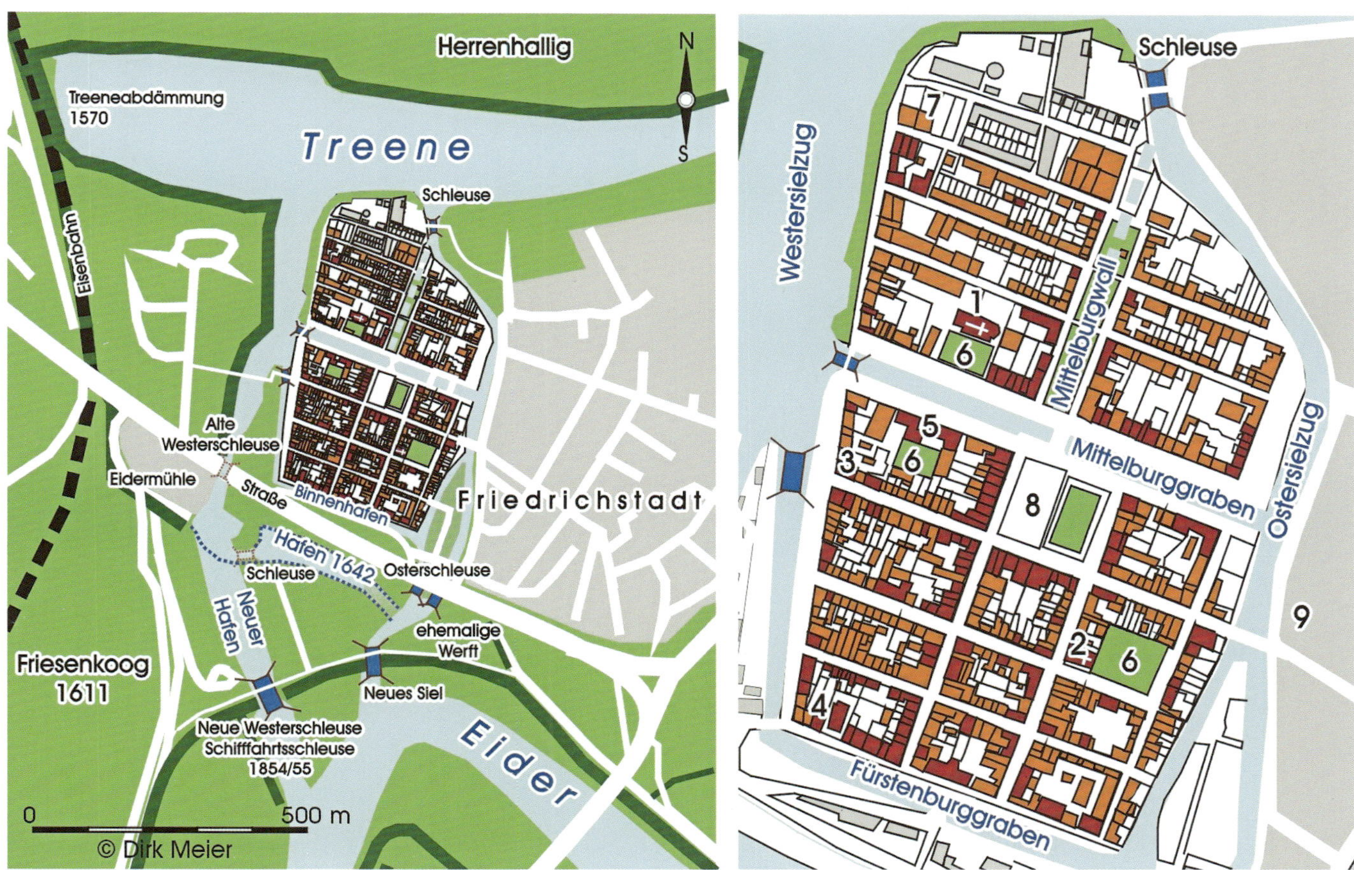

1 Protestantische Kirche, 2 Remonstrantenkirche, 3 Synagoge, 4 Katholische Kirche, 5 Alte Münze u. Mennonitenbeetsaal, 6 Friedhof, 7 jüdischer Friedhof, 8 Markt, 9 Alter Schleswiger Bahnhof.
Älteste Bebauung · Bebauung 18. Jh. · Neuere Bebauung

Stadtgrundriss von Friedrichstadt

und Isfahan kam kurz nach Gründung Friedrichstadts auf, als das Scheitern dieser ehrgeizigen Unternehmung noch nicht abzusehen war.

Am Beginn dieses Unternehmens erließ der Herzog gegen Widerstände der Tönninger Kaufleute 1619 und 1620 zwei Oktrois, die niederländischen Remonstranten Religionsfreiheit und Privilegien zusicherten. Bald siedelten sich auch andere Glaubensgemeinschaften an, darunter 1675 deutsche Juden. An der Spitze der selbstständigen, von Abgaben befreiten Gemeinde standen ein Statthalter als Vertreter der Landesherrschaft und sechs gewählte Schöffen. Zunächst war 1622/23 das Grachtensystem der Burgwälle ausgehoben worden, mit denen man das vorgesehene Bebauungsareal erhöhte. Der *Wester- und Oster Sieltog*, die von der Treene zur Eider führen, begrenzen die Stadt. Der westliche Nebenarm des Ostersielzuges endet ohne Schleuse am Eiderdeich. Die Inseln *Wester- und Oster Eylandt* zwischen den Sielzügen und ihren Nebenarmen gehören zu Friedrichstadt. Aus dem Westersielzug zweigt nach Süden der Mittelsielzug ab, dessen Außenpriel seit 1623 den Hafen bildet. Wester- und Ostersielzug verbinden der Fürstenburg- und der Mittelburgwall, wobei letzterer die Stadt in zwei Teile trennt. Zwischen Fürstenburgwall und der Stadt erstreckt sich das älteste Hafenbecken. Der Mittelburgraben im Norden der Stadt wurde später zugeworfen. Die heutige Natursteinbrücke aus Granit über den Mittelburggraben entstand vermutlich 1773.

Am 24. September 1621 wurde der erste Hausbau für van der Wedde als herzoglichem Vertreter begonnen. Mit dem Bau der Kirche 1625 war auch die gesamte Vorderstadt mit dem Marktplatz einschließlich des Rathauses fertiggestellt. Die Kaufleute saßen am Markt, am Mittelburgwall und in der Prinzenstraße; die Handwerker zwischen Remonstrantenfried-

Friedrichstadt, Mittelburggraben, Steinbrücke und Marktplatz. Foto: Dirk Meier

Eiderbrücke bei Friedrichstadt. Foto: Dirk Meier

hof und Markt auf kleineren Parzellen, Bauarbeiter wohnten in der Lohgerberstraße. Die aneinander ohne Pfahlgründungen gebauten Häuser besaßen – wie noch am Markt zu sehen – ursprünglich gemeinsame Traufenwände. Wichtige öffentliche Gebäude bildeten das Zollhaus am Fürstenburgwall (1850 zerstört), die Stadtwaage (1850 zerstört), das Stadthalterhaus am Marktplatz und die sog. Alte Münze am Mittelburgwall. Nach der Mitte des 17. Jahrhunderts stagnierte die bauliche Entwicklung, weshalb die Areale nördlich der 1643 errichteten lutherischen Kirche und der Schmiedestraße um 1700 teilweise als Gemeindeweide dienten. Den funktionslosen Mittelburgwall, der maßgeblich der Zierde der Stadt diente, warf man zu. Nach 1700 wurden die einst roten Backsteinbauten ebenso wie die neuen Häuser weiß gekalkt. Bereits 1623 hatte Herzog Friedrich III. 30.000 Mark für den Hafenausbau und die Schifffahrtsschleuse zur Verfügung gestellt, wobei die Steinschleuse 1630 erneuert wurde. Die Hauptschleuse, die 115 m entfernt von der alten Kranschleuse lag, ging 1632 in Betrieb.

Der Dreißigjährige Krieg, der seit 1626 auch Holstein und Schleswig verheerte, behinderte die weitere Entwicklung Friedrichstadts, zumal 1630 auch Remonstranten wieder in die Niederlande zurückkehren konnten. Trotzdem erhielt der Ort 1633 Stadtrecht, wenn auch kein Münzprivileg. Lange blieben die Niederländer die dominierende Bevölkerungsgruppe, wie noch auf Holländisch abgefasste Ratsprotokolle aus der ersten Hälfte des 18. Jahrhunderts zeigen. Von den Schiffen, die hier 1824 aufgrund des starken Winters in Friedrichstadt festmachten, hatten 80 Prozent niederländische Heimathäfen. Wiederholt behinderten Einquartierungen von Truppen in den Kriegen des 17. und 18. Jahrhunderts die Ökonomie der Stadt. Im Schleswig-Holsteinischen Krieg bombardierten 1850 schleswig-holsteinische Truppen das mit dänischen Truppen belegte Friedrichstadt, das stark zerstört wurde. Dabei kamen 31 Bewohner ums Leben.

Bis Ende des 18. Jahrhunderts blieb der Hafen nahezu unverändert. Da eine Schifffahrtsschleuse fehlte, war dieser jedoch bei Sturmfluten ungeschützt. Zudem reichte seine Tiefe für größere Schiffe aufgrund unzureichender Spülung nicht mehr aus. Deshalb entstand am erweiterten und vertieften Außenpriel der Brodhafen. Gleichwohl blieb der Hafenverkehr auch nach 1780 gering, zumal die Stadt einen weiteren Ausbau nicht finanzieren konnte. Nach der Fertigstellung des Eiderkanals erwarb

der Staat den Hafen. Die baufällige Wester- und Osterschleuse wurden 1820/21 erneuert. Infolge der fortschreitenden Ufererosion durch die Eider mussten 1843 der Hafenschirmdeich auf der ganzen Länge verlegt und das hafenseitige Ufer befestigt werden. Mit dem Schleusenumbau von 1854/55 geschah schließlich eine Verbesserung des Hafens, es erfolgten der Abriss der Mittel- und Westerschleuse und der Bau einer großen Steinschleuse an der Westseite des Hafenbeckens. Dazu wurde der Außenpriel des Westersielzugs vor der alten Westerschleuse abgedämmt. Über die ehemaligen Westerschleuse führte nun eine Brücke für die Straße von Friedrichstadt nach Koldenbüttel. Ein weiterer Hafenumbau erfolgte 1951.

LUNDEN

Bei Friedrichstadt überqueren wir die Eider auf der 1916 nach zweijähriger Bauzeit errichteten 245 m langen Brücke mit zwei Bogenelementen und einem klappbaren Mittelteil. Der Fluss bildet hier die Grenze zwischen Nordfriesland und Dithmarschen, aber auch Schleswig und Holstein, dessen Grenze zwischen Dänemark und dem Frankenreich erstmals ein Vertrag von 811 besiegelte. Über St. Annen erreichen wir das auf einer alten mit Dünen besetzten Nehrung liegende, bereits 1140 erwähnte Lunden. Die Lundener Nehrung entstand, als die Nordsee im Verlauf des holozänen Meeresspiegelanstiegs um etwa 4500 v. Chr. den Heider Geestvorsprung erreichte und durch dessen Erosion kiesiges und sandiges Material mit dem Küstenlängsstrom nach Norden verfrachtete. Über einer Sandbank wurde so die Lundener Nehrung aufgeworfen, die im südlichen Teil um 2.526 v. Chr. entstandene Torfe überdeckt. Östlich der Lundener Nehrung prägte bis zur frühen Neuzeit ein Hochmoor die Niederung zur Eider hin, westlich wuchsen seit etwa 500 v. Chr. Seemarschen aus Meeresablagerungen auf.

Die hohe Lage der Kirche und des Geschlechterfriedhofes mit Grabplatten, Stelen und gemauerten Grabkellern für Dithmarscher

Lundener Nehrung und Moore bei Lunden sowie Wurten in der Dithmarscher Nordermarsch. Topographisch Militärische Charte des Herzogtums Holstein von 1789 bis 1796.

Geschlechter erklärt sich aus einer Düne auf der alten Nehrung. Zur Zeit der Dithmarscher Bauernrepublik bis zu deren Ende 1559 waren Lundener Geschlechter im Rat der 48 Dithmarscher Regenten vertreten. Ihre wichtige Position dokumentieren diese aufwendigen Gräber. Wie die St. Laurentius Kirche stammt auch der ummauerte Friedhof wohl in seinem Kern aus dem 12. Jahrhundert, wenn aus dieser Zeit auch keine Grabdenkmäler mehr existieren. Die erhaltenen Grabkeller stammen überwiegend aus dem 16. und 17. Jahrhundert. Die Grabsteine bestehen meistens aus Wesersandstein. An den Ecken der Grabplatten finden sich oft die Zeichen der vier Evangelisten, so der Menschensohn für Matthäus, der Löwe für Markus, der Stier für Lukas und der Adler für Johannes. Ein Wappen zeigt das Geschlecht des Verstorbenen. Bekannt ist vor allem die Grabstele des Peter Swyn mit dem Motiv seiner Ermordung. Daneben befindet sich seine Grabplatte, die seine Erben mit den Worten *Pater Patriae* (Vater des Vaterlandes) ausstatteten.

Kirche von Lunden mit Dithmarscher Geschlechterfriedhof auf der Lundener Nehrung. Foto: Dirk Meier

EIDERSPERRWERK

Kurz vor dem Ortsausgang von Lunden biegen wir rechts in Richtung Tönning ab. Zunächst führt hier die Straße durch die alte Marsch. Wenige Kilometer hinter Nesserdeich im Verlauf des mittelalterlichen Seedeiches der Dithmarscher Nordermarsch biegen wir nach Süden in den 1800 eingedeichten Karolinenkoog ab und folgen der Straße weiter über Schülper Neuensiel im 1862 gewonnenen Wesselburener Koog. Am Ende der Straße fahren wir nach Norden zum Eidersperrwerk, das 1973 an der Mündung der Eider in die Nordsee eingeweiht wurde.

Mit der Abdämmung und Umleitung der Treene wurden seit 1570 etwa 78.000 ha, mit der Umleitung der Sorge 1631 etwa 31.000 ha dem Tideeinfluss entzogen, was sich wiederum auf die Eider auswirkte. In den bedeichten Flüssen stiegen die Hochwässer an und führten zu neuen Deichbrüchen. Der dritte Einschnitt in den natürlichen Wasserhaushalt der Region bildete der Bau des Schleswig-Holsteinischen Kanals von 1774 bis 1784, dessen Schleuse bei Rendsburg das Obereidergebiet mit 64.000 ha vom Tideeinfluss trennte und einen Teil der Niederschläge über die Schleuse bei Holtenau in die Kieler Förde ableitete. Die letzten massiven Eingriffe in die Hydrologie der Eider bedeuteten der Bau des Nord-Ostsee-Kanals (1887–1895) sowie die Abdämmungen bei Nordfeld (1936) und an ihrer Mündung (1973).

Unterhalb des 1936 erbauten Sperrwerks von Nordfeld hatte 1948 die Versandung der Eider ein derartiges Ausmaß erreicht, dass man eine neue Flutregulierung an der Außeneider erörterte. Nachdem die schwere Sturmflut vom 16./17. Februar 1962 die Gefährdung des Eiderästuars deutlich gemacht hatte, sah der Generalplan Küstenschutz des Landes Schleswig-Holstein von 1963 die mündungsnahe Abdämmung der Eider in der Linie Hundeknöll-Vollerwiek vor. Beim 1967 begonnenen Bau zeigte sich, dass hier die Strömungsverhältnisse aufgrund der sich verlagernden tiefen Gezeitenströme sehr schwierig waren. Die Ei-

Blick auf das Eidersperrwerk. Foto: Dirk Meier

der selbst entwässert ein Einzugsgebiet bis weit ins Binnenland hinein. Den 20 km langen Untiefenbereich kennzeichnen hier große Wattflächen und Sände, die Priele und Stromrinnen durchziehen.

Durch das am 20. Mai 1973 eingeweihte, größte deutsche Küstenschutzbauwerk wurde die Deichlinie im Eiderbereich von 60 km auf 4,8 km verkürzt. Aufgrund des instabilen Untergrundes ruht das Sperrwerk auf tiefen Pfählen. Es besteht aus zwei Reihen mit fünf doppelten, 40 m breiten Sieltoren. Bei jeder Tide fließen etwa 50 Millionen Kubikmeter Wasser in 6 Stunden durch das Siel. Entsprechend der Wetterbedingungen und Strömungsverhältnisse wird das Sperrwerk in vier verschiedenen Betriebsformen gefahren. Bei Normalbetrieb sind alle Tore geöffnet, sodass das Eider- und Nordseewasser in beide Richtungen fließen kann. Im Normalbetrieb mit Flutdrosselung strömt das Meerwasser in die Eider. Zur Verringerung des Sandeintrags in die Eider werden die seeseitigen Tore abgesenkt. Für den Sielbetrieb lässt man die seeseitigen Tore herunter, damit kein Wasser aus der Nordsee in die Eider eindringt. Mit fallendem Nordseepegel nach einer Flut, wenn der Wasserstand auf beiden Seiten der geschlossenen Tore ausgeglichen ist, werden diese wieder geöffnet. Dadurch entsteht ein verstärkter Ablaufstrom mit erhöhter Räumkraft, was die Vorflut und Entwässerung des Hinterlandes verbessern soll. Bei einem Wasserstand oberhalb von 1 m über dem Mittleren Tidehochwasser sind beide Torreihen aus Gründen einer doppelten Deichsicherheit geschlossen.

Im Sielbereich führt die zweispurige Straße niveaugleich mit der Binnenberme des Eiderdamms durch einen tunnelartig ausgebauten Hohlträger sowie mit einer Klappbrücke über die Schleuse. Über dem 236 m langen Tunnel verläuft ein Fuß- und Radweg bis zur Kammerschleuse mit ihren Doppeltoren. Die Schleusenkammer hat eine Länge von 75 m und eine Breite von 14 m. Der Drempel liegt auf NN -5,60 m. Stemmtore aus Stahl sichern die Kammer. Die Schleusung dauert etwa 10 Minuten. Beiderseits der Schleuse, die am 3. Mai 1972 in Betrieb ging, befinden sich Vorhäfen. Den Schifffahrts- und Straßenverkehr steuert eine Zentrale im 17 m hohen Leitstand des Betriebsgebäudes.

Parallel zum Bau des Sperrwerks liefen die Arbeiten in den Bauabschnitten Eiderdamm Nord, Eiderdamm Süd und Leitdamm zur Grünen Insel, der das Katinger Watt zur Eider hin begrenzt und Querströmungen verhindert. Hier entstand ein Naturschutzgebiet mit Erholungswald. Die nachhaltigste Gefährdung des ca. 170 Millionen Mark teuren Eidersperrwerks, das seine Bewährungsprobe bei der Sturmflut 1976 bestand, verursachen die starken Strömungen. Der prognostizierte Meeresspiegelanstieg wird neben der Verstärkung des Leitdammes auch den Neubau des Sperrwerks erfordern.

Hier rufen wir uns in Erinnerung, dass die Flusslandschaften von Eider und Treene im Bereich der Jütischen Halbinsel das größte Volumen allen oberflächlich abfließenden Binnenwassers in die Nordsee abführen. Vor den anthropogenen Veränderungen waren Eider, Treene und Sorge nicht regulierte, mäandrierende, von der Tide beeinflusste Flüsse in einer von Mooren, Salzwiesen und Geestkernen geprägten Landschaft. Aus den geoarchäologischen Befunden eines Priels an der Basis der frühmittelalterlichen Marschensiedlung vom Elisenhof bei Tönning in Eiderstedt lässt sich für den noch nicht bedeichten Fluss auf ein Mittleres Tidehochwasser von NN +0,60 m im 8. Jahrhundert schließen. Mit der Bedeichung seit dem Hochmittelalter stieg das MThw der Eider an, dessen Entwicklung aber auch der natürlichen Klimaentwicklung unterlag. Für den Pegel Tönning kann man für 1500 einen MThw-Wert von NN +1 m und für 1550 während der kühlen Phase der Kleinen Eiszeit mit NN +0,30 m annehmen. Seit der Mitte des 16. Jahrhunderts ist der Sturmflutscheitel um 25 bis 30 cm pro Jahrhundert gestiegen.

Schwabstedt an der Treene. Foto: Dirk Meier

ENTLANG VON EIDER UND TREENE NACH SCHWABSTEDT

Hinter dem Eidersperrwerk führt rechts die Straße durch das Katinger Watt nach der Dorfwarft Groß Olversum, über die wir Tönning erreichen. Hier geht die Untereider mit dem Purrenstrom in das Ästuar über. Dieser Hauptarm der Eider verlagerte sich im späten Mittelalter näher an Tönning heran, was den Aufstieg als Hafenort begünstigte. Von Tönning (zu Tönning siehe: Exkursion durch Eiderstedt) aus folgen wir der B 202 in Richtung Husum.

In Reimersbude biegen wir rechts in den kleinen Nebenweg ab, der uns zum Siel im Eiderdeich führt. Wir folgen der Straße auf dem Deich und durch die Marsch über den Mitteldeich und Süderdeich der kleinen Eiderköge bis nach Koldenbüttel. Auf der B 202 geht es an Friedrichstadt vorbei, dort dann in Richtung Kiel. In Seeth erreichen wir den Abzweig nach Schwabstedt.

Der auf einem Geestvorsprung an der Treene liegende Ort wird als *Swavestede* im *Registrum capituli Slesvicensis* und im *Liber censualis episcopi Slesvicensis* mit seinen Abgaben mehrfach genannt. Von der bischöflichen Burg *(castrum)* am Nordufer der Treene beim heutigen Fährhaus sind noch Wälle und Gräben erhalten. Da Bischof Johannes treu zum dänischen König hielt, zog Graf Gerhard VI. von Holstein-Rendsburg 1395 vor die Burg und eroberte diese. Danach blieben die Grafen zunächst Burgherren, bevor die dänische Königin Margarethe I. (1387–1412), die sich das Herzogtum Schleswig aneignen wollte, vorübergehend in den Besitz der Burg gelangte. Im *Chronicon Eiderostadense vulgare* heißt es, dass 1408 die Eiderstedter Dreilande vor dem Fastenabend über das Eis nach Schwabstedt zogen, um es einzunehmen, was jedoch misslang. Später wurde dem Burghauptmann Hartwig Breyde zur Last gelegt, dass er *Vitalien* und *lose Knechte* hielt, um Kauf-

Kirche von Schwabstedt mit prähistorischem Grabhügel und Glockenturm. Foto: Dirk Meier

leute zu berauben. Deshalb kamen der Schleswiger Herzog Heinrich und die Hamburger mit ihren Schiffen nach Schwabstedt, worauf die Räuber flohen. Am 1. Juli 1411 fiel Schwabstedt an den Grafen von Holstein-Rendsburg. Die Wälle der Bischofstadt wurden geschleift. Bischof Nikolaus IV. (Wulf) löste 1430 die Burg Schwabstedt wieder ein. In der bischofslosen Zeit von 1488 bis 1496 besetzte der Ritter Johann Rantzau die Burg. Die baufällige Burg wurde schließlich 1585 von Herzog Adolf im Stil der Zeit umgebaut. Von der 1720 abgerisse-

Wildes Moor bei Schwabstedt. Foto: Dirk Meier

nen Burg sind nur noch nicht zugängliche Wälle erhalten. Der Glockenturm der um 1200 aus Feldsteinen errichteten romanischen St.-Jacobi-Kirche steht auf einem prähistorischen Grabhügel.

WILDES MOOR

Von Schwabstedt folgen wir der Straße entlang der Treene über Hude und Fresendelf. Kurz hinter Hollbüllhuus erreicht man das Wilde Moor mit seinen Hoch- und Niedermoorflächen, wechselfeuchtem Grünland und offenen Gewässern. Im Westen grenzt dieses an die Ostenfelder Geest, die aus Moränensand und Geschiebemergel der Saale-Kaltzeit besteht. Es entstand in einer präholozänen Hohlform, dass eine niedrige Erhebung vom Treenetal abriegelt. Diesen Bereich erreichte die im Verlauf des holozänen Meeresspiegelanstiegs vorgestoßene Nordsee nicht. Über tonigen Flussablagerungen der Treene liegen hier ein Bruchwaldtorf und jüngere Hochmoortorfe. Die Vegetation des Hochmoors prägen Torfmoose, Zwergsträucher wie Heidekräuter, Moosbeere, sowie Pfeifen- und Riedgräser, wie Schneidiges Wollgras, Sonnentau, Beinbrech und Gagelstrauch. Gebüsche und Hochstauden begrenzen das Moor zur Geest hin, zur Treene hin schließt eine Grünlandbrache an. Bekassine, Goldammer, Wiesenpieper und Eisvögel finden sich hier ein, während das Birkhuhn seit 1979 nicht mehr nachzuweisen ist. Hinzu kommen Raubvögel wie Falken, Korn- und Wiesenweihen sowie Bussarde. Als weitere Tiere sind Ringelnatter, Kreuzotter, Schlingnatter, Kammmolch, Trauerschwäne, Fischotter, Fledermäuse sowie der Marderhund belegt.

Noch im 19. und in der ersten Hälfte des 20. Jahrhunderts wurde das Wilde Moor entwässert, bewirtschaftet und abgetorft. Der Torfstich diente den umliegenden Bauern als Brennmaterial und wurde zugleich als Brennmaterial nach Friedrichstadt geliefert. Grünlandbrachen an den Rändern des Moores dokumentieren diese Nutzung. Den oberen Bereich des Moorbodens prägt bis heute die lange Entwässerung. Seit 1992 ist das Wilde Moor ein

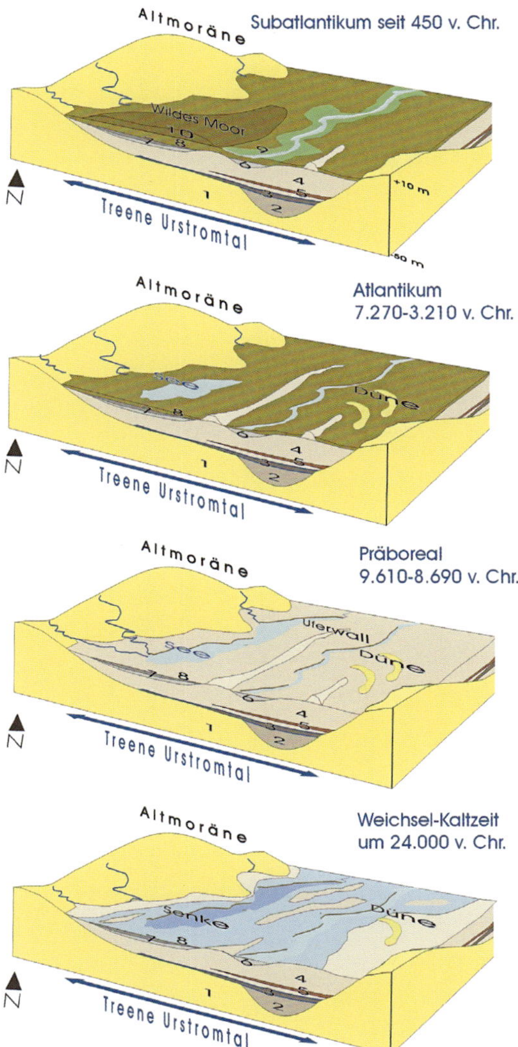

1 Geschiebemergel der Saale-Kaltzeit, 2 Schmelzwassersande der Saale-Kaltzeit, 3 Meereston und Torf der Eem-Warmzeit, 4 Schmelzwassersande der Weichsel-Kaltzeit, 5 Beckenton der Weichsel-Kaltzeit, 6 Holozän-Mudde, 7 Klei, 8 Niedermoor, 9 Treenemarsch, 10 Hochmoor

Entwicklung des Wilden Moores bei Schwabstedt. Modell: Dirk Meier

Naturschutzgebiet. Zur Wiederherstellung des Lebensraums „Atlantisches Hochmoorbiotop“ wurde der Wasserstand erhöht, eine Vernässung eingeleitet und die landwirtschaftliche Nutzungsintensität verringert. Den Wasserstand kontrollieren Stauanlagen und zwei Schöpfwerke. Das Moor dient zusätzlich bei Hochwasser der angrenzenden Treene als Überlaufgebiet, falls die Flussdeiche dem Druck nicht mehr standhalten. Ein ausgeschilderter Wanderweg erläutert die Naturgeschichte des Moores.

Vom Wilden Moor aus folgen wir der Straße nach Winnert und können dann über Ostenfeld und Hollingstedt, wo wir die Treene wieder überqueren, zurück nach Schleswig kommen.

EIDERSTEDT

Exkursionsroute:
1 Tönning, 2 Elisenhof, 3 Katingsiel, 4 Welt, 5 Süderbootfahrt, 6 Garding, 7 St.-Johannis-Koog, 8 Alt-Augustenkoog, 9 Westerhever, 10 Westerhever Leuchtturm und Westerhever Sand, 11 Stufhusen, 12 Osterhever, 13 Schockenbüll im Marschkoog, 14 Tetenbüll, 15 Oldenswort, 16 Hoyerswort, 17 Tofting

Tönning – Elisenhof, Olversum und Welt – Süderbootfahrt – Garding – St.-Johannis-Koog – Alt-Augustenkoog – Westerhever – Osterhever – Marschkoog – Tetenbüll – Oldenswort – Hoyerswort – Tofting

TÖNNING

Unsere landschaftliche Exkursion Eiderstedts beginnt in Tönning, dem urkundlich 1187 erwähnten Vorort der gleichnamigen Harde als dänischer Verwaltungseinteilung. Der auf einer alten Dorfwarft angelegte Ort mit der 1186 erwähnten St.-Laurentius-Kirche mit ihrem 62 m hohen Barockturm und ihrer reichen Innenausstattung des 16./17. Jahrhunderts wurde zum wichtigsten Nordseehafen des Gottorfer Herzogtums. Markt, Gericht, Landesversammlung, das 1580 bis 1583 in der Neustadt erbaute Renaissanceschloss und das 1590 verliehene Stadtrecht unterstreichen die Bedeutung.

Nachdem ein von Herzog Johann Adolf neben dem Schloss projektiertes Hafenbecken unverwirklicht blieb, legte Johann Clausen Coot (Koth) 1611 den Hafen in seiner heutigen rechtwinkligen Form an. Die Zahl der Tönninger Schiffe wuchs von 29 im Jahr 1600 auf 48 im Jahr 1616 und erreichte 1624 mit 54 den Höchststand. Der Hafen konnte gleichzeitig 100 Schiffe fassen. Das Hauptausfuhrgut Käse ging bis nach Norwegen und Frankreich. Getreide wurde nach Hamburg und in die Niederlande exportiert, auch Fleisch und Speck gelangten nach Holland. Im 17. Jahrhundert passierten jährlich ungefähr 60.000 Pfund Weizen

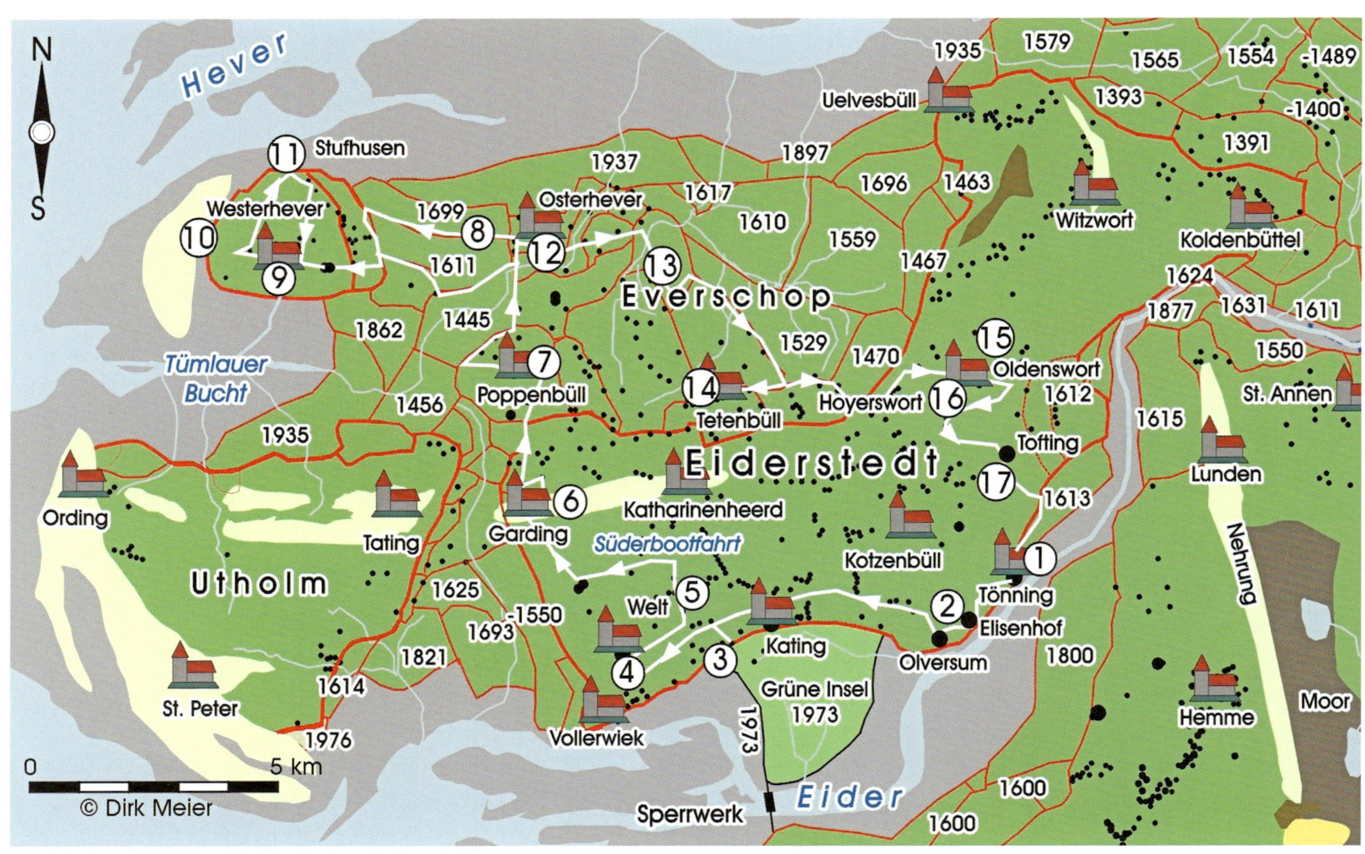

Blick auf den Hafen von Tönning mit dem Kanalpackhaus und der Kirche.
Foto: Dirk Meier

den Hafen sowie Tiere und Wolle. Von Norwegen und Schweden kam Holz, von England Steinkohle. Den Handel besorgten im 16. und 17. Jahrhundert vor allem Holländer. Wie in Friedrichstadt prägen auch in Tönning deren giebelständige Bauten das Stadtbild. Die auch in der frühen Neuzeit noch moorreiche Region des Eider- und Treenegebietes lieferte mit Torf ein wichtiges Brennmaterial.

Der Wohlstand Tönnings wurde im Dreißigjährigen Krieg abrupt vernichtet, als kaiserliche Truppen zwischen 1626 und 1628 die Stadt und Eiderstedt brandschatzten. Deshalb ließ Herzog Friedrich III. 1644 Tönning befestigen. Im Dänisch-Schwedischen Krieg, bei dem der Gottorfer Herzog mit Schweden verbündet war, behauptete sich 1659 die kleine Festung bei einer Belagerung des dänischen Königs. Während das feindliche Heer vor der Stadt stand, starb Herzog Friedrich III. in Tönning. Sein Nachfolger Christian Albrecht erneuerte die Festung 1692. Zu Beginn des Großen Nordischen Krieges (1700–1721) wurden große Teile Tönnings bei einer Beschießung durch die Dänen zerstört. Während des Wiederaufbaus der Stadt von 1701 bis 1713 erhielten die Festungswerke vor den geraden Wallstücken (Courtinen) vorgeschobene Bastionen (Ravelins). Im Februar 1713 verletzte Herzog Karl Friedrich von Holstein-Gottorf (1702–1739) seine Neutralität und gewährte dem sich zurückziehenden schwedischen Heer unter General Stenbock Einlass in Tönning. Er zog jedoch noch vor einer Beschießung aus der überbelegten Festung ab und kapitulierte am 16. Mai 1713 vor König Friedrich IV. bei Hoyerswort. Danach ließ der dänische König die Festung schleifen. Das Schloss wurde 1735 abgebrochen.

Trotz dieses politischen Bedeutungsverlustes behauptete sich Tönning aufgrund seiner verkehrsgünstigen Lage an der Eider, deren wirtschaftliche Bedeutung sich mit dem von 1777 bis 1784 erbauten *Schleswig-Holsteinischem-Canal* (Eiderkanal) erhöhte. Für die Waren entstand 1783 das große Packhaus am Hafen. Während der napoleonischen Kontinental-

Grundriß der Festung von Tönning 1651 von Johannes Mejer

Tönning: Hafen mit dem Kanalpackhaus. Foto: Dirk Meier

sperre seit 1806, die formal erst 1814 endete, landete auch der für Hamburg bestimmte Warenverkehr in der Stadt, da Dänemark mit dem französischen Kaiser verbündet war. Viele Kaufleute versahen ihre Schmuggelgeschäfte unter einem legalen Deckmantel oder mit Kaperbriefen. Ab 1807 hatte auch die Niederländische Ostindienkompagnie den Kanal und den Tönninger Hafen genutzt. Dieser bildete seit 1842 den Umschlagplatz für nach England verschiffte Ochsen. Die 1854 mit englischem Kapital erbaute Eisenbahn von Tönning über Husum nach Flensburg sollte zudem den Ostseeverkehr an die Stadt binden. Nach einem englischen Einfuhrverbot für Vieh 1889 und der Fertigstellung des Nord-Ostsee-Kanals 1895 blieb die Eiderschifffahrt nur noch von lokaler Bedeutung.

ELISENHOF, KATINGSIEL UND WELT

Tönning verlassen wir nach Westen über die Katinger Landstraße und kommen nahe der Jugendherberge am Kreisverkehr an der Warft Elisenhof vorbei. Die hier zwischen 1957 und 1964 am Elisenhof durchgeführten Ausgrabungen geben einen guten Einblick in eine Marschensiedlung des frühen Mittelalters. Mit der ma-

Rekonstruktion der frühmittelalterlichen Marschensiedlung am Elisenhof. Modell im Museum der Landschaft Eiderstedt, Ausstellung der AG Küstenarchäologie. Foto: Dirk Meier

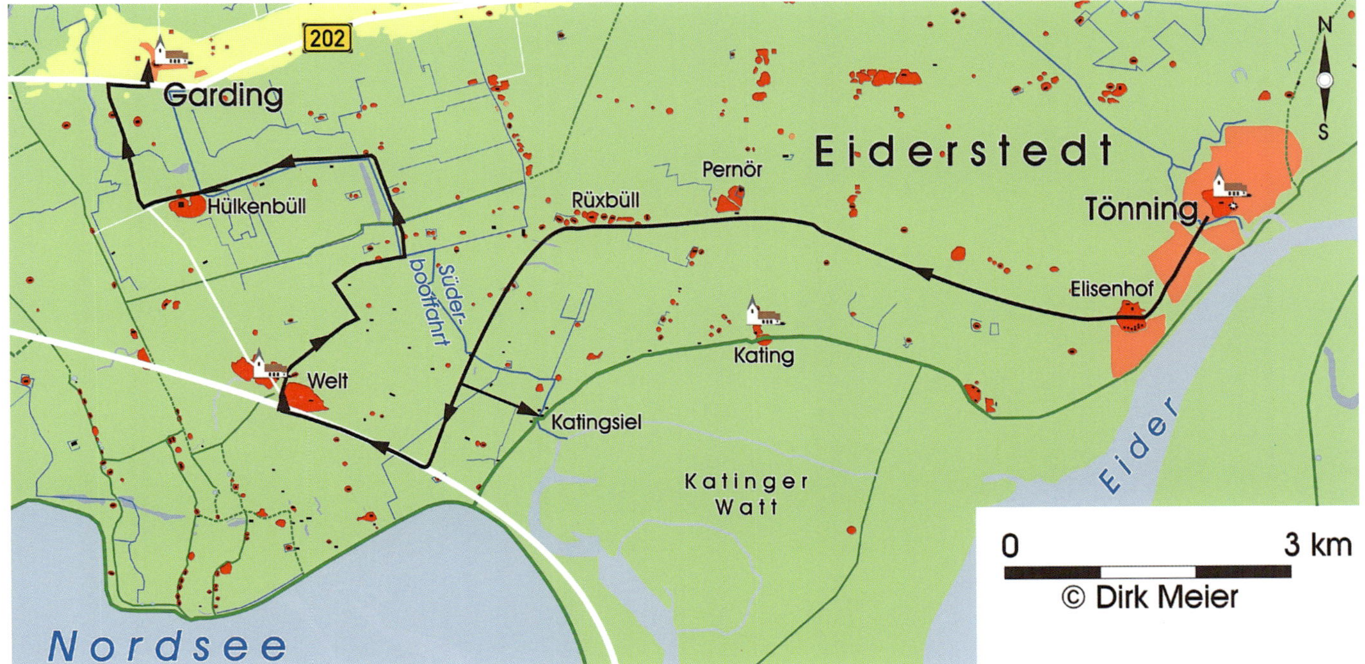

Exkursionsroute von Tönning nach Garding

ritimen Einwanderung von Friesen entstanden hier seit dem 8. Jahrhundert n. Chr. auf einem bis NN +2 m hohen Uferwall etwa 12 bis 15 nord-südlich orientierte Wohnstallhäuser. Die Gehöfte besaßen teilweise Nebenbauten, die handwerklichen Tätigkeiten, wie dem Weben von Textilien, dienten. Die Hofareale jeweils zwei dicht aneinander stehender großer Langhäuser fassten Zäune und Gräben ein. Bei den meist 5 m breiten und bis zu 35 m langen Häusern befanden sich die Wohnteile auf den höher gelegenen Abschnitten des Uferwalles, die Stallseiten waren hingegen nach Süden hin orientiert und folgten dem Abhang. An der Giebelseite des von je einer Jaucherinne begleiteten Stallganges befand sich eine Außentür. Der an der Siedlung vorbeilaufende Priel, den eine Brücke querte, wurde im 9./10. Jahrhundert mit Mist zugeworfen, mit Kleisoden abgedeckt und in das Siedlungsareal miteinbezogen. Die am nordwestlichen Rand des Siedlungskerns liegenden Flächen wurden wohl gemeinsam bewirtschaftet. Hier lagen ein mit einem Graben eingefasster Viehpferch sowie Sodenwandbauten. Der Wasserversorgung für das Vieh dienten Brunnen, aus denen sich Brackwasser schöpfen ließ, während die Menschen ihr Trinkwasser wohl in Zisternen auffingen.

Das Umland der Warft prägten ausgedehnte Salzwiesen, die stärker dem Salzwassereinfluss ausgesetzt waren als die der im Verlauf des 5./6. Jahrhunderts verlassenen, weiter nordöstlich gelegen Warft Tofting. Im Unterschied zu Tofting überwog in Elisenhof daher die Schaf- vor der Rinderhaltung. Neben Viehhaltung und Ackerbau im Sommerhalbjahr auf den höchsten Partien des Uferwalls waren Jagd und Fischfang von Bedeutung. Über Elisenhof finden wir eine Ausstellung im Museum der Landschaft Eiderstedt in St. Peter-Ording.

Gegenstände des täglichen Bedarfs, wie Töpfe, Holz- und Eisengeräte, Lederschuhe und Textilien, dokumentieren die Sachkultur. Rohmaterialien, Halbfabrikate und Werkstattabfälle belegen Holz-, Fell-, Textil- und Lederverarbeitung ebenso wie die Fertigung mit Eisen, Bronze, Geweih, Knochen, Horn und Bernstein. Einzelne Werkplätze deuten auch ein spezialisiertes Gewerbe an. Funde eines gehobenen sozialen Milieus wie fränkische Hohlgläser oder genietete Eisenkessel belegen die Einbindung der Bewohner in den maritimen Fernhandel. Glas- und Bernsteinperlen ebenso wie Schmucknadeln aus Bronze und Eisen, Anhänger aus Bernstein oder Eberhauern sowie Scheibenfibeln bildeten Bestandteile der Tracht. In den wenigen Mußestunden beschäftigten sich

Blick auf Katingsiel, den Eiderdeich, die Süderbootfahrt und die Schankwirtschaft Andresen.
Foto: Dirk Meier

die Menschen mit Spielen und Musik, so mit Flöten und Leiern.

Von Elisenhof aus folgen wir der Katinger Landstraße nach Westen und fahren dabei an der eisenzeitlichen Großwarft Pernör und den hochmittelalterlichen Hofwarften von Rüxbüll vorbei. Ein Abstecher lohnt sich nach Katingsiel mit seiner alten Schankwirtschaft. Hier mündet die bis Garding reichende Süderbootfahrt in die Eider. Am Ende des Weges folgen wir der Eiderdammstraße in Richtung St. Peter-Ording.

Bei Welt biegen wir rechts nach Garding ab und gleich wieder rechts in den Knutzweg. Rechts der Straße liegt mit der verlassenen Dorfwarft Welt eine weitere friesische Gründung des frühen Mittelalters, an die sich nördlich das heutige, ebenfalls auf einer großen Warft errichtete gleichnamige Dorf mit seiner im Kern spätromanischen Kirche anschließt. Wie ein 1953 am Westrand der Warft angelegter Grabungsschnitt der heute überwiegend wüsten Dorfwarft zeigt, war diese seit dem frühen Mittelalter mit Mist und Klei aufgetragen worden.

SÜDERBOOTFAHRT

Von Welt aus folgen wir dem landwirtschaftlichen Nebenweg bis zur Kanal-Süderboot-Fahrt und biegen dann nach Norden in den Brückhusweg ab. Dieser Wasserweg sollte nach holländischem Muster den Warentransfer durch die oft unpassierbare nasse Marsch erleichtern. Neben der von Tönning aus nach Oldensworth und Tetenbüll 1612 fertiggestellten Norderbootfahrt erging von Herzog Johann Adolf 1613 ein Befehl zur Herstellung der *Botfahrt von Tönnung na Cating beth an der Gardinger Farth*, um durch den Anschluss an die Süderbootfahrt mehr Verkehr nach Tönning zu ziehen. Die Kanäle konnten Schiffe von 8 bis 10 Tonnen Größe fassen, die größtenteils mit Pferden oder Menschen, darunter auch Schulkindern, gezogen wurden. In Katingsiel begann im April der Transport von Brennholz, das im Winter auf der Geest geschlagen und aufgestapelt worden war. Daneben wurden Kaufmannswaren aller Art befördert. In der Frühneuzeit landeten hier auch amerikanische Schiffe mit Pökelfleisch, kanadischem Mehl, englischer Nusskohle, holländischem Rohtabak in Fässern für die Gardinger Tabakfabrik, ferner Hamburger Sirup, Jamaika-Rum und Lebensmittel. Ausgeführt wurden vor allem Vieh, aber auch Agrarerzeugnisse. Auf den Schiffen vorhandene Schiffswinden (Taljen) hievten die Lasten in angelegte kleinere Boote. Bei *Liekwater* (Wassergleichstand) in der Eider und in der 10 m breiten Bootfahrt fuhr ein Boier durch die Schleuse und ging am Seeschiff längsseits. Diese vierkantigen, um die 6 m langen Lastschiffe konnten bis 200 Säcke laden. Gewöhnlich bewältigten drei bis sechs Schiffe tags und nachts den Verkehr.

Die Fahrt von Katingsiel nach Garding über die Süderbootfahrt dauerte drei Stunden. An der Süderbootfahrt befanden sich sechs Brücken und mindestens zwei Brückhäuser, von denen das am Brückhausweg wiederhergerichtet wurde. An den Häusern, die auch als Wirtshäuser und Treidelstationen dienten, öffneten und schlossen Wärter die Brücken und Schotten. Letztere fungierten als Staustufen, um auch auf dem landeinwärts liegenden Teil der Bootfahrt genügend Wasser für die Schifffahrt zu haben. Bei der Ankunft in Garding sorgten Ablader für die Lagerung in den Speichern. Später diente dazu ein zweiarmiger Heberkran *(Wuch)*. Bereits 1649, 1673 und 1693 musste die versumpfte Süderbootfahrt ausgeräumt werden. Auch die Schleuse genügte den Anforderungen nicht und erforderte 1753 und 1785 eine größere Reparatur. Mit dem Bau der Chaussee von Tönning nach Garding 1842 und der Anbindung des Ortes an das Schienennetz 1892 verlor die Süderbootfahrt ihre Bedeutung, sodass der Gardinger Hafen 1896, 1905 und 1920 in drei Abschnitten zugeschüttet wurde. 1905 war der Betrieb auf der Süderbootfahrt beendet worden. Heute dient die

Süderbootfahrt. Foto: Dirk Meier

Süderbootfahrt nur noch als Entwässerungskanal.

Am Ende des Brückhusweges gelangen wir zur hochmittelalterlichen Großwarft von Hülkenbüll, auf der noch ein Haubarg steht. Hier biegen wir nach rechts nach Garding ab.

GARDING

Schon von weitem erblickt man den auf einer langgezogenen Nehrung liegenden Ort Garding mit dem mächtigen Turm der Kirche. Am Ende der Welter Straße fahren wir nach rechts auf die B 202 und gleich wieder links und halten oben auf der Nehrung an der Kirche.

Die Garding-Tatinger Nehrung gehört mit dem nordwestlich gelegenen Sandwall von Tholendorf zu einem System in der Bronzezeit bestehender Sandhaken, die Anschluss an einen später von der Nordsee abgetragenen Hever-Geestkern fanden. Dieser lag im Südwesten des heutigen nordfriesischen Wattenmeeres nördlich des Prielstroms der Hever. Im Schutz dieser, wenn auch nicht geschlossenen, Barriereküste vermoorte das nördliche Eiderstedt. Zur Zeit seiner Bildung um 1400 v. Chr. grenzte der Tholendorfer Sandwall noch an das Watt. Auf diesen wehten bald Dünen auf. Zu dieser Zeit dürfte hier das Mittlere Tidehochwasser eine Höhe von NN -1,10 bis -0,60 m erreicht haben. Infolge der Nehrungsbildung süßte der nördlich gelegene Bereich aus und vermoorte allmählich, wie oberhalb einer humosen Bodenbildung Torfe zeigen, die um 79±75 n. Chr. und 72±38 n. Chr. datiert wurden. Um etwa 100 bis 500 n. Chr. wurde das Moor durch die von der Eidermündung nach Norden vorstoßende Süderhever und weiteren Überflutungen von Nordwesten her mit Salzwasser überschwemmt.

Die nach dem Tholendorfer Sandwall entstandene Tating–Gardinger Nehrung ist durch ein Profil in der Sandgrube von Esing westlich von Garding aufgeschlossen. Zuunterst der Schichtenfolge bedecken hier Sande undatierte sandige Wattablagerungen. An der Nordseite der Grube sind in einer Tiefe von NN -1 m Reste eines Bodens vorhanden. Etwa bei Normalnull bis NN +0,40 m werden die Sande von einem um 803±60 v. Chr. entstandenen Torf überdeckt. Über diesem liegen weitere Sande mit Steinen, die im Norden Höhen von NN +1 bis +1,50 m erreichen. Darüber folgen eine hu-

Blick auf die Gardinger Nehrung mit Garding. Foto: Dirk Meier

mose Bodenbildung aus der Zeit um Christi Geburt, Sturmflutsedimente und Sand mit Siedlungsspuren der ersten nachchristlichen Jahrhunderte.

Der untere Teil dieses Sandwalles ähnelt einem Außensand mit Muscheln und Steinen mit lokal wechselnden Ablagerungsbedingungen. Dieses mobile Gebiet von Sandhaken und Vorsänden mit teilweiser Dünenbildung sowie von Prielen durchzogenen Watten unterlag in der Bronzezeit den Kräften von Strömungen, Winden, täglichen Tiden und Sturmfluten. Südlich der Sandwälle schlickten Watten auf, später entstanden hier Seemarschen, während die Gebiete nördlich vermoorten. Der im nördlichen Eiderstedt ausgeprägte, meist in einer Tiefe von NN -1 m über dem tonigen alten Klei erfasste Torfhorizont mit seiner ausgeprägten Süßwasservegetation wurde bei Westerhever auf ein Alter von 887±41 v. Chr. datiert. Dass die Nehrungen in der Bronzezeit von Menschen zur Jagd und zum Fischfang aufgesucht wurden, belegen Steinartefakte.

Garding wird in einer Urkunde des Erzbischofs von Lund um 1187 erstmals genannt, und 1231 erwähnt das Erdbuch des dänischen Königs Waldemar II. die Gardingharde *(Giae-*

Gotischer Stützpfeiler mit Wandbild in der Kirche von Garding. Foto: Dirk Meier

Ringdeich des St.-Johannis-Kooges mit Groß- und Hofwarften

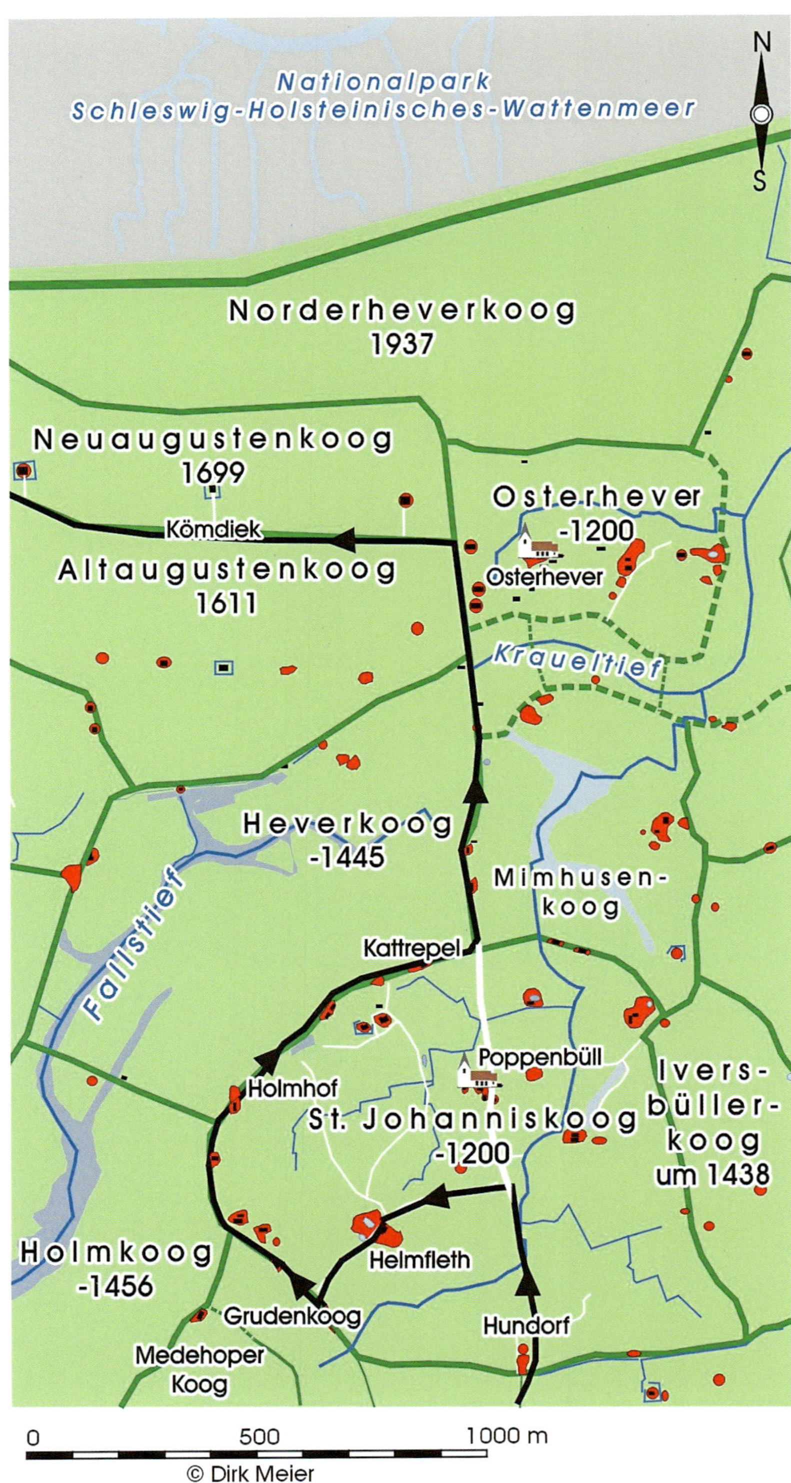

thningheret). Nachdem Garding 1575 einen Wochenmarkt besaß, verlieh Herzog Johann Adolf von Schleswig-Holstein-Gottorf dem Ort 1590 das Stadtrecht. Die heutige Kirche entstand zu Beginn des 12. Jahrhunderts als ein Backsteinbau. Noch zu erkennen sind zwei zugemauerte romanische Rundbogenfenster. Später verlängerte man die Kreuzarme des Baus und fügte im 13. Jahrhundert den mächtigen Turm an. Zwischen 1483 und 1488 erfolgte eine gotische Überformung der Kirche mit einem zweijochigem Chor und einem Kreuzrippengewölbe auf zwei Stützpfeilern anstatt der flachen Balkendecke. Erhalten blieb der romanische Chorbogen. Der erhöhte, 1637 von einem Blitz getroffene Turm erhielt ein spitzes Dach. Die Emporen sind seit 1610/20 eingezogen, das Dach wurde 1660 abgeflacht. Das heutige Walmdach der Kirche stammt von 1848. Später verblendete man die Außenwände und überformte die gotischen Fenster und Portale. Der Turm erhielt zu Beginn des 19. Jahrhunderts ein Helmdach. Als man 1981 den Fußboden wieder auf die ursprüngliche Höhe absenkte, stieß man am westlichen Pfeiler des Fundaments auf ein spätgotisches Taufpodest.

ST.-JOHANNIS-KOOG

Von der Gardinger Kirche aus fahren wir die Norderstraße hinab, dann nach links in den Norderring, um nach rechts der Landstraße nach Poppenbüll und Osterhever zu folgen. Wenig später erreichen wir an der Kreuzung des St. Johannis-Koog-Rings die Großwarft Hundorf. Wir sind nun im Nordwesten Eiderstedts, das eine andere Landschaftsgeschichte hat als der mittlere und südliche Teil der Halbinsel.

Nachdem der Meereseinfluss nach dem Abbau der nordfriesischen Barriereküste hier zunahm, kamen oberhalb eines ausgedehnten Moores tonige Sedimente zur Ablagerung, auf denen um 1000 n. Chr. niedrige, von vielen Prielen durchzogene Seemarschen aufwuchsen. Deren niedrige Böden lagen nur wenig höher als das Mittlere Tidehochwasser und wurden schon während sommerlicher Sturmfluten überschwemmt. Die Besiedlung begann hier mit großen, aus Klei aufgeschütteten Warften im 12. Jahrhundert, wobei lokal niedrige Deiche das Wirtschaftsland und die Agrarflächen der Neusiedler schützten. Die nach Ausgrabungen im 12. Jahrhundert mit Kleisoden bis zu einer Höhe von NN +3 m aufgetragene Großwarft Hundorf am südlichen Deichverlauf des

Warft Hundorf, St.-Johannis-Koog. Foto: Dirk Meier

St.-Johannis-Kooges wurde bald zu ihren Rändern hin erweitert und im 14. Jahrhundert als Reaktion auf die verheerenden Sturmfluten um 1 m erhöht. Charakteristisch für die Wasserversorgung des Viehs im Mittelalter sind hier muldenartige Wasserzisternen, sog. Tauteiche, wie einer auf Helmfleth im St.-Johannis-Koog noch erhalten ist.

Diesen erreichen wir, wenn wir von Hundorf nach Norden in den St.-Johannis-Koog fahren und kurz vor Poppenbüll nach links in den Helmflether Weg abbiegen. Auch die etwas über NN +4 m hohe, aus zwei Warften bestehende Großwarft Helmfleth entstand im 12. Jahrhundert. Um diese zieht ein Weg, von dem fünf weitere zu den Warften Speckdorf, Bollingwarft, Schweinsgaard, Holmhof und Bockshörn führen. Von der Warft hat man einen guten Blick über den Koog mit seinen blockförmigen Wirtschaftsflächen, über den ringförmigen Deichverlauf im Norden mit mehreren Hofwarften und die im Kern romanische Kirche von Poppenbüll mit ihrem gotischen, 1614 erneuerten Chor. Ob hier, wie die wesentlich jüngere Eiderstedter Chronik vermerkt, 1113 zuvor eine Kapelle vorausging, ist nicht nachgewiesen.

Von Helmfleth aus folgen wir dem St.-Johannis-Koog-Ring. Vorbei an Hofwarften führt die Straße mal auf, mal neben dem Deich. Dieser wies – wie zwei Deichschnitte belegen – im 12. Jahrhundert eine wallförmige Form und eine Breite von 6 m sowie eine Kronenhöhe von NN +1,50 auf. Der Sommerdeich schützte die Ackerfelder und die Wirtschaftsfluren der Siedler, deren Warften in dieser Zeit etwa 3 m hoch waren. Im 14. Jahrhundert wurde der Deich verbreitert und ebenso wie die Warften erhöht. Nun besaß dieser, der bis zur Eindeichung des Heverkooges (1445) und Holmkooges (1456) hier den Seedeich bildete, eine Breite von etwa 11 m und eine Höhe von etwa NN +3 m. Während der seeseitige Deichfuß mit 1:6 flach auslief, war die Krone mit 1:2,5 steiler geböscht. Die Neigungen wurden wohl in etwa beibehalten, als man den Deich wohl noch vor der Gewinnung des Heverkooges um 1445 auf etwa NN + 3,50 m erhöhte und auf 15 m verbreiterte.

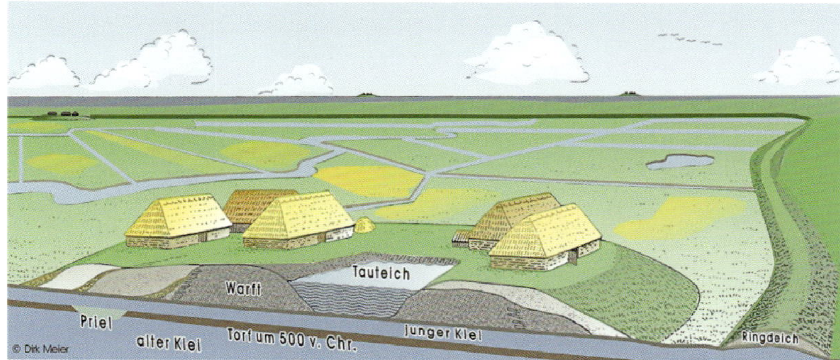

Rekonstruktion der Warft Hundorf, St.-Johannis-Koog. Foto: Dirk Meier

Warft Helmfleth mit Tauteich, St. Johannis Koog, alten Blockfluren und Wölbäckern. Foto: Walter Raabe

Ringdeich des St.-Johannis-Kooges mit Blockfluren (oben rechts), Holmkoog im Vordergrund mit Fallstief und Heverkoog im Hintergrund. Foto: Walter Raabe

Als die *Fallsteiche* Osterhevers und Poppenbülls infolge der spätmittelalterlichen Sturmfluten starke Schäden aufwiesen, entschlossen sich die angrenzenden Kirchspiele nach der schweren Allerheiligenflut von 1436 zur Bedeichung des Tiefs ein Jahr später, was erst nach Streitigkeiten mit dem Heverkoog (um 1438/45) und Holmkoog (1456) gelang. Damit wurde auch die Insel Westerhever an Everschop angeschlossen.

Am Ende des St. Johannis-Koog-Ringes, der uns um den halben Koog geführt hat, folgen wir dem Möhlendiek nach Norden Richtung Osterhever. Auf der linken Seite liegt der um 1445 eingedeichte Heverkoog, auf der rechten Seite sehen wir den Deich des Mimhusen Kooges und später des Osterhever Kooges, deren Deiche zum Fallstief hin aus dem Hochmittelalter stammen und später erhöht wurden.

ALT-AUGUSTENKOOG

Nördlich von Osterhever führt der Kömdiek des Alt-Augustenkooges nach Westerhever. Zwischen Wester- und Osterhever erstreckte sich nach der Bedeichung des Fallstiefs durch Hever- und Holmkoog um die Mitte des 15. Jahrhunderts nach Norden hin noch eine Bucht mit Vorland, das 1611 trotz einheimischer Proteste unter der Leitung des herzoglichen Generaldeichgrafen Rollwagen bedeicht wurde und den Namen der Herzogin erhielt. Der Deich mit seiner etwa 1:4 geböschten See-

Blick über den Mimhusenkoog bei hohem Binnenwasserstand nach Norden Richtung Osterhever. Foto: Dirk Meier

seite brach jedoch schon in der Burchardiflut von 1634, was eine Erhöhung auf ca. NN +4 m nach sich zog. An den Alt-Augustenkoog anschießend wurde 1698/99 der Neu-Augustenkoog gewonnen. Dessen nach der Sturmflut von 1825 erneuerter Deich blieb bis zur Eindeichung des Norderheverkooges 1938 Seedeich. In beiden Kögen dokumentieren in Reihen liegende Haubarge das historische Siedlungsbild der planvollen Eindeichung, die keine Rücksicht mehr auf den Naturraum nimmt. 1701 umfasste der Koog sieben Haubarge und ein weiteres Haus, 1854 sechs Höfe und eine Windmühle. Am Westhof wurde u. a. ein glasierter Schüsselrest mit der Jahresangabe „1640“ gefunden.

WESTERHEVER

Am Ende des Kömdieks erreichen wir den spätmittelalterlichen Deich der ehemaligen Insel Westerhever. Als ältestes Teilstück der Bedeichung ist nur im Osten der Insel der Heerstraßendeich erhalten, an den der jüngere Osterkoog anschließt, dessen Deich wir nach Süden folgen. Da nach dem Landgeldverzeichnis des Schleswiger Bischofs für Westerhever zwischen 1463 und 1509 eine Landzunahme verzeichnet wird, entstand der Osterkoog wohl in dieser Zeit. Westerhever lag im Mittelalter getrennt durch die Tümlauer Bucht nördlich der größeren Insel Utholm mit den Kirchorten Tating, Ording und St. Peter. Beide Inseln werden als

Der schnurgerade Deich des Alt-Augustenkooges von 1610 mit Blick auf Westerhever. Foto: Dirk Meier

Haubarg im Neu-augustenkoog. Foto: Dirk Meier

Westerhever mit Warften und Deichen

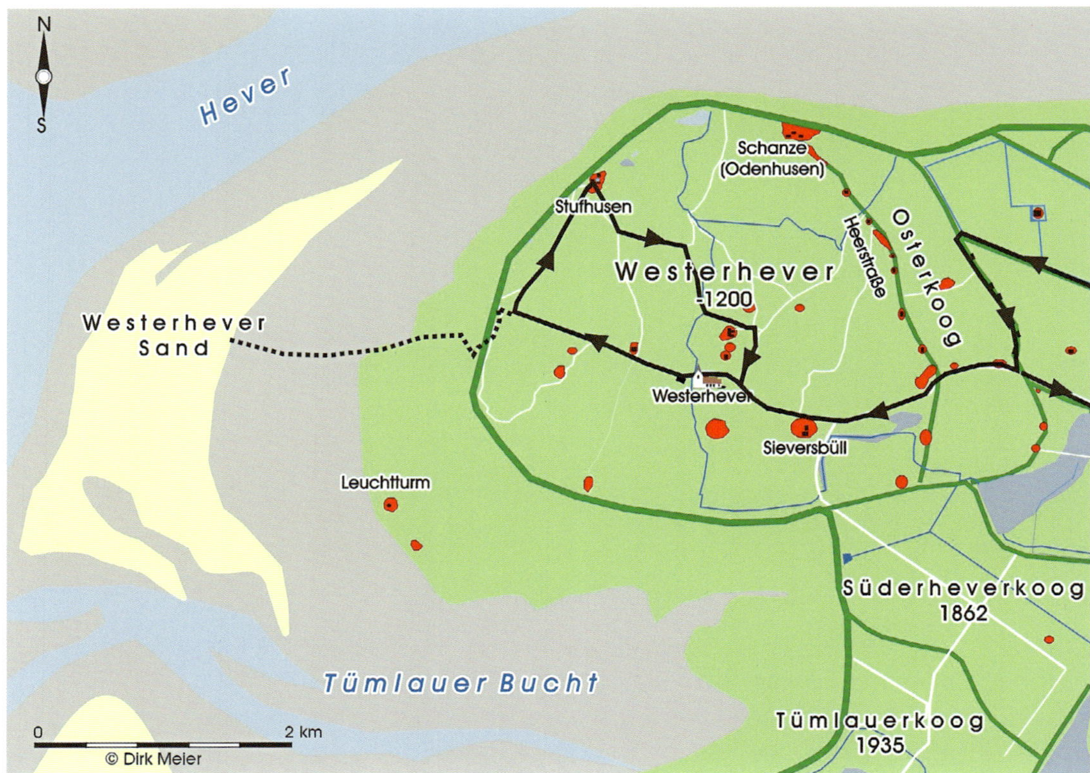

Haefrae im Erdbuch Waldemars II. von 1231 erwähnt. Den Bestand Westerhevers bedrohten wiederholt Sturmfluten, die zu Landverlusten im Süden, Westen und Norden führten. In der von kleineren Prielen durchzogenen Seemarsch der Insel waren seit dem 12. Jahrhunderte mehrere Groß- und kleinere Hofwarften entstanden, deren blockförmige Wirtschaftsflur ein umfassender Deich schützte. Parallel erfolgte vermutlich eine erste Kirchengründung in der ersten Hälfte des 12. Jahrhunderts, spätestens jedoch um 1200. Die älteste Bedeichung der Insel zerstörte die Zweite Marcellusflut von 1362. Vermutlich ging auch die erste Kirche unter, die danach auf einer hohen Warft an der heutigen Stelle neu erbaut wurde.

Blick über das Vorland auf den Westerhever Leuchtturm, die Tümlauer Bucht, den Sand von Ording und den Westerhever Sand. Foto: Dirk Meier

Wir erreichen St. Stephanus, wenn wir vom Osterdeich nach rechts abbiegen. Das ursprüngliche Kirchenschiff wurde 1804 abgetragen und etwas kleiner neu erbaut. Der Turm stammt etwa aus der Zeit um 1370, während die ältere Sandsteintaufe des 12. Jahrhunderts vielleicht von der Vorgängerkirche übernommen wurde. Über dieser hängt ein Taufengel von 1815. Die erst in den 1960er Jahren verlegte Kanzel aus der späten Renaissance befand sich ursprünglich über dem Altar an der Ostwand. Das Altarbild ist eine neuzeitliche Kopie der Heiligen Familie des flämischen Künstlers Anthonis van Dyck und stammt von Jacob Alberts, dessen Grab sich an der Südseite der Kirche befindet.

Vom Parkplatz weiter westlich der Kirche lässt sich durch das Vorland mit seinen Salzwiesen eine Wattwanderung zum Westerhever Sand unternehmen. Das Panorama vom Seedeich reicht bei guter Sicht über das Vorland, das Wattenmeer, den Sand von St. Peter-Ording, die Tümlauer Bucht, den Westerhever Sand, den Süderoog Sand mit der Barke, Pellworm mit der Alten Kirche sowie bis zu den Halligen Süderoog und Südfall. Der 35 m hohe Westerhever Leuchtturm wurde auf einer Warft im Vorland 1907 errichtet. Als höchster an der schleswig-holsteinischen Nordseeküste markiert dieser die Einfahrt in die Hever nach Husum und in die Norderhever nach Pellworm.

Die Kirche von Westerhever. Foto: Dirk Meier

Zurück kann man von hier über einen landwirtschaftlichen Nebenweg am Seedeich bis zur Großwarft Stufhusen gelangen, auf der noch ein Haubarg sowie mehrere alte Reetdachkaten stehen. Der Wasserversorgung dieser im Kern hochmittelalterlichen Warft diente ein runder Fething. Nordöstlich und südwestlich der Großwarft liegen mehrere große Wehlen. Vom Seedeich hat man hier einen schönen Blick auf das südliche nordfriesische Wattenmeer zum Süderoog Sand mit seiner Barke, zu den Inseln Pellworm mit der Alten Kirche und

Seedeich von Westerhever mit der Warft Stufhusen. Foto: Dirk Meier

Nordstrand sowie zu den Halligen Süderoog und Südfall. Die heutigen Halligen sind oberhalb von Sedimenten aufgewachsen, die nach der Zweiten Marcellusflut von 1362 das untergegangene, im Hochmittelalter kultivierte Kulturland bedeckten. Im Gebiet von Hallig Südfall sind seit den 1920er Jahren Kulturspuren in Form eines Deiches, zweier Siele, alter Gräben und in Reihen angelegter Warften dokumentiert worden, die man mit dem untergegangenen Rungholt verbindet. Vorstoßende Prielströme, wie die Norderhever, zerrissen hier das mittelalterliche Kulturland und bedeckten es mit Wattsedimenten.

Von Stufhusen aus führen Plattenwege wieder zum Ort Westerhever, von wo aus wir an der im Kern ebenfalls hochmittelalterlichen Warft Sieversbüll mit ihrem zerstörten Tauteich vorbei die Westerhever Straße entlang des Deiches des Heverkooges fahren. Am Ende des Weges geht es links nach Osterhever.

OSTERHEVER UND MARSCHKOOG

In Osterhever fahren wir nach rechts in die Dörpstraat und kommen an der Kirche vorbei. Wie der Kirchort Poppenbüttel im St.-Johan-

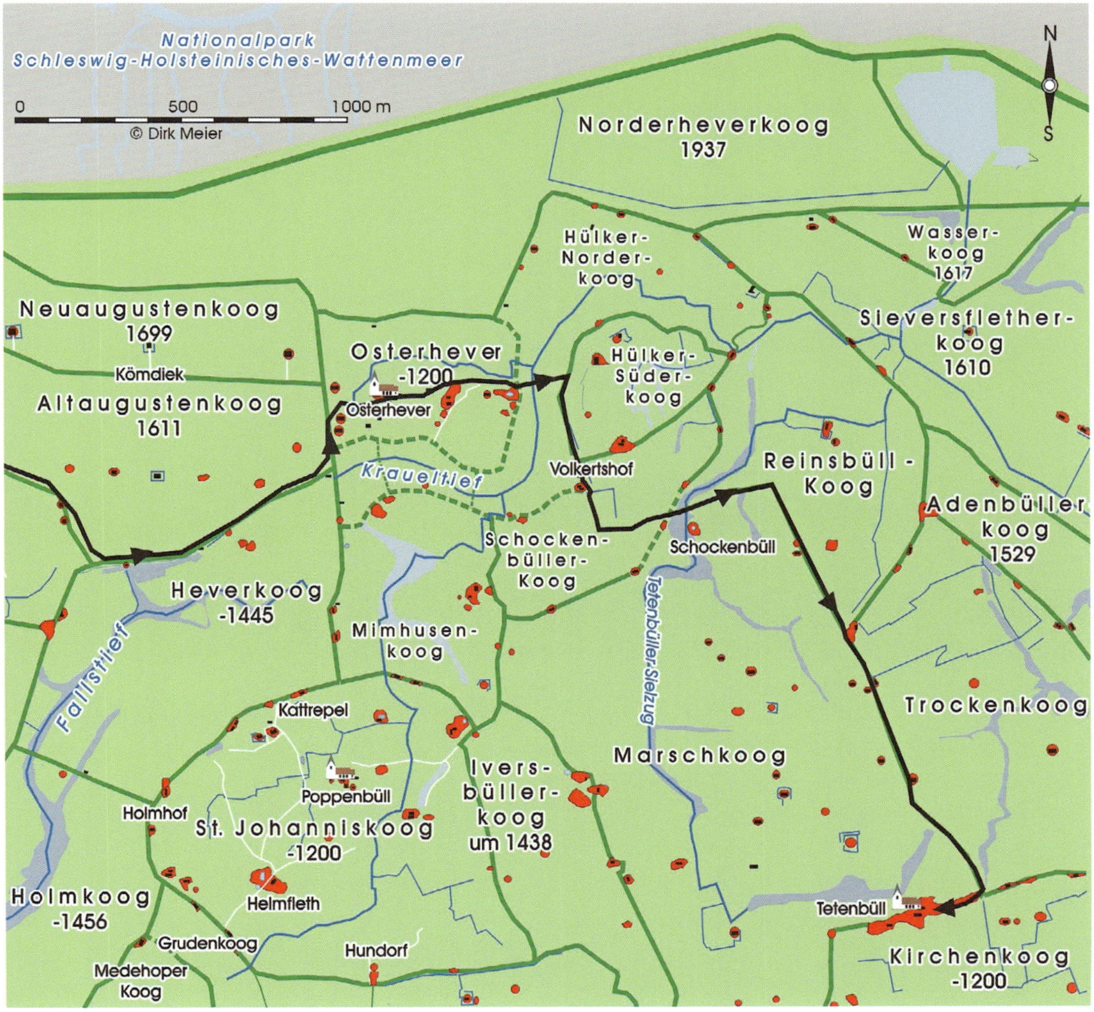

Nordwestliches Eiderstedt mit Warften und Kögen

nis-Koog weiter südlich, so bildete auch Osterhever im 12. Jahrhundert einen eigenen Kleinkoog mit mehreren Großwarften und der Kirchwarft. Im späten Mittelalter verlor das Kirchspiel in Folge von Sturmfluten Land im Norden und Westen, während nach Süden hin durch die Bedeichung des Krauteltiefs eine Landverbindung mit dem Mimhusenkoog hergestellt wurde. Osterhever ist in dem seit dem 15. Jahrhundert schriftlich fixierten *Chronicon*

Blick auf die Warft Schockenbüll mit Reetfleth. Foto: Dirk Meier

Eiderostadense vulgare, der Gemeinen Eiderstedter Chronik, zusammen mit anderen Eiderstedter Kirchspielen erstmals 1103 erwähnt. Die kleine, auf einer Warft liegende romanische Kirche stammt wohl aus der ersten Hälfte des 13. Jahrhunderts. Vom ursprünglichen Bau besteht noch an der Nordwand und im Chor jeweils ein Fenster. Der Altarraum erhielt 1565 eine Apsis. Später kamen weitere bauliche Erweiterungen hinzu. Der Dachreiter ist von 1908. Der auf einem älteren Altarblock stehende Schnitzaltar der Kirche ist von 1520 und zeigt Christus auf der Rast. In das 16. Jahrhundert gehört auch die Holzmadonna auf der Mondsichel. Ein alter Taufstein wurde wohl 1822 durch einen Taufengel ersetzt. Die Abendmahlsbänke stammen von 1753. Von der Kirche aus durchqueren wir den kleinen Ort und kommen an zwei im Kern hochmittelalterlichen Warften vorbei.

Nach wenigen Kilometern biegen wir rechts in den Schockenbüller Weg ab und dann wieder nach rechts in den Rothörner Weg, wobei wir den Tetenbüller Sielzug überqueren. Dieser folgt einem alten Priel (Reetfleth), an dem die Warft Schockenbüll liegt. Diese ist älter als der

Der Deich des Marschkooges. Foto: Dirk Meier

Blick auf Osterhever.
Foto: Dirk Meier

im späten Mittelalter eingedeichte Marschkoog, dessen nördlichem Deich wir bis zum Ende der Straße folgen. Vor dieser Eindeichung existierten hier wohl kleinere Köge, die infolge spätmittelalterlicher Sturmfluten zerstört wurden. Nach 1362 erstreckte sich hier zwischen Osterhever und dem Iversbüller Koog im Westen, Tetenbüll im Süden und Uelvesbüll im Nordosten die Offenbüller Bucht. Hier gingen nach dem Verzeichnis des Schleswiger Bischofs Brun 1362 in der Zweiten Marcellusflut mehrere Kirchen unter. Die Bedeichung der Bucht erfolgte mit mehreren kleinen Kögen von ihren Rändern her und war 1610 mit dem Sieversbüller Koog und dem Wasserkoog von 1617 abgeschlossen.

TETENBÜLL

Am Ende der Straße, entlang des Marschkoogdeiches fahren, geht es rechts nach Tetenbüll. Hier erreichen wir den mittelalterlichen Deich, der die Tönninger Harde und den südlichen Teil der Everschoper Harde nach Norden hin schützte. Nach dem *Chronicon Eirderostadense vulgare* soll in Tetenbüll eine erste Kapelle 1113 entstanden sein, doch reicht der heutige Bau der großen Backsteinkirche auf der über NN +4 m hohen Kirchwarft (Deichwarft) nur bis in das 15. Jahrhundert zurück. Der Westturm wurde um 1491 errichtet. Große Stützpfeiler sichern die Kirche. Der ursprünglich spätgotische Chor wurde 1651 neu erbaut. Der Ort brannte größtenteils 1762 ab, nördlich des Friedhofes an der Dorfstraße stehen noch einige ältere Häuser. Bemerkenswert ist auch ein alter Kaufmannsladen (Haus Peters).

OLDENSWORT UND HOYERSWORT

Von Tetenbüll aus fahren wir auf dem Osterkoogsdeich des Tetenbüller Osterkooges und dem Rethdeich des um 1470 eingedeichten Osteroffenbüllkooges entlang des Südrandes der ehemaligen Offenbüller Bucht bis zum Ende der Straße und kommen über Hochbrücksiel nach Oldenswort.

Nach dem *Chronicon Eirderostadense vulgare* brannte angeblich der dänische König Abel bei seinem Feldzug gegen die Eiderstedter Friesen 1245 eine ältere Kapelle in Oldenswort ab. Die heutige Kirche mit dem spätromanischen Backsteinschiff und den kurzen Kreuzarmen stammt in ihren ältesten Teilen wohl aus dem 13. Jahrhundert. Diese zerstörten bei einem Feldzug von 1415 die Dithmarscher teilweise, und sie raubten deren Schätze. Nach 1416 wurde der neue Bau wieder geweiht und

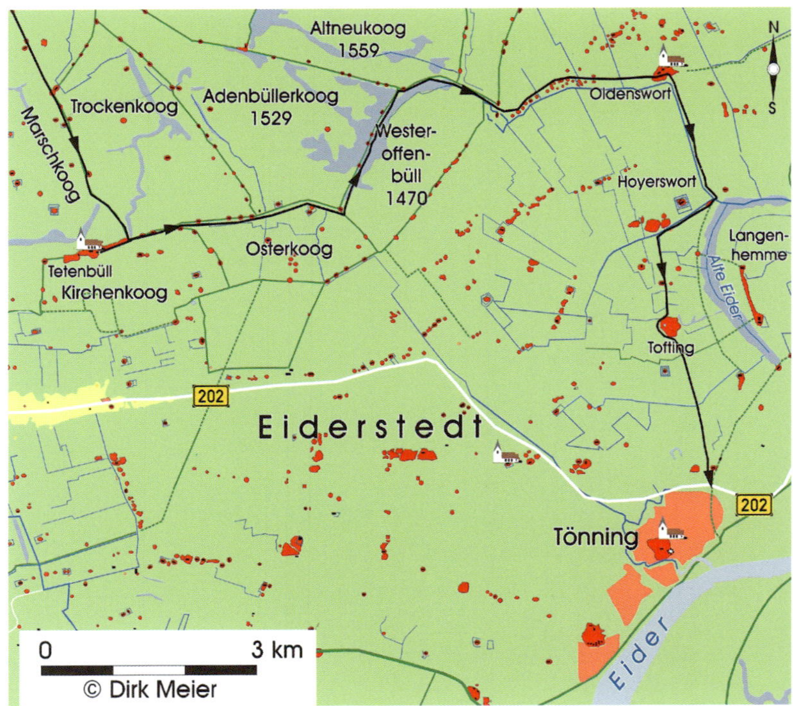

Exkursionsroute von Tetenbüll nach Tönning

Treppenturm des Herrenhauses von Hoyerswort. Foto: Dirk Meier

ab 1465 mehrfach erweitert und umgebaut. Der Westturm ist erst nach 1495 errichtet worden, sein neuromanischer Oberteil wurde 1860–63 hinzugefügt. Die Verwendung von Tuffstein unterstreicht den Reichtum des Kirchspiels. Langgestreckte Marschhufensiedlungen in Form kleiner Hofwarfen mit anschließenden Streifenfluren kennzeichnen hier das nach der Bedeichung der Tönninger und südlichen Everschoper Harde urbar gemachte Moorgebiet.

In Oldenswort folgen wir der Harbleker Chaussee nach Süden Richtung Tönning, biegen aber vorher in die Kotzenbüller Chaussee ab, um einen Halt am Herrenhaus Hoyerswort einzulegen. Dessen Erbauer ist Caspar Hoyer (1540–1594), der 1563 Rat des Herzogs Adolf von Schleswig-Holstein-Gottorf war und von ihm 1564 ein Grundstück von 200 ha Größe erhielt. Auf diesem errichtete Hoyer um 1580 ein Herrenhaus, das 1587 alle Rechte eines Ritterguts erhielt. Das Haupthaus dürfte spätestens mit Hoyers Tod 1594 oder einige Jahre vorher (1590) vollendet gewesen sein. Es handelt sich um einen zweigeschossigen, weiß getünchten Backsteinbau im Renaissance Stil mit einem Treppenturm, steilen Dächern und Firstschornsteinen. Den im Grundriss L-förmigen Bau mit dem wohl später verschobenen Hauptportal (Maueranker 1564) umgibt ein doppelter Wassergraben. Charakteristisch für den Bau sind die beiden gestuften Schweifgiebel. Eine Sandsteintafel im Treppenturm erinnert an Joachim Danckwerth und seine Frau Clara Lüthen. Der Westflügel wurde vermutlich 1587, der zweigeschossige Südflügel im 16./17. Jahrhundert erbaut. Im Hauptbau befindet sich ein über beide Geschosse reichender großer Saal, der 1620/25 ältere Räume ersetzte. Im Westen des Südflügels liegen die alte Küche und die Räucherkammer. Nördlich des Herrenhauses steht eine Haubargscheune mit einem Maueranker von 1704, die 1779 von Langenhemme hierher versetzt wurde. Der 580 m² große Bau weist mit seinen sechs Ständern eine Firsthöhe von etwa 13 m auf. Haubarg und Herrenhaus sind seit 2011 öffentlich zugänglich, als der Keramiker Alfred Jordy das Anwesen erwarb und hier eine Keramikwerkstatt und ein Café einrichtete.

TOFTING

Von Hoyerswort folgen wir der Straße nach Kotzenbüll, biegen aber schon kurz hinter dem Gut nach links in den Nebenweg Tofting ab. Dieser führt uns nach der gleichnamigen etwa NN +5 m hohen Warft. Hier führte Albert Bantelmann von 1949 bis 1952 Ausgrabungen durch. Danach entstand hier auf dem NN +1,40 bis +1,50 m hohen Uferwall einer alten Eiderschleife im 2. Jahrhundert n. Chr. eine Flachsiedlung mit mehreren Wohnplätzen, die im Laufe des 3. Jahrhunderts erhöht und bis in das 5. Jahrhundert weiter mit Mist und Klei aufgetragen und vergrößert wurde. Hatte sich im 3. Jahrhundert die Besiedlung noch auf einzelne Hofwarften mit Wohnstallhäusern beschränkt, wurden allmählich die tiefergelegenen Stellen zwischen den Erhöhungen mit mächtigen Mistablagerungen ausgefüllt, sodass sich im 4./5. Jahrhundert n. Chr. eine Dorfwarft herausbildete. Die Siedlungshöhe des 5. Jahrhunderts n. Chr. lag bei etwa NN +4,12 m. Die einzelnen Wohnplätze begrenzten zunächst Gräben, später Zäune. Die Wirtschaft beruhte auf extensiver Viehhaltung in den Seemarschen; auf den höchsten Teilen des Uferwalles wurde aber auch saisonaler Anbau von Getreide betrieben. Die pollenanalytischen Untersuchungen zeigen, dass um Chr. Geb. der Einfluss des Salzwassers im näheren Bereich der Siedlung stark in den Hintergrund trat, jedoch seit dem 3. Jahrhundert wieder zunahm.

Auf der gegenüberliegenden Seite der alten Eiderschleife liegt die etwa 50 m breite und 800 m lange Warft Langenhemme. Folgt man der 1636 verfassten Chronik von Peter Sax, wurde hier angeblich 1252 ein Damm über die alte Eider geschlagen. Die heutige Langwarft wuchs aus mehreren Hofwarften zusammen, die kurz vor der Mitte des 12. Jahrhunderts entstanden. Die flacheren Siedlungsstellen sicherte vermutlich ein ca. 1 m hoher Deich. Ursprünglich gehörte die Langenhemme zu Dithmarschen und kam erst mit der Änderung des Eiderverlaufs zu Eiderstedt.

Wenn wir von Tofting aus dem landwirtschaftlichen Nebenweg folgen, kommen wir wieder nach Tönning.

Warft Tofting.
Foto: Walter Raabe

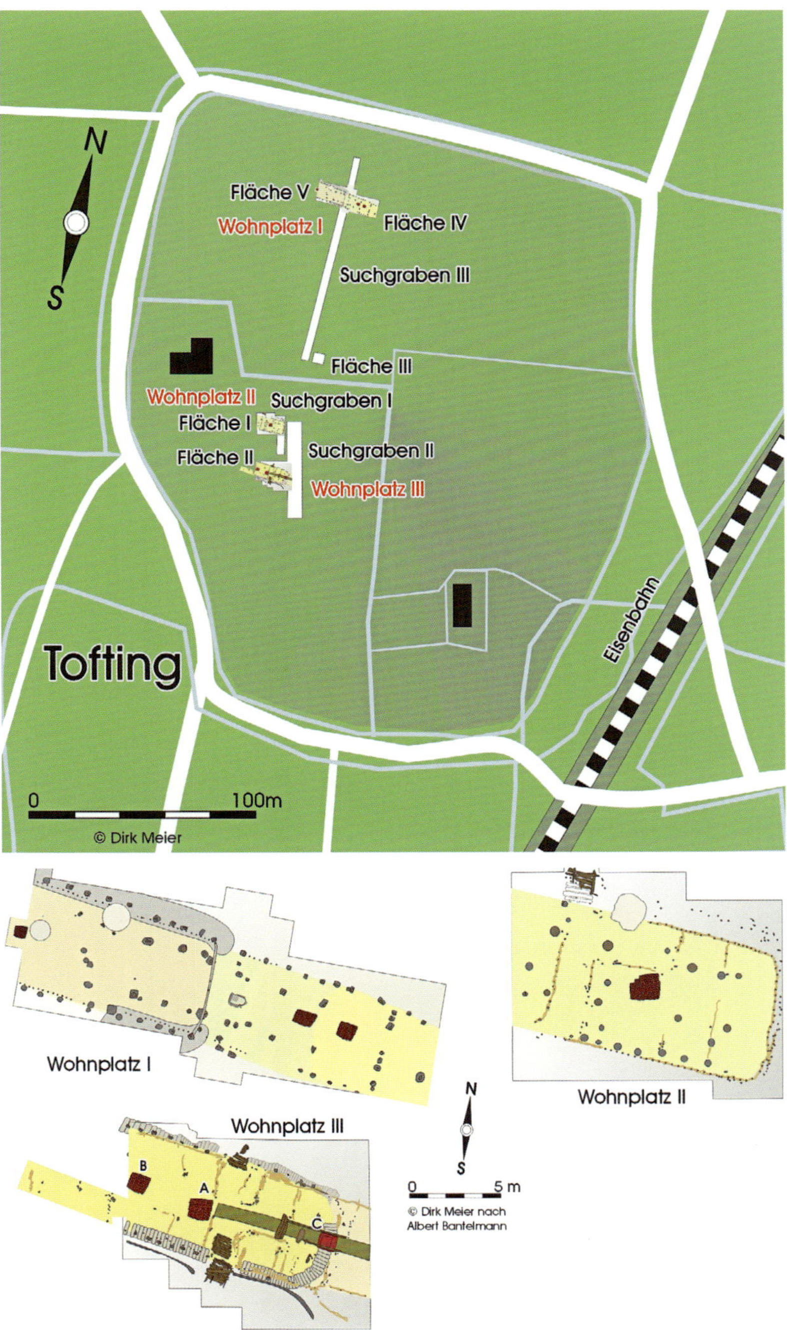

Ausgrabung von Tofting mit Lage der Wohnplätze aus der römischen Kaiserzeit

DITHMARSCHER NORDERMARSCH

Heide – Stellerburg – Weißes Moor –
Tiebensee und Haferwisch –
Wellinghusen – Hassenbüttel –
Wesselburen – Hedwigenkoog –
Büsum

HEIDE

Die Gründung von Heide in Dithmarschen geht darauf zurück, dass sich hier 1434 die Vertreter der nördlichen Kirchspiele des Landes, das nur formal dem Bremer Erzbistum unterstand, ansonsten aber unabhängig war, trafen. Ein Grund war, dass die acht Kirchspiele Wöhrden, Weddingstedt, Hemmingstedt, Neuenkirchen, Lunden, Tellingstedt, Albersdorf und Nordhastedt mit der Hansestadt Hamburg friedlichen Handel treiben wollten. So kamen deren Abgeordnete ohne das verfeindete Meldorf und die Kirchspiele Süderdithmarschens an einem zentral auf der Heide gelegenen Ort zusammen. Schon bald danach wurde hier ein Marktplatz abgesteckt. Bereits 1438 ist die St.-Jürgen-Kirche bezeugt. Inzwischen (1435)

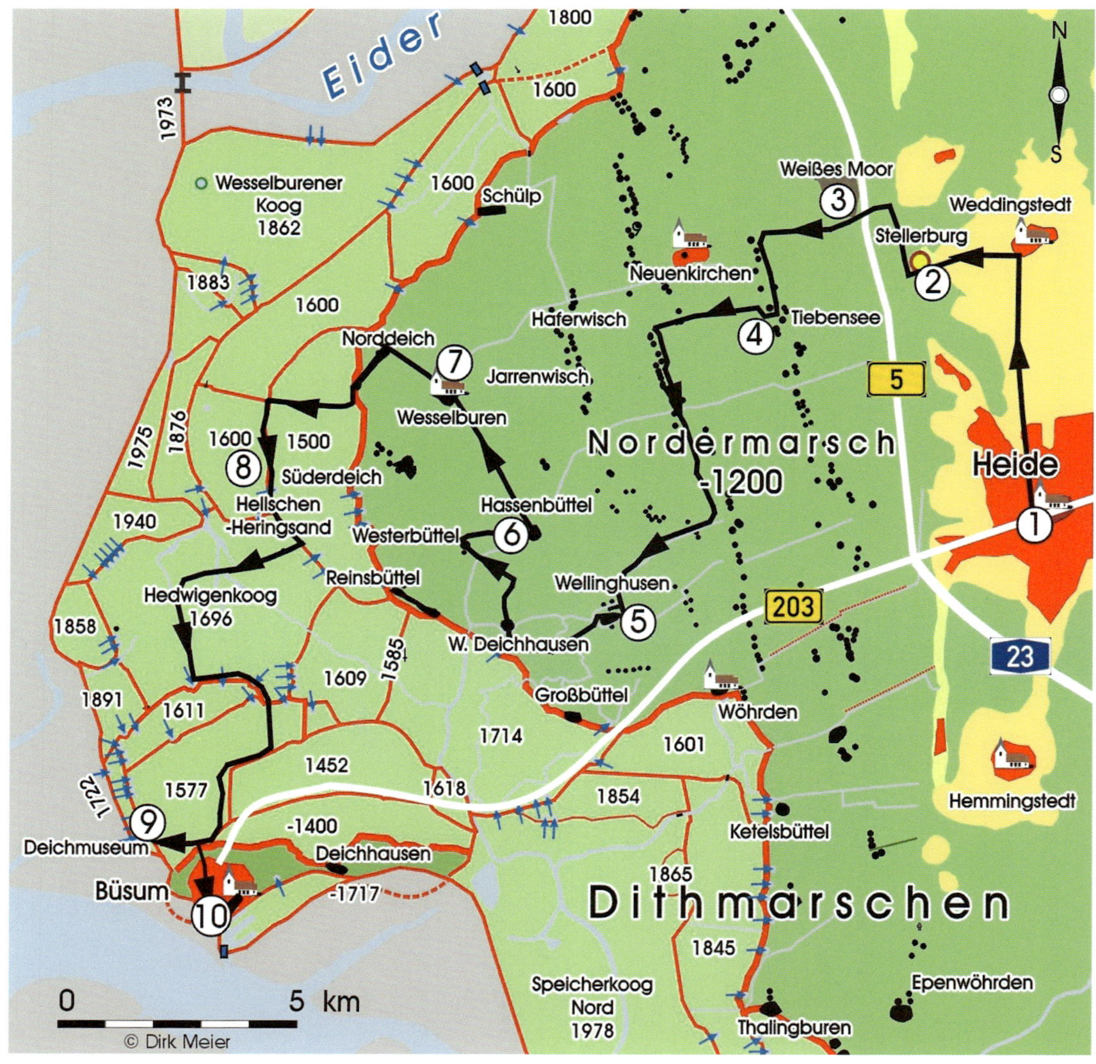

Exkursionsroute: 1 Heide, 2 Stellerburg, 3 Weißes Moor, 4 Tiebensee, 5 Wellinghusen, 6 Hassenbüttel, 7 Wesselburen, 8 Deich des Olden Feldes bei Hellschen-Heringsand, 9 Büsumer Deichmuseum, 10 Büsum

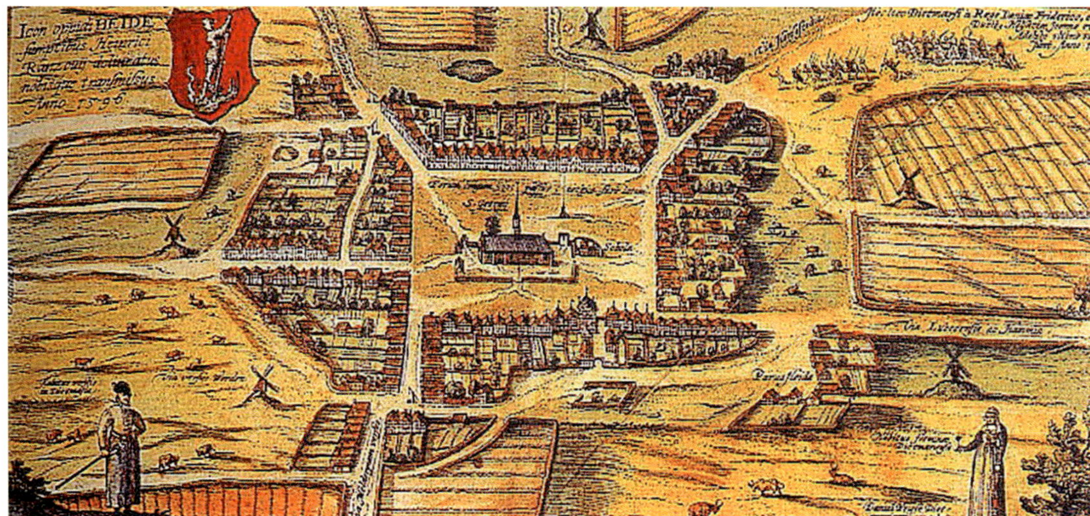

Die älteste Ansicht Heides von Daniel Freese im Städteatlas von Braun-Hogenberg von 1598

war Meldorf wieder dem Bund der acht nördlichen Kirchspiele beigetreten. Mit dem Landrecht von 1447, wodurch der politisch wirkende Bauernstaat nun durch die Institution der 48 Verweser (1477), später Regenten und Herren (1510) der Landesversammlung *(universitas)* vertreten wurde, beruhigten sich die inneren Spannungen. Die Achtundvierziger entwickelten sich nun zum Zentralgremium des Landes, das wöchentlich am Samstag auf dem Heider Marktplatz tagte. Diese Verfassung bestand bis zur Eroberung Dithmarschens 1559. Danach erhielten Herzog Adolf I. von Schleswig-Holstein-Gottorf den nördlichen, sein Bruder Herzog Johann von Schleswig-Holstein-Hadersleben den mittleren und König Friedrich II. den südlichen Teil. Nach dem Tod Johanns 1581 fiel dessen Gebiet an den Gottorfer Herzog und den dänischen König.

STELLERBURG

Vom Heider Marktplatz aus folgen wir der Husumer Straße nach Norden Richtung Lunden und Friedrichstadt. In Weddingstedt führt eine Straße links nach Wesselburen. Wir fahren den flachen Abhang der Geest hinab und biegen dann nach rechts zur Stellerburg ab. Dieser auf einem Geestsporn liegende, frühmittelalterliche Ringwall sperrte ursprünglich den nördlichen Zugangsweg von der Eider über die Lundener Nehrung in das Landesinnere. Der aus Heideplaggen und Erdsoden errichtete Ringwall wies ebenso wie die Tore mehrere Bauphasen mit dazwischen nachweisbaren Brandspuren auf. Ein mindestens einmal erneuerter Bohlenweg führte durch das Nordtor zur Burg und zum Osttor wieder hinaus. An dem Weg standen um einen Platz mehrere kleine in Stab-, Bohlen- und Bretterbauweise errichtete Häuser. Die nachträglich ermittelten Fälldaten deuten in die Zeit der zweiten Hälfte des 8. und des frühen 9. Jahrhunderts. Möglicherweise ging der Burg eine Wegesperre voraus. Wie bei sächsischen Ringwallburgen üblich, lässt das spärliche Fundgut auf eine Besatzung in Gefahrenzeiten schließen.

Vom Ringwall aus haben wir einen guten Blick über die Dithmarscher Nordermarsch: Wir erkennen eine Baumreihe mit Höfen und einem Silo. Dieses ist Tiebensee, wo sich Sied-

Ausgrabungsbefunde der Stellerburg

Stellerburg. Blick nach Norden mit dem Tor vom Ringwall aus. Foto: Dirk Meier

lungen der römischen Kaiserzeit als auch kleinere Hofwurten des hohen- und späten Mittelalters befinden. Westlich der Stellerburg erstreckte sich im frühen Mittelalter ein ausgedehntes Hochmoor, das bis zur frühmittelalterlichen Seemarsch weit in den Westen reichte, bis dort, wo man am Horizont die Kirche von Wesselburen erblickt.

WEISSES MOOR

Anschließend folgen wir der Hauptstraße bis zu Ende und biegen dann nach rechts Richtung Neuenkirchen ab. Kurz hinter der Brücke über die B 5 geht rechts ein kleiner Nebenweg zum Weißen Moor, das seit 1979 unter Naturschutz steht. Dieses erreicht man nach einem kurzen Fußweg durch das Wäldchen. Das 55 ha große Weiße Moor ist das einzige noch erhaltene Hochmoor in der schleswig-holsteinischen Seemarsch und erhebt sich etwa 2,5 m hoch oberhalb der abgetorften Umgebung. Der noch vorhandene Rest besteht aus einer etwa 3 m mächtigen Weißtorfschicht über einem 50 cm dicken Niedermoor oberhalb der alten Marsch. Neben den für das Moorwachstum wichtigen Torfmoosen finden sich hier Glockenheide, Rosmarinheide, Moosbeere, Wollgras, Moorlilie und Sonnentau, während in den abgetorften Niedermoorbereichen Schilf, Rohrkolben, Flatterbinsen und Seggen wachsen.

Das Weiße Moor in Dithmarschen. Foto: Dirk Meier

Das Moor bildete sich seit der jüngeren römischen Kaiserzeit im 3. Jahrhundert n. Chr. und entstand dadurch, dass sich durch den Vorbau der alten Marsch nach Westen die natürlichen Entwässerungsbedingungen im Hinterland immer weiter verschlechterten. Unterhalb des Moores fanden sich Gefäßreste der römischen Kaiserzeit. Pflugspuren zufolge befand sich hier unter Torf ehemals Ackerland. Die Schilftorflagen an der Basis des Weißen Moores dokumentieren einen Anstieg des Grundwasserspiegels, der mit einem Meeresspiegelanstieg einhergeht. Auch unter einer weiter nördlich gelegenen spätmittelalterlichen Hofwurt bei Hemme befand sich der Rest eines zwischen 40 und 380 n. Chr. entstandenen Torfes. Torfreste sind auch östlich der Dorfwurt Wesselburener Deichhausen nachgewiesen, wo eine humose Tonschicht im Bereich eines alten Priels um 685–800 n. Chr. datiert wurde. Pollenanalytische Untersuchungen deuten hier ebenfalls auf Reste eines Hochmoores hin. Ein weiterer Torf unter einer hochmittelalterlichen Hofwurt in Poppenwurth bei Oesterwurth östlich von Wesselburen ergab mit 635–665 n. Chr. ein ähnliches Alter. Der unter der hochmittelalterlichen Dorfwurt Schülp erbohrte Schilftorf wies in die Zeit von 360–645 n. Chr. Bei Ausgrabungen auf einer Hofwurt in Jarrenwisch kam unter dem Kleiauftrag ein jüngerer Schilftorf der Zeit um 970–1160 n. Chr. zu Tage. Somit erstreckten sich bis zum frühen Mittelalter im Sietland der Dithmarscher Nordermarsch zunächst Niedermoore und später Hochmoore, die erst mit dem Landesausbau des 12. bis 14. Jahrhunderts durch Entwässerung beseitigt wurden.

Tiebensee mit Lage der untersuchten Wurt. Foto: Volker Arnold

TIEBENSEE UND HAFERWISCH

Vom Weißen Moor folgen wir der Straße weiter nach Neuenkirchen, wo wir nach Süden in die Blankenmoorer Straße abbiegen. In Tiebensee führt kurz vor dem Ortsausgang der Seeweg nach rechts. Hier halten wir etwa nach 100 m und schauen zurück. Im Norden liegt eine größere Wurt, auf der ein Neubau steht.

Wir sind hier im ältesten Bereich der Dithmarscher Seemarsch, die seit etwa 500 v. Chr. aus der Auflandung von Sanden und Tonen oberhalb des Mittleren Tidehochwassers aufwuchs und sich westlich des Geestrandes von Heide immer weiter ausdehnte. In den Zeiten, wo die Seemarschen noch dem natürlichen Wechselspiel stürmischerer und ruhigerer Perioden ausgesetzt waren, spielte deren Höhe eine wichtige Rolle für deren Besiedlung und Nutzung. Dabei ist die Pflanzengesellschaft der unbedeichten Salzwiesen abhängig von der Überflutungshäufigkeit und vom Salzgehalt des Bodens. Am tiefsten liegt – noch im Bereich der täglichen Tide – der Quellerrasen. Nach oben schließt sich die Andelwiese an, eine gute, aber noch regelmäßig überflutete Viehweide. Darüber folgt die nur im Winter überflutete Salzbinnenwiese. Auf deren höchsten Flächen war für die frühen Siedler der sommerliche Anbau von Kulturpflanzen und eine Heugewinnung möglich, während die tieferen Areale eine gute Viehweide bildeten. Die an den höchsten Stellen der Marsch wachsenden Röhrichte dienten der Schilfgewinnung für Futter-, Streu- und Bedachungszwecke.

Ein im Vergleich zu heute niedriger Meeres- und Sturmflutspiegel begünstigte dabei in der Dithmarscher Nordermarsch ebenso wie in anderen Regionen der festländischen Nordseemarschen um Christi Geburt die Anlage von

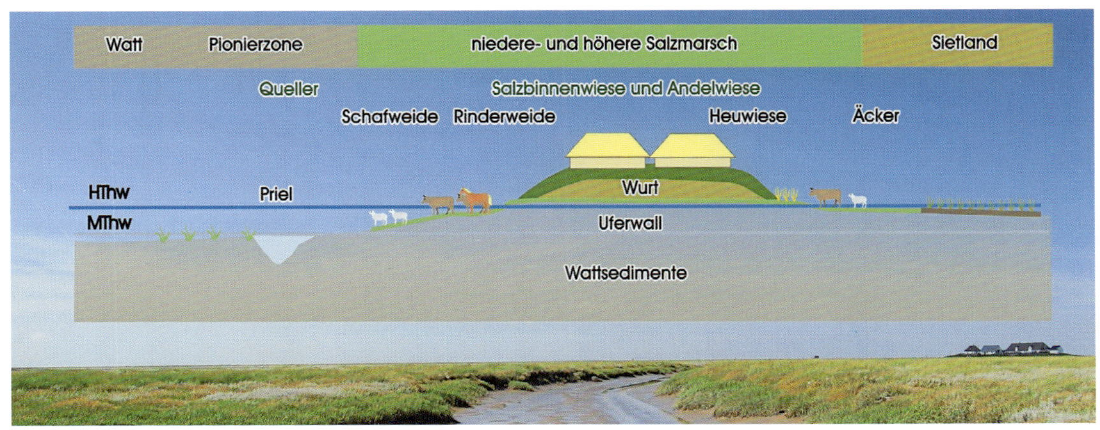

Vegetation und Wirtschaft einer Wurt in einer unbedeichten Seemarsch

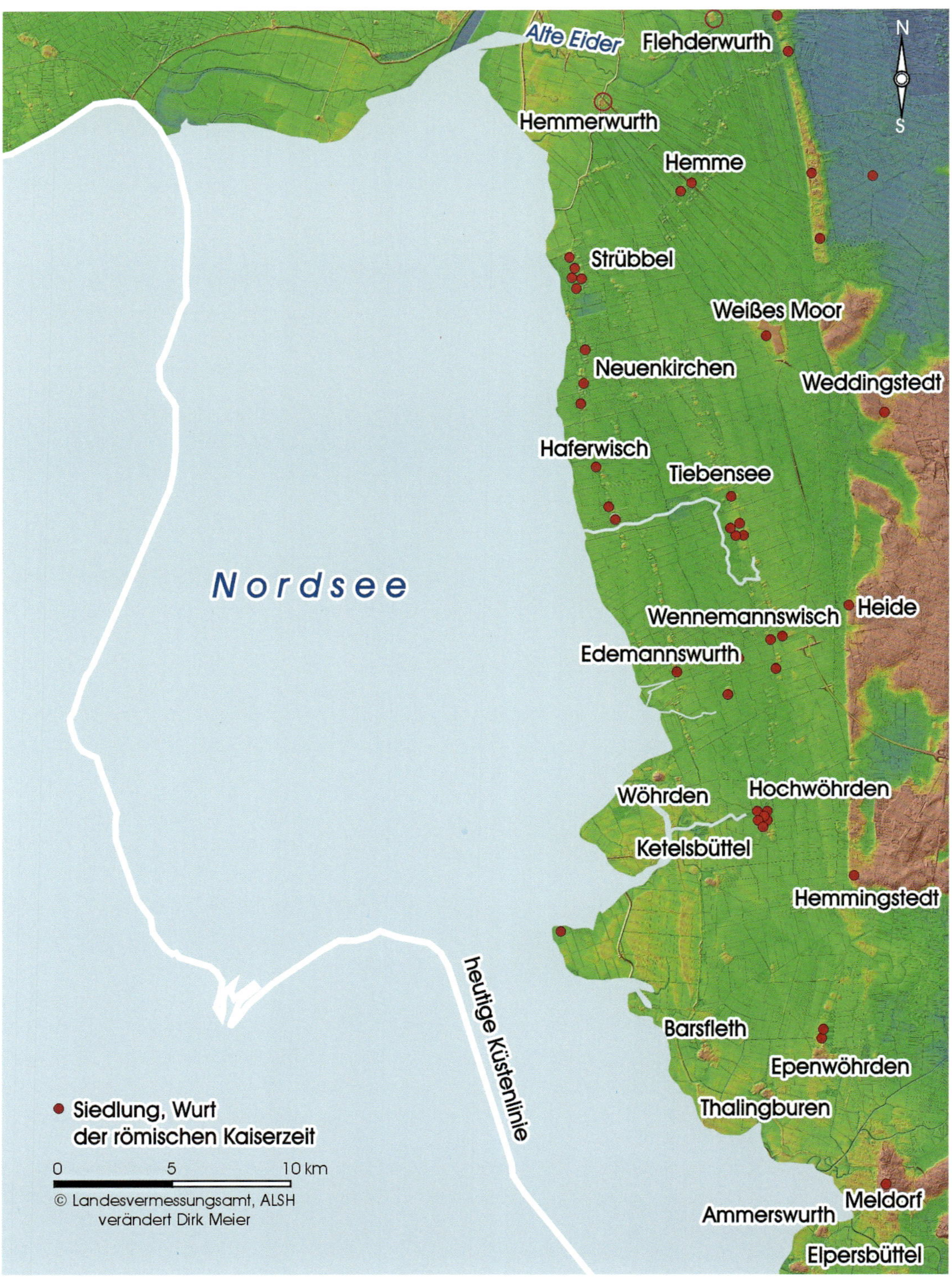

Marschensiedlungen der römischen Kaiserzeit und Küstenverlauf in Dithmarschen

Flachsiedlungen auf höher aufgelandeten Uferwällen. Zwischen Tiebensee im Norden und Wennemannswisch im Süden erstrecken sich auf einem Marschrücken nach Ausweis von Sammelfunden und kleinerer Ausgrabungen mehrere Siedlungen der älteren römischen Kaiserzeit.

Nach Bohrungen wurde 1991 die Wurt in Tiebensee für eine Ausgrabung ausgewählt. Unter deren Kern lag die Oberfläche der alten Marsch bei NN +1,30 m und fiel nach Westen auf NN +1 m ab. Darunter lagen sandige Sedimente des Uferwalles, während der tiefere Untergrund ab NN -1 m aus einem schluffigen

Wattsand mit Schilllagen bestand. Da die Marsch des Umlandes nicht höher liegt als unter der Wurt, kamen in jüngerer Zeit kaum noch Sedimente im Umkreis der Siedlung zur Ablagerung. In einer Entfernung von etwa 100 bis 130 m westlich der Wurt deuteten feinsandige Schluffe und tonige Sedimente auf einen später verlandeten Priel hin. Das hier freigelegte, etwa 5 m breite und 20 m lange Wohnstallhaus befand sich auf einem etwa 0,60 m hohen Sodenpodest. Im Osten des Hauses lag ehemals auf einem Höhenniveau von NN +1,50 m die Feuerstelle des Wohnbereichs, den eine Flechtwand vom Stall trennte. Nach dem Abbrand und der Planierung des Hauses wurde darüber ein etwas breiterer Nachfolgebau errichtet, dessen Kleisodenfußboden sich etwa bei NN +2 m befand. Nach dessen Abbrand entstand darüber vielleicht noch ein weiter nach Osten verschobenes Gebäude. Spätestens in dieser Siedlungsperiode war der Raum zwischen den Hofplätzen mit Mist, Schutt und Klei aufgefüllt worden. Zu dieser Phase gehörten ein bis zum Grundwasser reichender Sodenbrunnen mit einer Flechtwandröhre im unteren Bereich sowie zwei dicht beieinanderstehende Keramikbrennöfen eines Werkgeländes. Die Umwelt der Marschensiedlung prägten vom Süßwasser

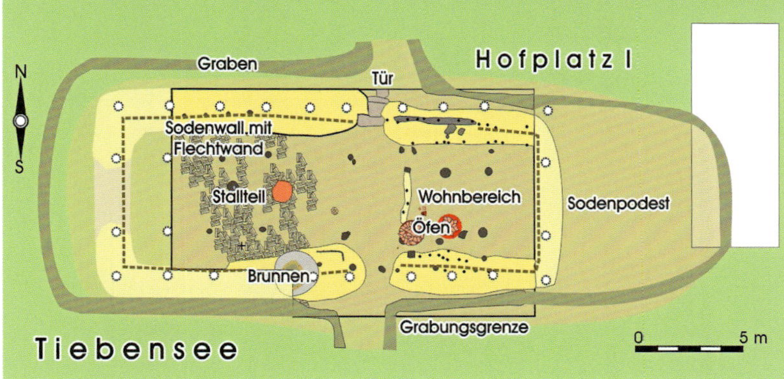

Flachsiedlung von Tiebensee auf einem Uferwall und Ausgrabungsbefund eines Wohnstallhauses des 1. Jahrhunderts n. Chr.

Haferwisch. Die untersuchte Wurt liegt unten rechts. Foto: Volker Arnold

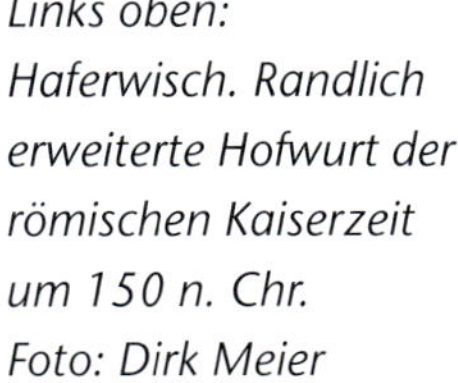

Links oben: Haferwisch. Randlich erweiterte Hofwurt der römischen Kaiserzeit um 150 n. Chr. Foto: Dirk Meier

Rechts oben: Haferwisch. Brunnen. Foto: Dirk Meier

Rechts: Haferwisch. Deponierung eines Hundes. Foto: Dirk Meier

beeinflusste Pflanzenarten. Zwar ließen sich keine Kulturpflanzenreste nachweisen, doch deuten Unkräuter auf Ackerbau auf dem höheren Marschrücken hin, während die niedere Salzmarsch des Umlandes als Weide diente.

Die Bewohner verließen ihre Hofplätze spätestens Ende des 2. Jahrhunderts, da eine zunehmende Vernässung des Sietlandes ihre Wirtschaftsflächen einengte, auf denen sich später Moore ausdehnten. Sie zogen wohl etwa 2 km weiter nach Westen, wo wir am Horizont eine Baumreihe und Hofstellen sehen. Hier liegen wiederum durch Ausgrabungen und Sammelfunde belegte Siedlungen der römischen Kaiserzeit. Eine größere Wurt wurde 1992/93 am nördlichen Rand von Haferwisch untersucht. Diese entstand hier seit der Mitte des 2. Jahrhunderts n. Chr. in einer niedrigen, nur NN +0,50 m hohen Seemarsch, die nicht einmal von sommerlichen Sturmfluten verschont blieb. Nur zeitweise dürfte der Anbau von Vierzeil-Spelzgerste und Leinen möglich gewesen sein. Aus den Siedlungsschichten der römischen Kaiserzeit stammen ferner Nachweise der Rispenhirse und des Roggens, die jedoch nicht zeittypisch sind und vermutlich von der Geest hierher gelangten.

Der Untergrund der Seemarsch besteht aus sandigen bis schluffigen Sedimenten mit Anwachsschichten im oberen Bereich. Zur ältesten Siedlungsphase gehören mehrere kleine Wurten. Am Randbereich der etwa 10 m breiten Hofwurt I verlief eine Reihe eingetiefter Spaltbohlen als Reste eines frühestens um oder nach 140 und spätestens um 168 n. Chr. errichteten Zauns, der beim weiteren Wurtenausbau abgebrochen und mit Klei überdeckt wurde. Auf der Wurt befand sich ein in west-östlicher Richtung errichtetes Wohnstallhaus, dessen Wohnbereich nach Ausweis zweier Scherbenpflaster auf einem Niveau von NN +1,73 m im Osten lag. Den westlichen Bereich der Hofwurt hatten spätere Sturmfluten zerstört. Danach wurde diese wohl bei der Neubesiedlung im Hochmittelalter wieder mit Klei aufgetragen. Nahe der Wurt lagen in den Untergrund eingelassene, mit Mist verfüllte Abfallgruben. Der Wasserversorgung für das Vieh und den Menschen in den ersten nachchristlichen Jahrhunderten dienten mehrere, teilweise kompliziert aufgebaute Wasserzisternen mit Ablaufgräben und bis in den Untergrund reichende Flechtwandbrunnen. Die Siedlung des 2./3. Jahrhunderts umgab ein später mit Mist und Klei verfüllter Graben. Dessen Aushub hatte man zu einem niedrigen Wall aufgeschichtet. In diesen eingetieft fand sich die Deponierung eines Hundes. Infolge der Verfüllung der Räume zwischen den Wurten mit Mist und Klei war im 3. Jahrhundert eine Gesamtwurt entstanden, die bis zum 4. Jahrhundert besiedelt blieb. Die jüngeren Wurtschichten, die ehemals eine Höhe von bis zu NN +2,50 m erreicht haben dürften, sind teilweise abgetragen. Das Keramikspektrum der Wurt umfasst einen Zeitraum von der Mitte des 2. bis an das Ende des 4. Jahrhunderts, darunter eine Scherbe einer römischen *Terra Sigillata*-Schüssel aus der zweiten Hälfte des 2. oder dem frühen 3. Jahrhundert n. Chr.

WELLINGHUSEN

Den Seeweg in Tiebensee folgen wir bis zur Straße Richtung Wesselburen. In Oesterwurth biegen wir nach links in die Straße Poppenwurth ab. Wir folgen dieser entlang einer Wurtenreihe nach Süden. Die größeren dieser Wurten dürften in der römischen Kaiserzeit entstanden sein, während die kleineren im Rahmen des hoch- und spätmittelalterlichen Landesausbaus mit den Endungen –wisch und einem Personennamen entstanden. In Edemannswisch biegen wir nach links in den Weg Poppenhusen ein und gelangen anschließend über die Schulstraße nach Wellinghusen. Am Ende der Straße biegen wir nach rechts auf die B 202 ab und gleich wieder links in den Weideweg.

Vor uns sehen wir die etwa 280 m lange, 180 m breite und bis NN +6,20 m hohe Dorfwurt Wellinghusen, die mit ihren Kuppen noch an die ehemaligen zusammengewachsenen Einzelhofwurten erinnert. Sie reicht bis in das frühe Mittelalter zurück. Die Landnahme sächsischer Siedlergruppen nahe der Nordsee im westlichen Teil der alten Marsch in Norderdithmarschen bedingte die damalige Umwelt. So erstreckten sich in dieser Zeit im binnenseitigen Gebiet bis zum Geestrand (Sietland) aus-

Blick auf die frühmittelalterliche Dorfwurt Wellinghusen. Foto: Dirk Meier

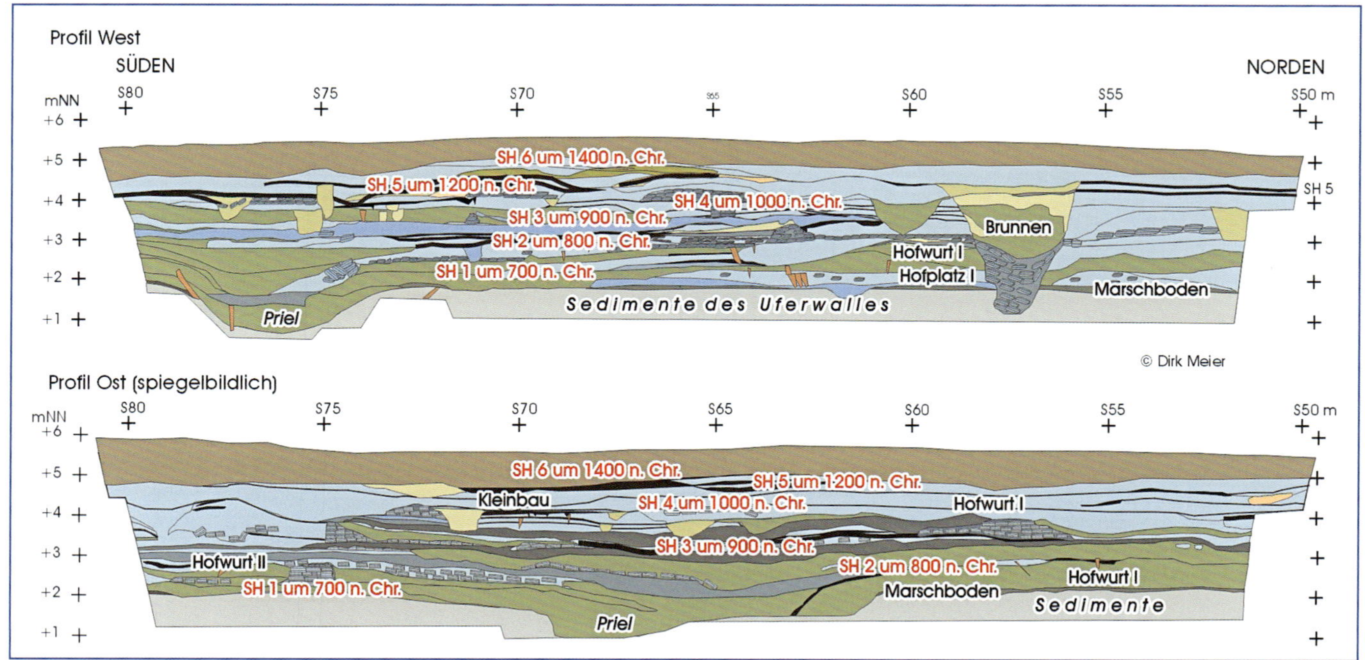

Wellinghusen. Profile West und Ost der Dorfwurt mit Siedlungshorizonten

gedehnte Moore. Gute wirtschaftliche Möglichkeiten für eine vor allem Viehhaltung betreibende Bevölkerung boten nur die jung aufgewachsenen, von Prielen durchzogenen Seemarschen.

In Wellinghusen schuf ein nach Radiokarbondatierungen um 555–660 n. Chr. mit Schilf bewachsener, von Prielen halbinselartig eingefasster, bis NN +1,80 m hoher Marschrücken gute Möglichkeiten zur Anlage erster Wohnplätze an einem kleinen Priel. Den paläobotanischen Untersuchungen nach war das umgebende nasse Schilfgrünland im 7./8. Jahrhundert n. Chr. nur schwach salzwasserbeeinflusst. Andererseits war die beweidete Salzmarsch mit Milchkraut, Schuppenmieren, Salzschwaden und Salz-Dreizack nicht weit. Auf den am höchsten gelegenen Flächen des Prieluferwalls war der Anbau von Vierzeil-Spelzgerste, Roggen, Hafer und Leinen möglich. Ferner ist Hasel belegt. Vorkommen von Heidelbeeren und Heide belegen Kontakte der Menschen zur Geest, von wo auch das Bauholz stammte. Paläobotanische Proben aus den ersten Wurtaufträgen des 9. Jahrhunderts deuten an, dass das umgebene Grünland nass und ausgesüßt bis stark salzwasserbeeinflusst war. Während der jüngeren Siedlungsphasen seit dem 10. Jahrhundert nahm der Salzwassereinfluss zu, was auf höher auflaufende Sturmfluten schließen lässt.

Die ersten hier auf dem bis NN +1,80 m hohen Uferwall angelegten Wohnstallhäuser (Siedlungshorizont 1), von denen das im Grabungsschnitt auf Hofplatz II errichtete in die Zeit um oder nach 691 n. Chr. weist, waren auf 0,20 m mächtigen Sodenpodesten erbaut. Das erfasste Gebäude mit seiner Flechtwerkwand mit eingearbeiteten Spaltbohlen lag südlich eines weiteren Hofplatzes (I) und war von diesem durch den erwähnten Priel getrennt. Nach Aufgabe der beiden Häuser erhöhten die Siedler ihre Hofplätze bis NN +3 m mit Mist und Klei und deckten diese mit Kleisoden ab (Siedlungshorizont 2). Diese Aufträge erfolgten frühestens um oder nach 764, bestehen aber sicherlich schon um 820 n Chr. (+14/-4 Jahre), wie die Fälldaten zweier Nebengebäude eines auf der Hofwurt I errichteten Wohnstallhauses andeuten, wobei eine sekundäre Verwendung der älteren Bohle nicht auszuschließen ist. Eine weitere Altersangabe von 785 n. Chr. stammt aus der in dieser Zeit errichteten oder erneuerten, aus parallelen Bohlen bestehenden Brücke, die den Priel überquerte. Im Zuge der Erweiterung beider Hofwurten verfüllte man den Priel im Verlauf des 9. Jahrhunderts mit Mist.

Mit dem Siedlungshorizont 3 seit etwa 900 n. Chr. vollzog sich eine Erhöhung und ein weiterer Ausbau der Wurt mit Mist und Siedlungsmaterial bis zu einer Höhe von

NN +3,50 m. Indem die noch bestehenden Zwischenräume und der Priel zwischen den Hofwurten mit Mist und Klei aufgefüllt wurden, entstand eine einheitlichere Oberfläche. Mit weiteren Aufträgen aus humosem Siedlungsmaterial, Mist und abdeckenden Kleilagen sowie Kleisoden erfolgte um 1000 n. Chr. (Siedlungshorizont 4) eine nochmalige Erhöhung der Dorfwurt bis auf NN +4 m. In diese Phase gehört ein 3,70 m breiter Kleinbau mit Flechtwerkwänden, der in seiner Lage nicht an die älteren Hofareale anknüpft. Das auf einer Länge von 6,70 m erfasste einschiffige Gebäude besaß an der nördlichen Seite eine Tür, dessen Schwelle auf einer Höhe von NN +3,77 m lag. Darüber folgen Kleiaufträge des 12. bis 14. Jahrhunderts. Im späten Mittelalter endete die dichte Besiedlung der Dorfwurt, da mehr und mehr Höfe in das nach der Bedeichung urbar gemachte Sietland ausgebaut wurden und neben der alten Wurtensiedlung seit dem 12. Jahrhundert eine langgestreckte Wurt entstand.

Das tägliche Leben der Bewohner dokumentieren vor allem neben den Keramikgefäßen auch Holzsschalen, Wetzsteine, Spinnwirtel und Webgewichte, Kämme, Perlen, Lederfunde oder Geräte aus Knochen und Geweih. Diese gehören zu einer weitgehend autarken Bevölkerung, die im frühen Mittelalter auch vom maritimen fränkisch-friesischen Fernhandel profitierte. Die Wirtschaft beruhte vor allem auf Viehhaltung, in erster Linie von Rindern und Schafen. Daneben wurden auch Ziegen, Schweine, Pferde, Hunde und Katzen gehalten. Hinzu kamen Hühner und Hausgänse. Während der Sommermonate wurde auf den höheren Partien des Uferwalles Spelzgerste, Gerste, Roggen, Hafer, Lein und Flachs angebaut.

HASSENBÜTTEL

Eine erste Ausweitung der Besiedlung im Dithmarscher Küstengebiet erfolgte seit dem 10. Jahrhundert. Nun wurden auch niedrige, häufiger von Salzwasser überschwemmte Marschflächen besiedelt. Dem Weideweg folgend, erreichen wir nahe des mittelalterlichen Seedeiches der Dithmarscher Nordermarsch die aus Klei im Hochmittelalter aufgehöhte Dorfwurt Wesselburener Deichhausen. Hier fahren wir nach Norden geradeaus über die Dorfstraße und biegen an der nächsten Rechtskurve geradeaus in den Neulandsweg ab. Wir überqueren nach kurzer Fahrt den Warwerorter Kanal und folgen nach rechts dem Horstweg. Auf der rechten Seite liegt mit Westerbüttel eine verlassene, aus Klei aufgehöhte Dorfwurt, deren Kern ebenfalls aus dem 12. Jahrhundert stammt. Am Ende des Horstweges führt nach rechts der Karkenweg nach Hassenbüttel.

Westlich und südlich dieser im Durchmesser 250 m großen Dorfwurt, die mit einer maximalen Höhe von NN +4,80 bis +5 m etwa 3,80 m über der umliegenden Marsch aufragt, verlief ehemals ein Priel, über den eine Anbindung an die Nordsee und wohl zu den benachbarten Dorfwurten Westerbüttel und Wellinghusen bestand. Nach dem 1995 angelegten Grabungsschnitt überschwemmten hier die mit NN +0,80 m nur niedrig aufgelandete Seemarsch zur Zeit der Siedlungsgründung häufiger Sturmfluten. Daher waren die ersten Bewohner in Hassenbüttel von Anfang an zum Bau von Wurten gezwungen. Die niedere Salzmarsch prägten Milchkraut, Strandsalzschwaden, Salzbinsen, Schuppenmieren und Salzdreizack, die höhere Seggen, Straußgras und Schilfrohr. Spuren eines Streichbrettpfluges auf der Marsch deuten an, dass zur Zeit der Siedlungsgründung noch in den Sommermonaten der Anbau von Kulturpflanzen möglich war, bevor das Ackerfeld vom Meer überspült und von 0,20 m

Blick in den Ausgrabungsschnitt von Wellinghusen. Rechts unten ist der Stallausgang eines Wohnstallhauses der Zeit um 700 n. Chr. zu sehen, darüber liegt der Mistauftrag einer Hofwurt mit dem Fußbodenhorinzont des nächsten Wohnstallhauses aus dem Beginn des 9. Jahrhunderts.
Foto: Dirk Meier

mächtigen tonigen Sedimenten bedeckt wurde. Dabei kam in Hassenbüttel ebenso wie auf anderen Marschensiedlungen dieser Zeit ein Wendepflug zum Einsatz, der Vorschneider und Streichbrett aufwies und ein Umbrechen des Graslandes ermöglichte.

Auf den Anwachsschichten entstanden in einer ersten Phase (Siedlungshorizont 1) in Hassenbüttel im 9./10. Jahrhundert aus Klei aufgetragene Hofwurten, von denen eine randlich erfasst wurde. Deren 1 m hohen Kleiauftrag sicherten randlich Kleisodenwälle. Zu der auf einer Höhenlage von NN +2 m dokumentierten Siedlungsschicht dieser mit Mist erweiterten Wurt gehörte ein etwa 5,20 m breiter Kleinbau mit Flechtwerkwänden und einem erhaltenen Firstpfosten. Nördlich davon lag ein aus Soden errichteter kleiner Pferch.

Während des Siedlungshorizontes 2, der nach den Funden zeitlich in das 10./11. Jahrhundert weist, erfolgte eine Vergrößerung der Siedlung durch die Gründung neuer Hofwurten, die aufgrund steigender Sturmfluthöhen bis zu einer Höhe von NN +3 m mit Mist und Kleisoden aufgeschüttet wurden. Zwei dieser großen Hofwurten erfasste dabei der Grabungsschnitt. Auf der südlichen, randlich durch Sodenanpackungen gesicherten Hofwurt (I) wurde der nach Osten abfallende Stallteil eines 5,50 m breiten Wohnstallhauses freigelegt. Zu der randlich mit Mist und abdeckenden Kleilagen erweiterten Hofwurt gehörte ein mit mehreren Holzrahmen ausgesteifter Sodenbrunnen, der mit seiner Baugrube bis in die wasserführenden Schichten des Untergrundes reichte. Südlich von diesem befand sich eine viereckige, mit Mist verfüllte Abfallgrube. Nördlich schloss sich die nur angeschnittene Hofwurt II an, auf der zwei Sodenwandbauten erfasst wurden. Während des Hoch- und Spätmittelalters (Siedlungshorizont 3) erhöhte man die Dorfwurt weiter mit Klei bis zu ihrer jetzigen Höhe von bis zu NN +5 m. Vom humosen Oberboden aus eingetiefte Gruben deuten auf Pfostenbauten dieser Zeit hin.

Neben der einheimischen Gebrauchsware fanden sich einige Scherben von importierten Gefäßen der Ardennenware und Pingsdorfer Art, von denen eine aus dem Siedlungshorizont 1 nach einer Beschleuniger-Massenspektrometrie (AMS) Datierung in die Zeit um 930±50 n. Chr. weist. Eine Scherbe der Ardennenware aus dem auf der Hofwurt I errichteten Wohnstallhaus lässt zwar eine Einordnung in das 12. Jahrhundert zu, doch tritt diese Warenart in Schleswig bereits seit dem letzten Drittel des 11. Jahrhunderts im Hafenbereich verstärkt auf und erreicht ihre Hauptbedeutung dann im 12. Jahrhundert. Bemerkenswert sind unter den Funden drei Fibeln als Bestandteile der Kleidung, so eine Scheibenfibel mit Tierdarstellung, eine Kreuz-Emailscheibenfibel und eine Rechteckfibel viereckiger Form mit eingerahmter Kreuz- oder Kleeblattdarstellung. Neben

Blick auf die Dorfwurt Hassenbüttel. Foto: Dirk Meier

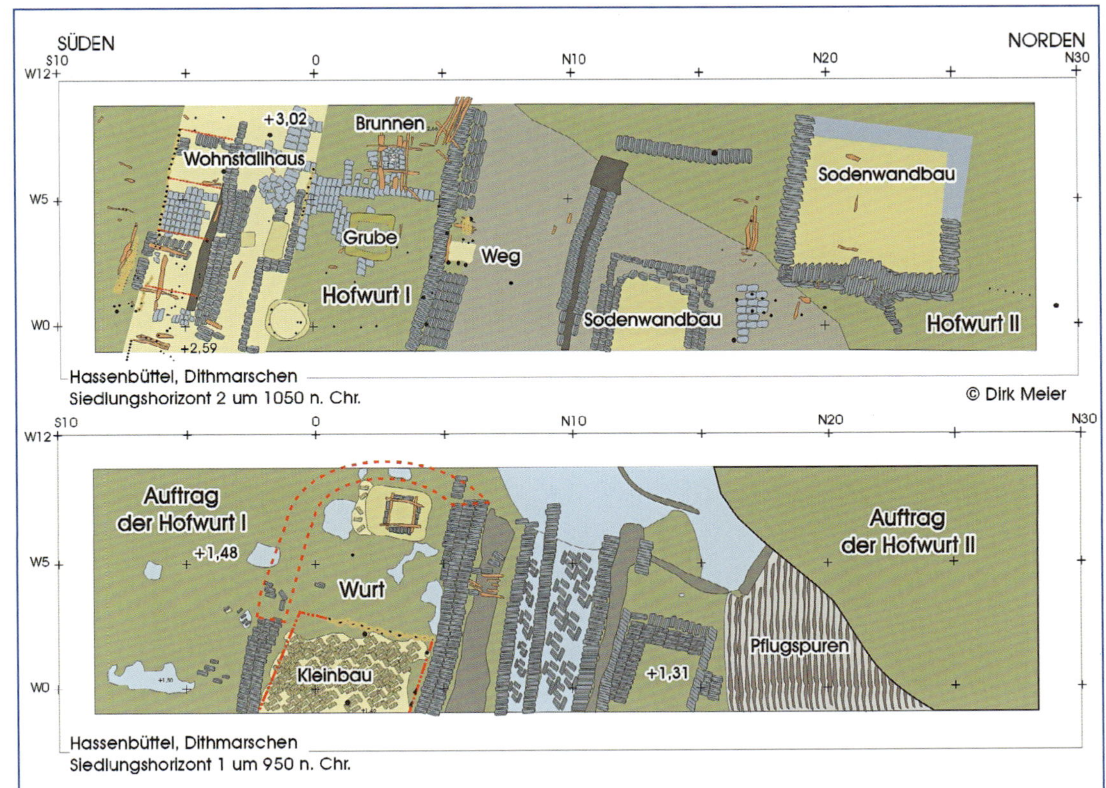

Hassenbüttel mit Siedlungshorizonten um 950 und 1050 n. Chr.

weiteren Nachweisen der Kleidung und des täglichen Bedarfs kam auch zahlreiches Gebrauchsgerät sowie Keramik zu Tage. Durchbohrte Holzscheiben stellen zumeist Überreste der Deckel von Buttergefäßen dar, deren Form der Utrechter Psalter aus dem 9. Jahrhundert überliefert. Die Butter dürfte sich an der Nordseeküste seit 1000 mit der Intensivierung der Molkereiproduktion durchgesetzt haben und wurde seit dem Hochmittelalter auch zur Handelsware. Tordierte Ruten aus Wurzeltrieben oder aus Weide und Birke dienten in Hassenbüttel als feste Bindungen, zum Aufhängen von Gegenständen oder spielten eine Rolle in der Fischerei. Die Tierknochen belegen die Dominanz einer extensiven Weidewirtschaft von Kühen, Schafen und Pferden. Je häufiger die Seemarschen von Salzwasser erfasst wurden, desto größer war der Anteil der Schafhaltung. Daher sind in Hassenbüttel, dessen Umland im frühen Mittelalter niedrige Salzmarschen prägten, bei den Nutztieren prozentual mehr Schafknochen als in dem auf einem höheren Uferwall angelegten Wellinghusen vorhanden. Schafe und Rinder stellen gemeinsam jeweils ca. zwei Drittel der Nutztiere.

WESSELBUREN

Von Hassenbüttel führt uns die Kreisstraße Richtung Norden nach Wesselburen, wo im Kohlosseum eine Ausstellung zur frühen Marschenbesiedlung und zur Landwirtschaft seit dem 19. Jahrhundert den Besuch lohnt. Seit der zweiten Hälfte des 19. Jahrhunderts erlaubte die zunehmende Technisierung der Landwirtschaft eine intensivere Landnutzung, eine Urbarmachung bis dahin ungenutzter Areale und den Anbau neuer Gemüse wie Kohl und Rüben. Deshalb hatte 1870 der Itzehoer Zuckerfabrikant Charles de Vos in Wesselburen eine Fabrik gegründet, die aus Rüben Zucker produzierte. Da aufgrund einer weltweiten Überproduktion an Zucker viele Zuckerfabriken schließen mussten, entwickelte sich der Anbau vor allem von Weißkohl, der den wenigsten Aufwand erforderte. Dieser steigerte sich im Amtsbezirk Wesselburen von 283 ha (1903) auf 742 ha (1913) und nahm in ganz Norderdithmarschen 1526 ha ein. Der Absatz ging über das Deutsche Reich hinaus nach Österreich-Ungarn, Russland und in die USA. In Wesselburen und Meldorf firmierten Gemüse-

Blick auf die Ortswurt Wesselburen mit der Kirche. Foto: Dirk Meier

fabriken, wenn auch der Rohgemüseversand weit überwog. Heute bildet Dithmarschen das größte Kohlanbaugebiet Europas.

Der Kern der heutigen Ortswurt Wesselburen, in deren Zentrum oben in der Mitte die alte, 1281 urkundlich erwähnte Kirche steht, reicht bis in das 9./10. Jahrhundert n. Chr. zurück. Zusammen mit der Nachbarwurt (Klingbergwurt) wuchs sie über Jahrhunderte auf, in dem beide Wurten mit Mist und später vor allem mit Klei bis zu ihrer heutigen Höhe aufgeschichtet wurden. Von dem ehemals einschiffigen romanischen Feldsteinbau der Kirche sind noch Teile des Chores und der Stumpf des aus Ziegelsteinen erbauten Turms erhalten. Im 15. Jahrhundert stand hier eine spätgotische dreischiffige Hallenkirche. Nach dem verheerenden Brand Wesselburens 1736, an den in der Kirche im Dach eine Inschrift erinnert, wurde die Kirche vom Baumeister J. G. Schott mit finanzieller Hilfe des Herzogs von Schleswig-Holstein-Gottorf 1737/38 unter Verwendung der alten Fundamente und noch stehender Mauern mit einem hohen Walmdach wieder aufgebaut. Der achteckige Zwiebelturm nimmt russische Stilelemente auf, da die herzogliche Familie Verbindungen zum Zarenhof besaß. Aus der mittelalterlichen Kirche stammen noch die Sandsteintaufe und die Standfiguren von Maria und Johannes. Komplett erhalten ist die barocke Ausstattung.

Kirche von Wesselburen. Foto: Dirk Meier

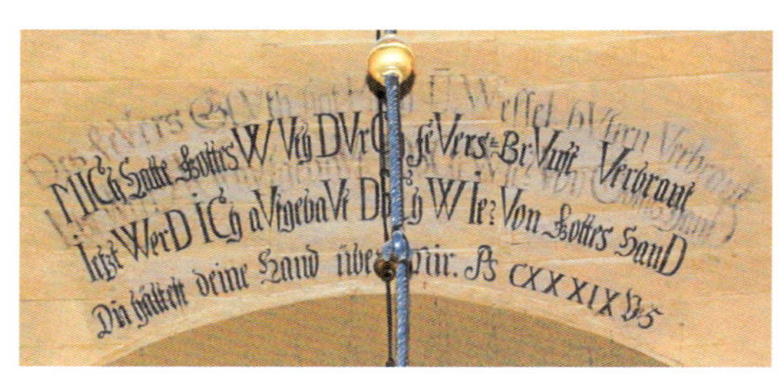

Inschrift im Dach der Kirche von Wesselburen, die an den Brand von 1736 erinnert. Foto: Dirk Meier

Die Größe der Kirche dokumentiert nachhaltig den Wohlstand der Marschen, deren führende genossenschaftliche Verbände (Geschlechter) zusammen mit den Kirchspielen die Bedeichung der alten Marsch im 12. Jahrhundert ausführten. Diese bildete die Voraussetzung für die Entwässerung des vermoorten Sietlandes. Im Landesausbaugebiet entstanden in Reihen als Schutz gegen das Binnenwasser angelegte Hofwurten mit anschließenden Streifenfluren für den Anbau von Getreide, in erster Linie von Roggen. Am Anfang des Landesausbaus wurden erste Hofwurten noch auf dem unkultivierten Hochmoor errichtet, z.B. in Jarrenwisch östlich von Wesselburen noch 1160 n. Chr. nachgewiesen. Die Ortsnamen der Ausbausiedlungen mit einem Personenamen und der Endung -wisch für das neu aus der Wildnis geschaffene Wirtschaftsland kennzeichnen diesen Siedlungsausbau, der ausgehend von der Seemarsch sich bis zur Geest fortsetzte. Mit der von den Geschlechterverbänden gegründeten Kirchen von Neuenkirchen und Hemme, 1323 urkundlich belegt, war die Kultivierung des Sietlandes in der Nordermarsch abgeschlossen.

OLDES FELD UND HEDWIGENKOOG

Die Agrarprodukte fanden Absatz auf den Märkten von Wöhrden und Wesselburen. Von Wesselburen aus wurden diese im Mittelalter zum Sielhafen nach Norddeich gebracht, während Wöhrden einen eigenen Hafenganz in der Nähe besaß. Ein großer Teil des Agrarexports ging in die Hansestädte oder in die Niederlande. Mit der Eindeichung des Olde Feldes um 1500 verlor der Sielhafen von Norddeich seine Funktion. Der kleine, auf einer langen Wurt im Bereich des mittelalterlichen Seedeichverlaufs liegende Ort lässt sich von Wesselburen aus über die Mühlenstraße erreichen. In Norddeich biegen wir links in die Straße An der Wurth ab und folgen der Straße bis zum Mitteldeichsweg, wo wir nach links den Nebenweg nehmen.

Dieser folgt dem Deich des um 1500 eingedeichten Olden Feldes, westlich liegt der um 1600 eingedeichte Heringsand. Infolge der Andeichung der Insel Büsum an das Festland seit 1585 stauten sich die Fluten an den Deichen entlang der Außeneider höher auf. So waren schon 1625 hier die *Teiche fast gar hinweck gegangen. Nur wenig vom Teich stehet* heißt es über Heringsand in alten Quellen. Wie die Bauerschaft *Süderdicke* (Süderdeich) weiter vermerkte, war der Deich am *Hehrensand* an *33 Orten eingerissen* und das *Bollwerck* des Deiches zerstört worden. Zur Verminderung größerer Schäden errichtete das Kirchspiel Wesselburen 1630 eine Sietwende *(Seitwending)*. Nach der verheerenden Sturmflut von 1634 ordnete am 20. August 1635 Herzog Friedrich III. daher die *Wiederbeteichung des Heringsandischen Koges* an, der nun *von gueter Erde, auch viel stergker und zue einem bestendigen Seheteich gemachet werden* sollte. Noch bevor der neue Deich vollendet war, brach das *saltze Wasser abermahlen* in der Sturmflut des Herbstes 1635 in den Koog ein, zudem waren im Deich *vier Wehlen eingelaufen*. Erst im folgenden Jahr wurde daher der neue Deich fertig. Der Deich des Olden Feldes wies drei Wehlen auf. Der Schaden der Oktoberflut von 1634 war in Norderdithmarschen höher als im Süden des Landes. Nach dem Chronisten Vieth ertranken im Kirchspiel Lunden 65 Menschen, 181 Pferde, 725 Stück Hornvieh, 163 Schafe, 162 Gänse. Ferner war ein großer Teil der Wintersaat verdorben und 4.383 Tonnen Korn weggetrieben. In Büsum ertranken 168 Menschen und 1.360 Stück Vieh, wobei 102 Häuser wegtrieben.

Immer dem Deich des Olden Feldes folgend, passieren wir drei Deichbruchstellen. Am Ende der Straße führt uns nach rechts die Dorfstraße weiter entlang des Deiches des Olden Feldes bis zur Koogchaussee, der wir nach rechts zum Hedwigenkoog folgen.

Dessen Eindeichung geht auf Herzog Friedrich von Schleswig-Holstein-Gottorf zurück, der am 10. März 1695 seinem Etatsrat Johann Ludwig von Pincier auf seine *unterthänigste Bitte* ohne Gegenleistung in Anerkennung seiner Verdienste den Oktroi verlieh, *an allen Ohrten in der Landschaft Norderdithmarschen, wo er bequeme Gelegenheit siehet, sonderlich bey Büsum, sothane Bedeichung eigenen Gefallens auf seine Kosten zu vollführen.* Vergeblich wiesen die Ein-

Wehle bei Hellschen-Heringsand im Deich des Olden Feldes. Foto: Dirk Meier

heimischen auf ihre Rechte am Vorland hin. Am 18. Oktober 1695 schloss von Pincier einen Vertrag mit dem Eiderstedter Deichgrafen Lorenzen über die Bauausführung eines Deiches. Dieser sollte 2 Fuß (0,6 m) höher als der angrenzende *Haf-Teich* (Seedeich) sein, eine Kronenbreite von 12 Fuß (3,6 m) und eine gute *Doßierung* (Böschung) erhalten. Zudem war eine gute Schleuse zu errichten. Bis zum September 1696 waren die Bauarbeiten des Hedwigenkooges abgeschlossen.

Diese Ereignisse fallen in die Endphase der herzoglichen Herrschaft über Norderdithmarschen, welcher von 1720/21 bis 1864 die dänische folgte. In diese Zeit des obrigkeitsstaatlichen Übergangs fällt die Weihnachtsflut von 1717. Trotz weiträumiger Überschwemmungen in Dithmarschen blieben Landverluste aufgrund der stabilen Seemarschen mit ihrer positiven Sedimentbilanz aus. Nur bei Büsum und Wesselburen wurden kleinere Flächen 1718/19 ausgedeicht. Der Deich des Heringsander Kooges *(Süderteicher Koog)* war zwischen *Hedwiger Kooges Hörn bis an den vor 3 Jahren gemachten neuen Teich* an drei Stellen durchbrochen. Bei der Schließung der Wehle entstand im alten Deich unweit vom Hedwigenkoog *ein großer Bruch mit einem Wehl, über 8 Ruten* [38 m] *breit und ganz in der See.* Dieser ließ sich erst im Sommer 1722 schließen, während die anderen Schäden bereits im Vorjahr beseitigt waren.

Die Eisflut 1718 verschlimmerte die Situation nach dem Einbruch dreier weiterer Wehlen für den Hedwigenkoog noch. Hier war die Schleuse herausgerissen und der westliche Seedeich auf einer Länge von 93 Ruten (445 m) abgetragen worden. In dieser Sturmflut oder in der Weihnachtsflut von 1717 zerschellte ein Küstenfrachter am Hedwigenkooger Deich, dessen Reste 1969 in einer Wehle freigelegt wurden und im Dithmarscher Landesmuseum in Meldorf zu sehen sind. Im Sommer 1719 wurde der östliche Seedeich des Kooges notdürftig wiederhergestellt und 1720 die westliche Deichstrecke verstärkt. Die Silvesterflut von 1720 richtete erneut starke Schäden am westlichen Seedeich an und führte zum Einbruch einer Wehle. Erst 1723 war die Neubedeichung des Hedwigenkooges abgeschlossen, dessen Deich etwas vorverlegt wurde. Die Aufrechnung sämtlicher Deichkosten und Sturmflutschäden zwischen 1717 und 1725 belief sich auf die hohe Summe von 107.000 Reichstalern. Die *große Wahrt* als Überrest des ehemaligen Wardstroms diente als Sammelbecken der Entwässerung. Das Siel entwässerte in den Außenpriel *Schwale Strom.*

BÜSUMER DEICHMUSEUM

Am Ende der Koogchaussee biegen wir nach links ab und erreichen mit dem Neugrovenkoog (Westerdeichstrich) von 1625 die nördliche Vordeichung der ehemaligen Insel Büsum. An der Kreuzung fahren wir rechts Richtung

Büsum. Dem Nordgrovener Weg folgen wir bis zum Kreisverkehr, dann geht es nach links in die Dithmarscher Straße. Vom Parkplatz am nächsten Kreisel lässt sich zu Fuß das Büsumer Deichfreilichtmuseum im Neuenkoog erreichen.

Die Deichhöhen entwickelten sich in Abhängigkeit vom jeweiligen Mittleren Tidehochwasser, somit an empirischen Erfahrungen älterer Fluthöhen. Die ersten Deiche folgten dem Verlauf der Buchten und größeren Priele und wurden immer in einem Abstand zur See errichtet. Im späten Mittelalter erlaubte eine verbesserte Deichbautechnik die Abdämmung breiter Priele und größerer Meeresbuchten von ihren Rändern her. Bis ins 18. Jahrhundert wurde das Baumaterial in der Nähe des Deichfußes abgegraben, was deren Standfestigkeit nicht erhöhte. Die Vertiefungen lassen sich noch heute als Pütten oder Späthinge in der Marsch erkennen. Den aus Klei aufgeworfenen Deichkörper bedeckte man mit den im Vorland gestochenen Grassoden. Schafe halten dabei bis heute die Grasnarbe des Deiches kurz und sorgen durch ihren Vertritt für eine bessere Festigkeit der Oberfläche.

Den Beginn der Deichbaugeschichte dokumentiert im Freilichtmuseum der Nachbau eines Sommerdeiches des 12. Jahrhunderts mit flachen Böschungen und einer Höhe von 1,50 m. Nachdem die adeligen Landesherren seit dem 16. Jahrhundert zunehmend die Vorländer für sich reklamierten, entstanden immer weitere Köge. Oft übernahmen Unternehmer die Eindeichungen und Verpachtungen für den Landesherren. Infolge der rücksichtslosen Eindeichungspolitik und des Landabbruchs bei Sturmfluten grenzten viele Deiche nun direkt an das Meer. Damit bereitete die Sicherung des Deichfußes große Probleme. An diesen Küstenabschnitten entstanden seit dem 15./16. Jahrhundert Deiche mit senkrechter Holzbohlenwand, in den Untergrund gerammten Eichenpfählen und in den Deichkörper reichenden Ankerbalken. So ein Stackdeich, den der nordfriesischen Pastor Johannes Petreus für die alte nordfriesische Insel Strand im 16. Jahrhundert beschreibt, ist der nächste Nachbau im Deichmuseum. Dieser ist 3,50 bis 7 m breit, besitzt eine sehr steile Binnenböschung und weist eine Höhe von etwa 4 m auf. Die Konstruktion konnte jedoch nicht verhindern, dass die am Deichfuß brechenden Wellen den Wattboden ausspülten und so deren Standsicherheit gefährdeten. Bau und Unterhaltung dieser Deiche mit ihrem enormen Holzbedarf in der baumlosen Marsch verschlangen ungeheure Summen. Der Deichbaumeister Hunrichs begründete deren Ablehnung 1771 mit den Worten, dass das Geld in den Uthlanden nicht so „überflüssig“ sei wie in den Niederlanden.

Das 17. Jahrhundert brachte weitere Verbesserungen des Deichbauwesens. Die Deichbaumeister dieser Zeit stammten, wie Johan Clausen Rollwagen, meist aus den Niederlanden. Das Regelprofil der zu Beginn des 17. Jahrhun-

Büsumer Deichmuseum. Foto: Dirk Meier

derts errichteten Deiche wies wie das des Nachbaus im Deichmuseum eine Außenböschung von 1:4, eine Innenböschung 1:1,5, eine Höhe von 4 m und eine Basisbreite von 20 m auf. Die Ausmaße lagen somit beträchtlich über denen der hochmittelalterlichen Deiche, wenn die Innenseite auch zu steil blieb. Rollwagen war der erste Deichbaumeister in Nordfriesland, der 1610 für den Deichbau des Sieversflether Koogs in Eiderstedt 1000 bis 1400 Tagelöhner anstellte und die bis dahin von Pferden gezogenen Wagen und Sturzkarren durch holländische Schubkarren ersetzte. Den Deichfuß der Bermedeiche sicherte an gefährdeten Stellen eine Bestickung aus Stroh. Mit der Sticknadel wurden in bestimmten Abständen aus Roggenstroh gewundene Seile in den Deichkörper gedrückt. Entscheidend wurde das Lehrbuch von Albert Bramhs von 1767/73, der erkannte, dass gutes Deichbaumaterial ebenso wie die Profilgestaltung für deren Widerstandsfähigkeit gegen Wellenangriffe bei hohen Sturmtiden entscheidend sind. Da die Innenböschung der spätmittelalterlichen und frühneuzeitlichen Deiche mit 1:1,5 jedoch zu steil blieb, untergruben überschlagende Wellen den Deich von hinten her und verursachten so Kappenstürze. Konnten die Deiche seit dem 17. Jahrhundert auch professioneller ausgeführt werden, so erwies sich deren Schließung nach Brüchen oft als problematisch. Im Regelfall musste der Deich um die Wehle herumgeführt werden, wie dies auch im Deichmuseum zu sehen ist. Hier kann man an einem Pfahl die Höhe historischer Sturmfluten in Büsum ablesen.

Der vierte Nachbau ist ein 40 m breiter und 5 m hoher Büsumer Bermedeich von 1805 mit 1:5 geböschter Seeseite und 1:1,5 geneigter Landseite. Die staatliche Gesetzgebung dieser Zeit hatte vielerorts das Deichwesen reformiert und es unter die Aufsicht von Deichinspektoren gestellt. In Büsum erhielten die direkt an die See grenzenden und somit stark gefährdeten Deiche durch den Inspektor Sievers einen verbesserten Querschnitt, Bermen und teilweise Steindecken, wie der unter Denkmalschutz stehende Bermedeich von Warwerort bis Büsum demonstriert. Auch er widerstand der schweren Februarflut von 1825 nicht.

In dieser schwersten Sturmflut des 19. Jahrhunderts ertranken zwischen den Niederlanden und Schleswig-Holstein etwa 800 Menschen. Ihr ging ein sehr stürmischer, regenreicher Herbst voraus, der die Deiche durchweich-

Büsumer Bermedeich von 1805. Foto: Dirk Meier

te und die Wege unpassierbar machte. Klimahistorisch fällt das Schadensereignis in das Ende der Kleinen Eiszeit und markiert den Beginn wieder steigender Temperaturen in Mitteleuropa. Nach den Beobachtungen des holsteinischen Deichkondukteurs Christensen erreichte das Barometer am 28. Januar 1825 *eine ihm noch nicht vorgekommene Höhe* und danach eine *fast ebenso wenig bekannte Tiefe*, woraus er auf eine bevorstehende Sturmflut schloss. Aus seinem Bericht ebenso wie aus den Beobachtungen des Deichinspektors Salchow geht hervor, dass am 2. Februar ein *starker Südwestwind* wehte, der in der Nacht vom 3. Februar mit Starkregen an Heftigkeit zunahm und bereits einen Anstieg des Tidehochwassers von 7 Fuß (ca. 2 m) über *ordinärer Flut* bewirkte. Am 3. Februar herrschte anhaltender Sturm mit starken Böen und Schneegestöber. In der Nacht auf den 4. Februar drehte der Wind von Süd- auf Nordwest und erreichte seine größte Stärke. Die Heftigkeit des Sturms war nicht größer als am 15. November 1824, jedoch war *das unglückliche Zusammentreffen einer hohen Springfluth mit dem Sturme die Ursache der unerhört hohen Fluth*. Infolgedessen wurden *ganze Länder überschwemmt und für lange Zeit unbrauchbar gemacht.*

Im Holsteinischen Deichdistrikt waren die größten Schäden an den Deichen Norderdithmarschens zu verzeichnen. In Büsum erreichte die Sturmflut von 1825 etwa eine Höhe von 4,08 m über dem Mittleren Tidehochwasser. Im Hedwigenkoog war am Büsumer Deichanschluss *außer mehreren Kammstürzungen ein Mayfeldsbruch entstanden*. Das hohe Vorland verhinderte jedoch ein Eindringen der nachfolgenden Fluten, sodass die Überschwemmung in wenigen Tagen beseitigt war. Die verheerendsten Zerstörungen entstanden an den Büsumer Seedeichen, obwohl hier die exponierten Strecken zwischen Warwerort und Büsum seit 1803 ein Bermedeich mit Steindecken schützte. Am westlichen Deich zwischen dem Hedwigenkoog und dem Ende des Tellingstedter Deiches kam es nach dem Deichkondukteur Christensen zu *Binnen-Kammstürzungen und einigen unbedeutenden Grundbrüchen*. Nur Notdeiche hielten das weitere Vordringen des Salzwassers auf. Auch die südlich anschließende Deichstrecke riss das überstürzende Wasser weg.

An der Westerschleuse im Nordwesten Büsums erfolgte der größte Deichbruch in ganz Norderdithmarschen mit einer 6,3 m tiefen Wehle. Die daran anschließende Deichtrecke bis Stümpelhörn war zwar 1823 ausgebaut und mit einer Seeseite von 1:6 versehen worden, wurde jedoch ebenfalls stark beschädigt. Im weiteren Seedeichverlauf waren auf der vom Kirchort nach Südosten verlaufenden Strecke starke Schäden und drei kleinere Grundbrüche entstanden. Außenböschung und Berme des Deiches zwischen Büsum und Warwerort blieben erhalten, während bei Deichhausen Kammstürze auftraten. Die Deichbrüche führten zu einer letztmaligen Überschwemmung Büsums.

Von den historischen Nachbauten im Büsumer Deichmuseum reicht der Blick bis zum heutigen Büsumer Seedeich. Diese Sichtachse verdeutlicht den enormen Wandel des Küstenschutzes. Keiner der historischen Deiche könnte heute noch den weit höher auflaufenden Sturmfluten standhalten. Die heutigen Seedeiche bestehen nicht mehr aus aufgeschichteten Kleisoden, sondern werden mit Schwimmbaggern aus Sand aufgespült, mit einer schmalen Kleilage abgedeckt und mit Rasen begrünt. Die See- und Landseiten der als Folge der Sturmfluten von 1962 erhöhten Deiche sind noch flacher geworden. Maßgeblich für die Höhe der Deichkrone ist der „maßgebende Sturmflutwasserstand“, wie er nur einmal in 100 Jahren erreicht wird (Windstau von 3,57 m oberhalb des Mittleren Tidehochwassers von NN +1,59 m bei extremen Westwinden; Sturmfluthöhe von 1976 von NN +5,16 m in Büsum). Hinzu gerechnet werden muss eine bis 3 m hohe Wellenauflaufhöhe bei einem schweren Orkan sowie die Setzung des Deiches und der Meeresspiegelanstieg, der zuletzt 25 cm in 100 Jahren betrug (Sicherheitsmaß von 0,50 m). Die heutige Höhe der Seedeiche in Büsum beträgt daher NN +8,70 m, somit liegt sie 7,11 m oberhalb des Mittleren Tidehochwassers. Aufgrund des Meeresspiegelanstiegs ist der Büsumer Seedeich mit einer Verbreiterung in den letzten Jahren zu einem sog. Klimaschutzdeich ausgebaut worden.

BÜSUM

Unsere Tour findet ihren Abschluss in Büsum, das im Hochmittelalter – von der Dithmarscher Nordermarsch getrennt durch den Wardstrom – eine Insel bildete. Diese war aus einem Vorsand mit Dünen entstanden, in deren Schutz Marschen auflandeten. *Bivsne* wird die Insel in der ältesten Urkunde um 1140 genannt, die als Abschrift einer durch Erzbischof Hartwig I. beglaubigten Urkunde von 1167 vorliegt. Der Name deutet auf Binsen hin, womit wohl das Dünengebiet im Kern der alten Insel gemeint ist. Hier existierte der Ort *Midlestorpe*. Aus dieser Namensnennung wurde wiederholt auf einen noch südlicheren Ort geschlossen (Süderdorp), der sich aber nicht mehr nachweisen lässt. Zur Zeit der urkundlichen Ersterwähnung dürfte die Insel Büsum mit einem Deich umgeben gewesen sein, dessen Reste heute teilweise noch im Norden und Osten der Insel zwischen Büsum und Büsumer Deichhausen erhalten sind. Eine weitere Urkunde von 1208 erwähnt ebenfalls Büsum. Als 1281 die Hamburger versuchten, den ständigen Überfällen auf ihre Schiffe Einhalt zu gebieten, schlossen verschiedene Dithmarscher Kirchspiele, darunter auch Büsum, Verträge mit den Hansestädten Hamburg und Lübeck ab. Da die Streitigkeiten 1434 noch anhielten, verbrannten die Hamburger angeblich die Kirche von *Midlestorpe*, die in Büsum *(Norddorp)* 1442 wiederaufgebaut und dem Heiligen Clemens als Patron der Schiffer und Küstenbewohner geweiht wurde.

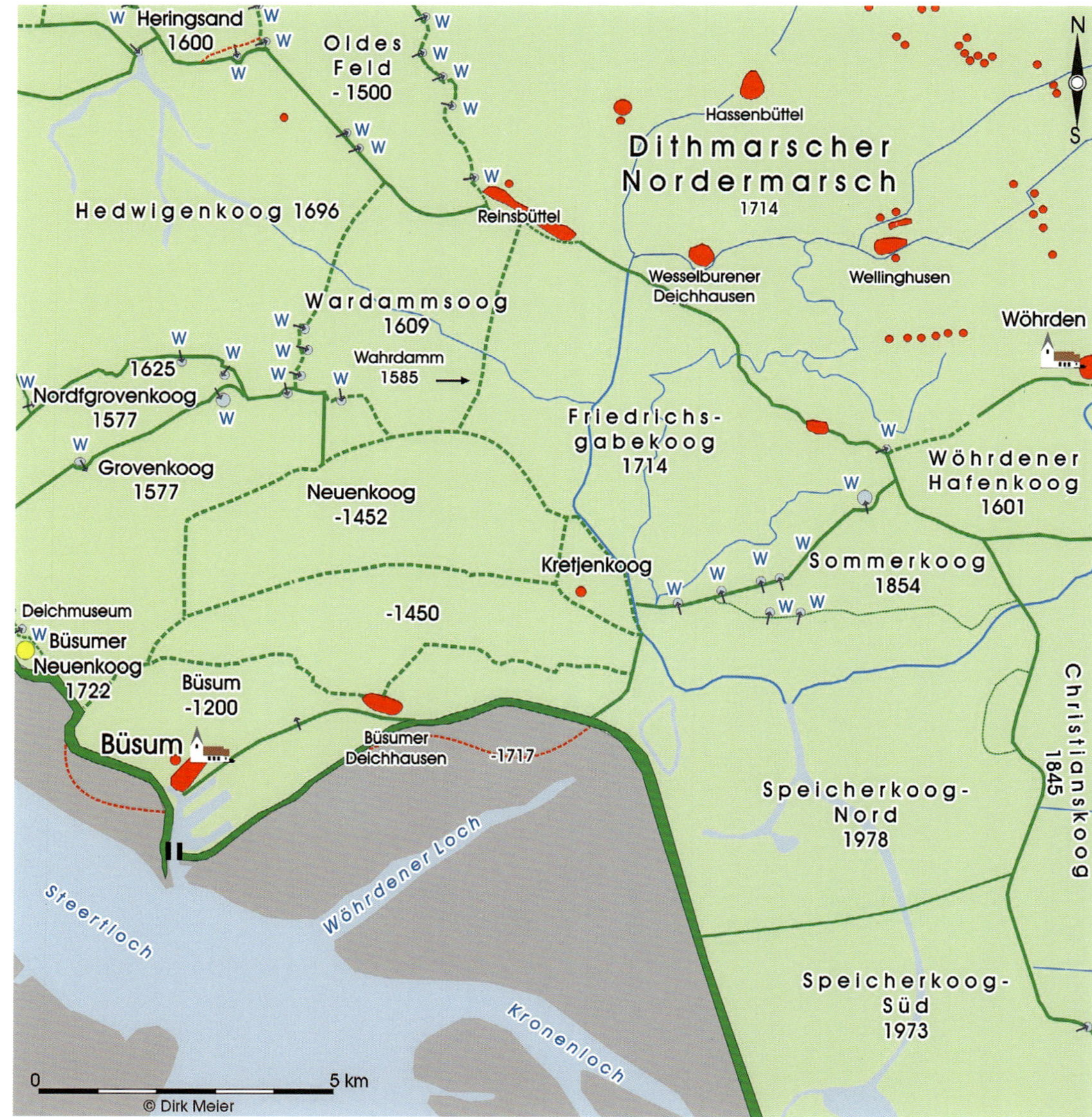

Büsum mit Kögen und Wehlen (W)

Ausgrabungen zufolge sind die bis NN +7,4 m hohe, etwa 580 m lange und bis 230 m breite aus Klei aufgehöhte Dorfwurt (Osterwarft) von Büsum und die benachbarte Westerwarft im 12. Jahrhundert in einem Dünengebiet entstanden. In seiner langrechteckigen Siedlungsstruktur gleicht Büsum den Wurten von Büsumer Deichhausen und Schülp. Der Katasterplan von 1756 lässt die Wurt mit ihrem Hafenpriel, dem Seedeich und der langen Hafenstraße als ehemaliger Hauptstraße Büsums gut erkennen. Südlich des Seedeiches verläuft ein Dünenzug, auf dessen südöstlichen Ausläufer heute der Leuchtturm steht. Die Wirtschaft Büsums im späten Mittelalter und in der frühen Neuzeit bestimmten die Geschlechter als bäuerliche Genossenschaften, von denen um 1600 die Diekboligmannen (die am Deich wohnenden) die Mächtigsten waren.

Infolge der Sturmfluten des 14./15. Jahrhunderts verkleinerten sich im Süden die Kulturlandflächen rasch, ohne dass dies im einzelnen überliefert ist. Die Oberfläche des heutigen Watts liegt etwa 15 bis 30 cm tiefer als die ehemalige mittelalterliche Landoberfläche der in ihren Ausmaßen nicht rekonstruierbaren Insel. Middeldorp dürfte 1482 noch bestanden haben, da der Dithmarscher Chronist Neocorus den Ort noch erwähnt. Jedoch führt schon das 1496 begonnene *old Belating Bock* (Belassungsbuch) keine Bewohner Middeldorps mehr auf. Die schwere Sturmflut von 1573, die nach Neocorus *up Büsum sonderlich gewötet* hatte, und bei der das Wasser bis an die Büsumer Kirche reichte, bedingte eine weitere Ausdeichung im Südwesten der Insel. Infolge der von Salzwasser verdorbenen Marschen kam es zu einer Hungersnot und zu einer nachfolgenden Pest, sodass etwa 360 Menschenleben zu beklagen waren. Auch die Allerheiligenflut von 1570 richtete schwere Schäden an. Der zurückgenommene Süddeich der Insel wurde 1573 erneut beschädigt.

Die Bedrohung durch das Meer und die Notwendigkeit des Deichbauwesens unterstreicht indirekt das Büsumer Deichrecht um 1455, das zu den ältesten Deichrechten Dithmarschens gehört und 1493 erneuert wurde. In dieser Zeit gehörten zum Kirchspiel Büsum außer den Vorländern vor den Deichen noch mehrere Inseln und Vorsände. Nicht verbürgt ist der Bestand der Insel *Waerhol* nördlich von Büsum im Wardstrom, hingegen haben sich die bei Neocorus erwähnten Düneninseln *Bielshöved*, *Tötel* und *Helmsand* teilweise länger erhalten. Die Düneninsel *Tötel* wurde wohl erst in der Sturmflut 1573 abgetragen; belegt ist auch die Bildung von Dieksand in der zweiten Hälfte des 16. Jahrhunderts. Aufgrund der schon erwähnten starken Ausräumung der alten Insel sind nur wenige Kulturspuren im Watt vor Büsum zutage getreten, darunter einige Sodenbrunnen. Ferner wurden vor der Fertigstellung des Speicherkooges 1978 Reste des 1717 untergegangenen Werven gefunden.

Schon vor der Mitte des 15. Jahrhunderts bildete der *olde Dick*, später als *middelste Dick* be-

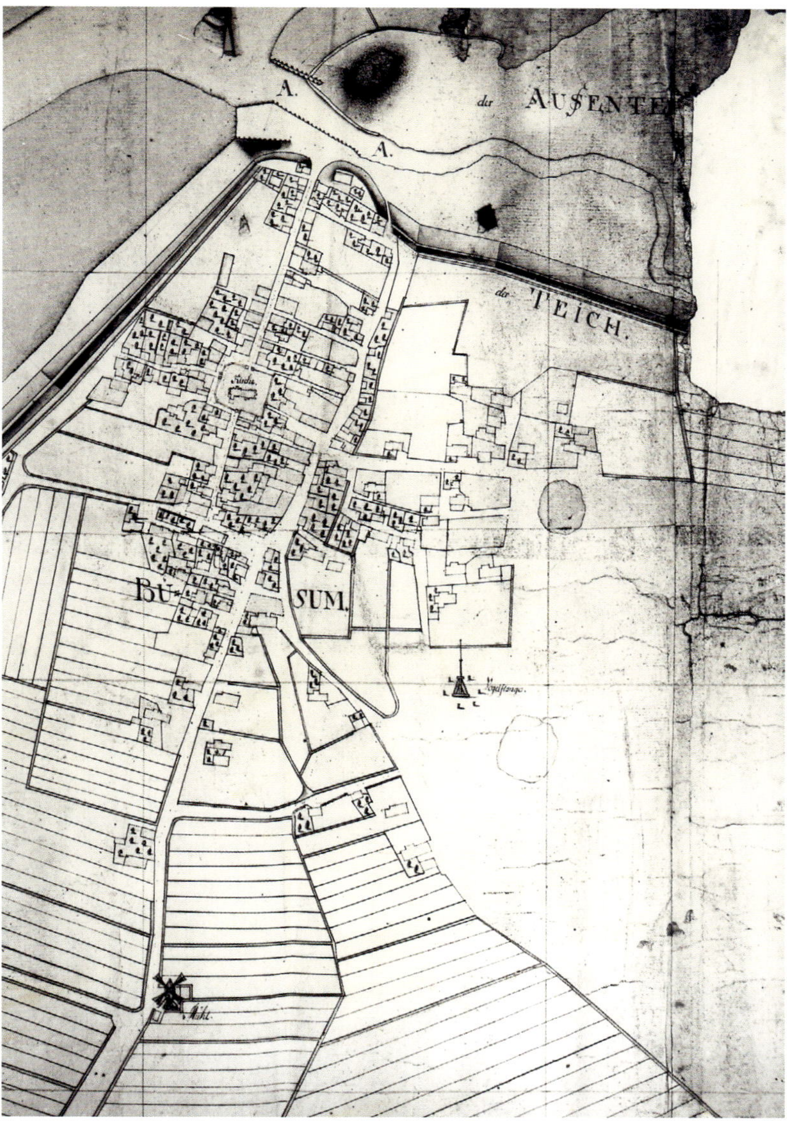

Büsum Katasterkarte von 1756. Foto: Amtsarchiv Büsum

zeichnet, die nördliche Begrenzung der Insel. Das südwestliche Teilstück der um 1450 bestehenden nördlichen Bedeichung bildet der Schweinedeich, der möglicherweise auch Teil einer noch älteren Deichlinie ist, die unmittelbar nördlich von Büsum über Deichhausen bis Warwerort verlief. In seinem südwestlichen Teilstück war der Schweinedeich bis 1577 der nördliche Seedeich der Insel, wobei der älteste der in einem Grabungsschnitt nachgewiesenen Deiche eine Breite von 10 m aufwies und eine Höhe von NN +3,20 m erreichte. Diesen Ausmaßen nach gehört der Kerndeich in das 15. Jahrhundert, somit in eine Zeit, in der 1452 im Norden der Insel mit dem Neuen Koog (später Oesterdeichstrich) eine Vordeichung gelang, die bis zum Wardstrom reichte. Dessen noch in Resten erhaltener Deich schließt an den Schweinedeich an und verläuft über Hirtenstall *(Herdestall)* in östlicher Richtung auf den Kretjenkoog zu. Infolge dieser Eindeichung dürfte die alte Anlegestelle Büsums am Flaxwehl aufgegeben und nach Westen an das Groventief verlegt worden sein.

Während sich somit im Süden die Insel Büsum stark verkleinerte, konnte im Nordwesten der Insel das aufgewachsene Vorland mit dem Neuen Koog (um 1452) und dem Neuen Koog (1577) bzw. Westerdeichstrich gesichert werden. Infolge der letzteren Bedeichung erhielt Büsum einen richtigen Hafen, da der am Groventief aufgegeben werden musste. Der Seedeich des Grovenkooges wurde bis 1625 vorverlegt.

Die wiederholten Schadensfluten gaben den Anstoß zur Abdämmung des Wardstroms. Im Rahmen seiner Bedeichungspolitik ließ Herzog Johann Adolf von Schleswig-Holstein-Gottorf den Priel durch einen Damm abriegeln, mit dessen Bau am 8. Juni 1585 begonnen wurde. Eine Schließung des Tiefs erfolgte mit eingerammten Pfählen, zwischen die mit Erde gefüllte Säcke eingebracht wurden. Trotz der Streitigkeiten zwischen den am Dammbau beteiligten Dörfern von Büsum und Reinsbüttel wurde das Projekt am 30. Juni des gleichen Jahres fertiggestellt. Infolge der kurzen Bauzeit von nur etwa drei Wochen war wohl nur ein niedriger Fahrweg gebaut worden, der nur knapp über die mittlere Flut hinausreichte. Die zunehmende Verlandung begünstigte dann die Fertigstellung des Wardammkooges 1609.

Die Burchardiflut von 1634 riss 32 Wehlen in die nördlichen und westlichen Inseldeiche ein und überschwemmte die Marschen, wobei 168 Menschen und 1360 Stück Vieh ertranken. Trotz dieser Katastrophe gelang nördlich von Büsum 1696 die Eindeichung des Hedwigenkooges. In der Weihnachtsflut 1717 wurde die gesamte Marsch Dithmarschens überflutet, und im Gebiet von Büsum ging der erstmals 1521 *werüer-orth* genannte Ort *Werven (Warven)* unter. Auch das Siel musste vorverlegt werden. Hier entstand 1739 der neue Warwerorter Hafen. Letztmalig wurden die Marschen Büsums am 4. Februar 1825 nach Deichbrüchen überschwemmt, während bei der schweren Sturmflut 1962 ein Bruch des Büsumer Seedeiches gerade noch verhindert werden konnte.

Die Neueindeichungen im Norden Büsums sicherten zwar den Bestand der Insel, erforderten aber zugleich eine erneute Verlegung der

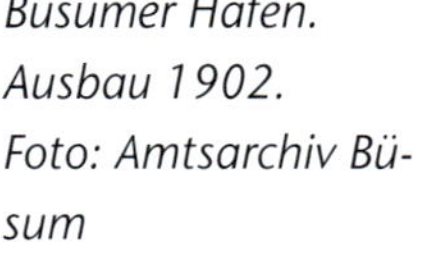

Büsumer Hafen. Ausbau 1902. Foto: Amtsarchiv Büsum

Büsumer Hafen heute.
Foto: Dirk Meier

Schiffsanlegestellen. Da der schon erwähnte Hafen am Groventief verschlickte, durchgrub man für einen neuen die Düne des Büsumer Horstes und leitete den Außenpriel um. Da dieser auf Dauer für die Tiefe des Hafenbeckens nicht ausreichte und auch die Entwässerung der Köge in den Wardstrom unzureichend blieb, entstand 1738 bei Warwerort eine Seeschleuse. Der weiterführende Außenpriel verlief nun parallel zum Deich in Richtung Büsum und erreichte vor dem Horst das Büsumer Hafenbecken. Schließlich wurde der Seedeich bis zum Horst verlegt und eine neue Schleuse gebaut. Der 1854 fertiggestellte neue Hafen (Hafenbecken I) diente vor allem dem Frachtverkehr mit Hamburg und Bremen, bevor dieser auf Initiative des 1898 gegründeten Fischereivereins durch den preußischen Staat weiter ausgebaut wurde. So entstand 1905 das Hafenbecken III. Nach der kriegsbedingten Einstellung einer 1914 begonnenen Erweiterung wurden die Planungen 1922 wieder aufgenommen.

Nach seiner Fertigstellung 1926 bot der Hafen der inzwischen auf etwa 80 Kutter angewachsenen Hochseeflotte Platz, die auch den Seefischfang aufnahm. Als die Kutterflotte 1935 auf 116 Kutter anwuchs, erfolgte zwischen 1937 und 1941 die Ausweitung des Hafens, die Errichtung des Hafenkooges und der Bau einer neuen Sturmflutschutzschleuse. Die weiteren Ausbaupläne unterblieben jedoch aufgrund des Zweiten Weltkrieges. Seit 1952 entstand der neue kleinere Ausbau, der bis heute mit Fischerei und Museumshafen der Hauptanziehungspunkt Büsums ist. Dessen Ortsbild hat der Tourismus stark verändert, was man zu Beginn des 19. Jahrhunderts noch nicht voraussehen konnte, als der Kirchspielvogt Claus Bruer 1818 die ersten Badekarren am Büsumer Horst aufstellen ließ, um nach den napoleonischen Kriegen und dem dänischen Staatsbankrott die Wirtschaft neu zu beleben. Etwa 140 meist reetgedeckte Häuser boten bescheidene Unterkunftsmöglichkeiten, Pensionen und Hotels gab es noch nicht.

VON MELDORF NACH BRUNSBÜTTEL

Meldorf – Busenwurth – Friedrichskoog – Diekanderkoog – Brunsbüttel – Klev von St. Michaelisdonn-Hopen

MELDORF

Im Verlauf des nacheiszeitlichen Meeresspiegelanstieges hatte die Nordsee um etwa 4500 v. Chr. die nach Westen vorspringende, etwa 15 bis 20 m hohe Meldorfer Geesthalbinsel der saalekaltzeitlichen Altmoräne erreicht und war in die Niederungsgebiete im Norden und Süden buchtartig eingedrungen. Dieses Küstengebiet bildete den Raum für zahlreiche Jagd- und Sammellager der mittleren Steinzeit. Allmählich füllte die Nordsee den Küstenbereich mit Sanden und Tonen auf und bedeckte ihn vor dem steil abfallenden Abhang des Meldorfer Geestvorsprungs mit Mooren und Bruchwäldern sowie mit Meeresablagerungen. Diese sind unmittelbar vor dem Meldorfer Geestrand etwa 10 m, beim heutigen Meldorfer Hafen 16 bis 20 m, bei Helmsand 24 m und unter der Insel Trischen 36 m mächtig. Die ma-

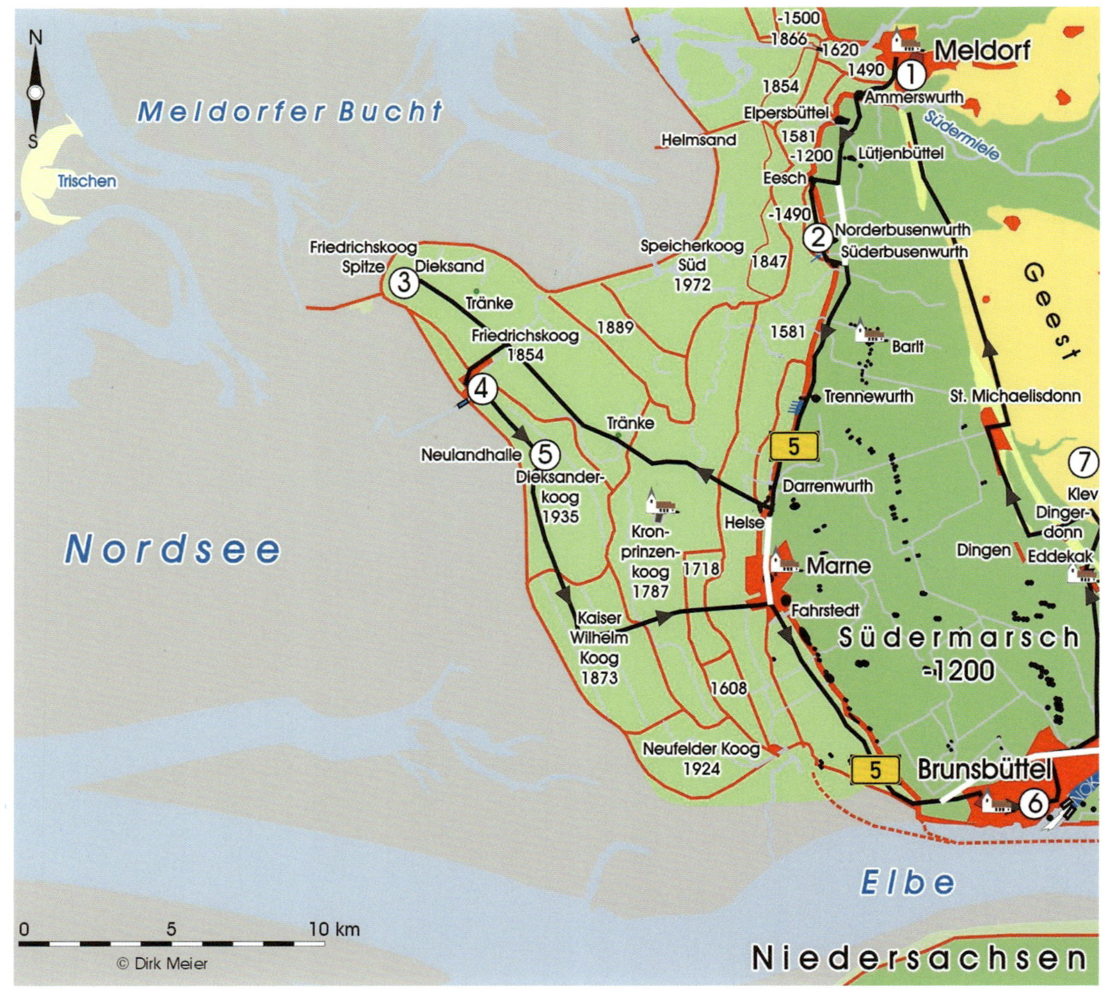

Exkursionsroute: 1 Meldorf, 2 Busenwurth, 3 Friedrichskoog, 4 Friedrichskoog-Hafen, 5 Dieksanderkoog mit Neulandhalle, 6 Brunsbüttel, 7 Klev bei Dingerdonn

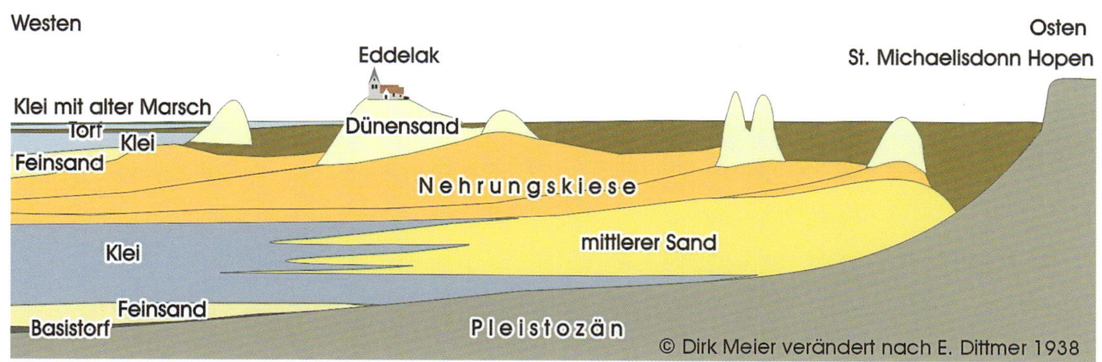

Geologie des Dithmarscher Küstengebietes

rinen Schichten weisen Muscheln auf, wie sie im tiefen salzigen Wasser lebten. Als die Sedimentationsrate den verlangsamten Meeresspiegelanstieg übertraf bildete sich ein Wattenmeer. Durch die Erosion des Meldorfer Geestvorsprungs bildeten sich aus den abgebauten Kiesen und Sanden mit dem Küstenlängsstrom Nehrungen. So entstand südlich von Meldorf der Elpersbütteler Donn. Nördlich des Meldorfer Geestsporns hatte sich kein Strandwall gebildet, da hier die alte Meeresbucht immer wieder von Sedimenten bedeckt wurde. Die Nehrungsbildungen im Dithmarscher Küstengebiet hatten weitreichende Folgen für die Landschaftsentwicklung, da die alten Meeresbuchten im Osten der Sandwälle vermoorten, während westlich von diesen um etwa 500 v. Chr. die alte Marsch aufwuchs. Die Besiedlung der Seemarsch erfolgte dabei vom Geestrand, beginnend im frühen 1. Jahrhundert n. Chr.

Die verkehrsgünstige Lage Meldorfs mit der Mündung der Miele in die Nordsee war ein Grund für die frühe, in der bei Adam von Bremen in seiner Hamburger Bischofsgeschichte um 1075 genannten *ecclesia mater*, also Mutterkirche zur karolingischen Zeit um etwa 820 für Dithmarschen. Die Mission Nordelbiens hatte nach der Einbeziehung in das Fränkische Reich vom Erzbistum Bremen aus eingesetzt, wobei mit Hamburg für Stormarn, Schenefeld für Holstein und Meldorf für Dithmarschen in den drei nordelbischen Sachsengauen die ersten drei Urkirchen gegründet worden waren. Erst im 12. Jahrhundert ist jedoch eine Pfarrorganisation in Dithmarschen deutlich zu erkennen. Seit etwa 1140 gehörte Meldorf zum Hamburger Domkapitel, daneben bestanden in Dithmarschen die Kirchen von Tellingstedt, Süderhastedt, Weddingstedt, Lunden, Büsum und Uthaven (Alt-Brunsbüttel).

Bei den erhaltenen oder durch Ausgrabungen – wie in Meldorf – erschlossenen frühen Bauten auf der Geest, handelt es sich durchweg um romanische Feldsteinkirchen des 12. Jahrhunderts. Erst seit dem 13. Jahrhundert entstand im Stil der Backsteingotik der heutige sog. Meldorfer Dom als dreifschiffige Basilika

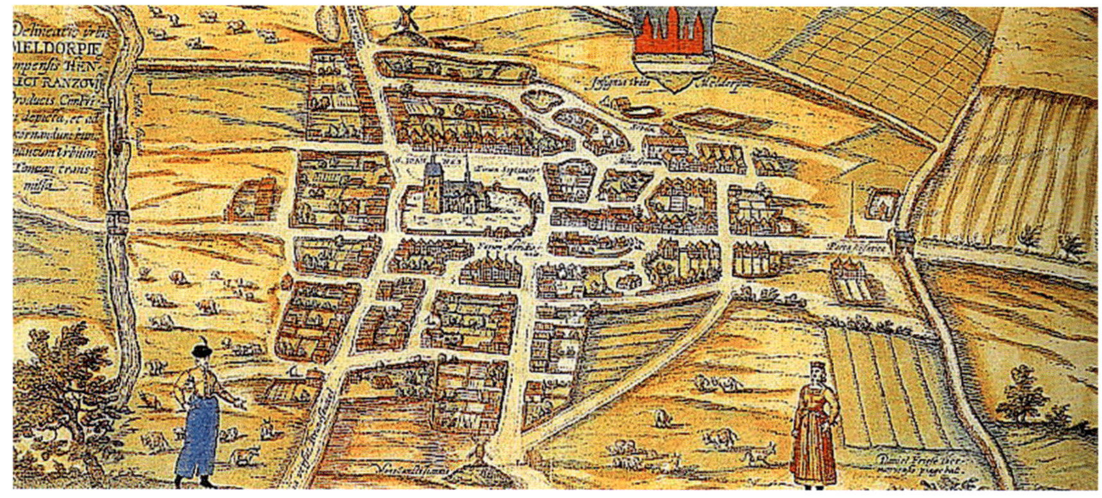

Die älteste Ansicht Meldorfs von Daniel Freese im Städteatlas von Braun-Hogenberg von 1598

Meldorfer Dom.
Foto: Dirk Meier

mit Querschiff und Chor. Nach einem Brand von 1866 wurde der heutige 59 m hohe Turm errichtet. Während das Innere der Kirche noch einen gotischen Stil mit Fresken biblischer Motive und Heiligenbilder aufweist, beherrscht das Äußere des Gebäudes die Neugotik. Das Taufbecken stammt aus der Zeit um 1300, der Passionsaltar entstand 1520, Kanzel und Chorgitter datierten von 1601 bis 1603. Zur Zeit der Bauenrepublik Dithmarschen diente die Kirche als Versammlungsort der autonomen Vertreter der Kirchspiele. Hier tagte das Schiedsgericht, wurden Verträge ausgehandelt und Gottesdienste gehalten. Ferner befand sich in Meldorf ein Markt.

LÜTJENBÜTTEL UND BUSENWURTH

Von Meldorf aus führt die Bundesstraße 5 vorbei an den im Kern mindestens bis in das frühe Mittelalter zurückreichenden Dorfwurten Ammerswurth und Elpersbüttel in die Dithmarscher Südermarsch. Die Straße folgt teilweise dem hier nicht mehr erhaltenen mittelalterlichen Seedeich, der nach der Durchdämmung der Süderau bis zur Geest bei Meldorf vorverlegt wurde. Da in einer Urkunde des Bremer Erzbischofs von 1140 vom Ackerbau in *Ethelekeswisch* (Eddekak) die Rede ist, lässt sich wohl auf die Existenz von Deichen in dieser Zeit schließen. Zudem wird mit *Berlette* (Barlt) eine Siedlung erwähnt, die in dem vermoorten und im Rahmen des hoch- und spätmittelalterlichen Landesausbaus urbar gemachten Sietland liegt.

Südlich von Elpersbüttel liegt östlich der B 5 die Wurt Lütjenbüttel. Bei Ausgrabungen wurde hier unter der Wurt eine etwa 1 m mächtige Lage von Schilfen angeschnitten, die feine tonige Sedimente durchzogen. Nach oben gingen diese in einen Schilftorf über, den in einer Höhe von NN +1,25 m Anwachsschichten bedeckten. Darüber entstand eine Salzwiese, auf der die hochmittelalterliche Wurt errichtet wurde. Die tiefste hier aus dem humosen Klei entnommene Probe zeigt in den von der Geest her eingewehten Baumpollen die Eichenmischwaldarten. Hasel ist nur gering vertreten, während Buche, Ulme und Hainbuche noch fehlen. Das Auftreten von Farnsporn, hohen Werten von Gräsern und Sauergräsern und das relativ geringe Auftreten von Beinwell weisen auf eine Feuchtwiese unter mäßig marinen Bedingungen hin. Die Gänsefußgewächse belegen zwar die Nähe von Salzwiesen, doch fehlen typische Vertreter dieser Gesellschaften wie Milchkraut, Strandwegerich oder Grasnelke noch. Die humosen Lagen sind mit einem verringerten Meeresspiegelanstieg oder einer Regression zu verbinden. Innerhalb der Entstehungszeit dieses Torfes vollzog sich die Ausbreitung der Buche und die Etablierung der Hainbuche auf der Geest, somit entstand dieser in der ersten Hälfte des 1. Jahrtausends n. Chr. Feine Tonbänder im Torf belegen Süßwasserüberschwemmungen, die sich als Rückstau infolge der ungenügenden natürlichen Entwässerung erklären lassen.

Reste von Torfen dieser östlich der höheren Uferwälle der Seemarsch sich ausdehnenden Moores sind auch unter den seit dem 12. Jahrhundert angelegten Hofwurtenreihen in der Südermarsch vorhanden. So weist der unter einer Hofwurt in Volsemenhusen östlich von Marne erbohrte Torf ein Alter von 640–780 n. Chr. auf. Auch die Hofwurtenreihe in Westerbüttel nördlich von Brunsbüttel war auf dem Moor errichtet, das hier um 780–990 n. Chr. bestand. Somit hatte sich die Vermoorung weiter ausgedehnt und umfasste das gesamte Sietland der Südermarsch. Erst mit der Bedeichung und Entwässerung im Rahmen des hoch- und spätmittelalterlichen Landesausbaus vollzog sich auch hier ein Wandel von einem Naturraum zu einer vom Menschen beeinflussten Kulturlandschaft.

Lütjenbüttel gehört zu den wenigen größeren hochmittelalterlichen Ausbauwurten in der küstennahen Dithmarscher Südermarsch. Aus den Soden der hier etwa NN +1,20 m hohen Seemarsch hatten die Bewohner zunächst bis zu NN +4,20 m hohe Hofwurten aufgeworfen. Das in den Ausgrabungen 1997 nachgewiesene, auf eine dieser Wurten errichtete, etwa 5 m breite Gebäude mit Pfosten und Flechtwerkwänden weist nach dem Fälldatum eines Pfostens in die Zeit um 1138. Durch die Anpackung von Mistschichten und darauf aufgeschichteter Kleiaufträge wurden die Hofwurten randlich erweitert und im späten Mittelalter erhöht, da man dem Schutz des Seedeiches noch nicht vertraute. Zahlreiche Funde, wie Kugeltöpfe der harten Grauware, aber auch Steinzeug aus dem Rheinland, kennzeichnen hier die ländliche Wirtschaft und Kultur der Bewohner.

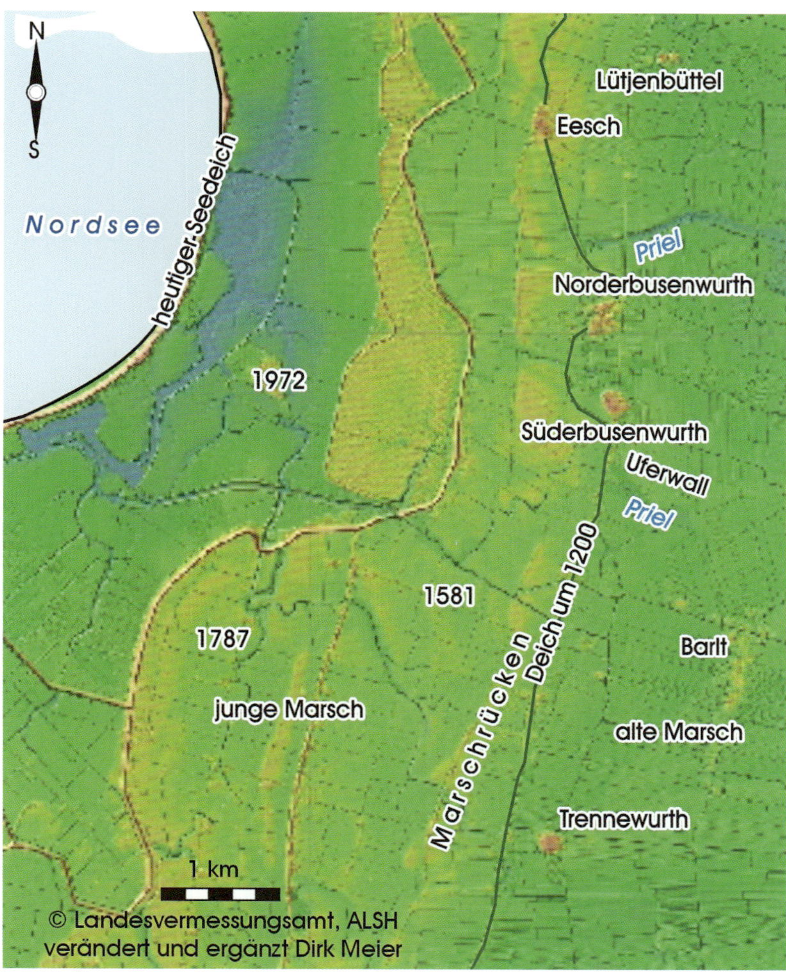

Lage der Wurten Lütjenbüttel, Eesch, Norder- und Süderbusenwurth sowie Trennewurth in der Dithmarscher Südermarsch

Der Wasserversorgung dienten Sodenwandbrunnen sowie zwei flaschenförmig aufgebaute Sode des Spätmittelalters. Der im Westprofil erfasste flaschenförmige Sod war bis in die wasserführenden Sedimente unterhalb der Schilfschichten eingetieft. Die andere im Ostprofil angeschnittene Zisterne reichte nur bis in den oberen Bereich der Schilflagen hinab.

Südlich von Elpersbüttel biegen wir nach links in den Eescher Weg ab und erreichen die mittelalterliche Wurt Eesch. Am Ortsanfang führen der Visitenweg und dann die Alte Landstraße nach Süden entlang des mittelalterlichen Seedeiches bis nach Norderbusenwurth. Dort wurde bei Bauausschachtungen auf einem in dieser Zeit nicht mehr sturmflutfreien Niveau der Marsch ein zweischiffiges Gebäude dokumentiert. Eine Datierung dieses 5 m breiten und ca. 20 m langen, auf einem niedrigen

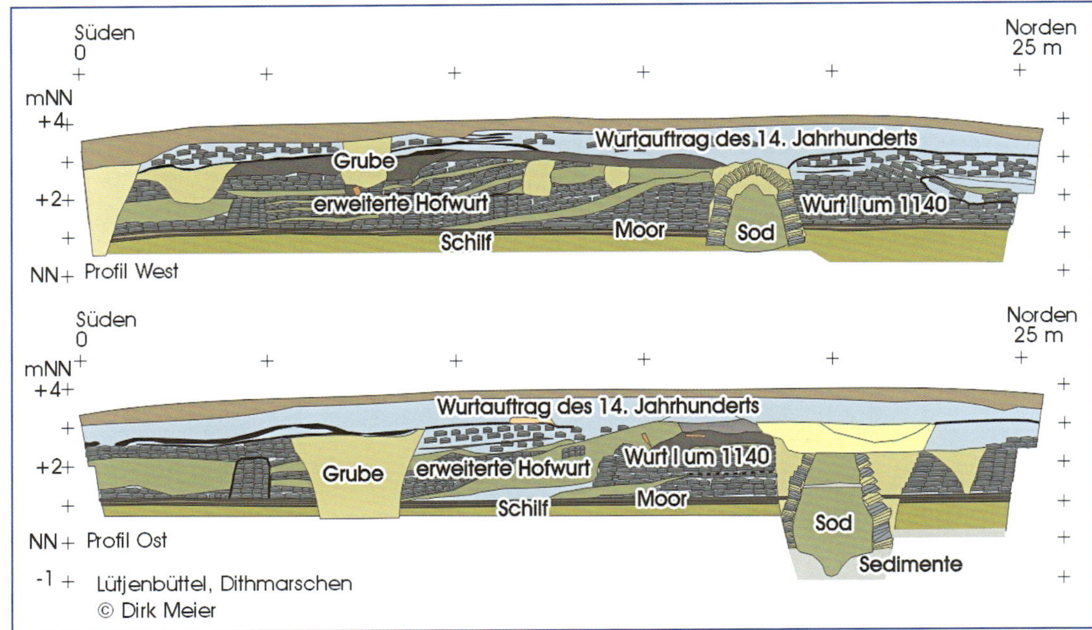

Profil der mittelalterlichen Wurt Lütjenbüttel

Sodenpodest angelegten Baus, vermutlich eine Scheune, war nur noch anhand von Radiokarbondatierungen möglich, die mit ihren Mittelwerten in die Zeit des späten 11. oder frühen 12. Jahrhunderts weisen. Eine dritte Radiokarbondatierung, mit hoher Wahrscheinlichkeit aus dem frühen 12. Jahrhundert, stammt aus Siedlungsschicht der ersten Aufhöhung, die im randlichen Bereich der Dorfwurt auf einem Höhenniveau von NN +2,30 m liegt.

Folgt man der Alten Landstraße entlang des hier abgetragenen mittelalterlichen Seedeiches weiter erreicht man Süderbusenwurth. Die im Durchmesser etwa 250 m große und bis NN +4,80 m hohe Wurt gehört zu einer Reihe weiterer Wurtendörfer in der Seemarsch westlich des im 1. Jahrtausend vermoorten Sietlandes. Bis zur Eindeichung 1581 erstreckte sich westlich der Wurt ein breites Vorland. Hier erfolgten von 1998 bis 2002 im nordwestlichen Teil

Blick auf Norderbusenwurth.
Foto: Dirk Meier

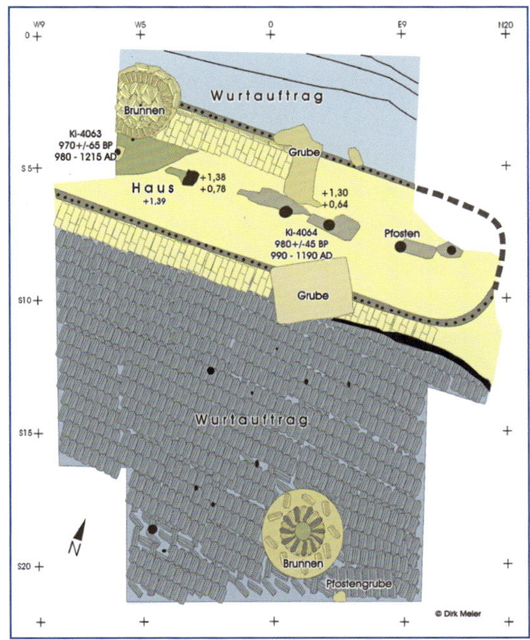

Vor Anlage der Wohnplätze wurde das in den tieferen Bereichen feuchte Areal mit parallel verlaufenden und später mit Mist verfüllten Gräben entwässert. Danach trug man hier etwa 0,20 m mächtige Lagen aus Kleisoden auf. Ebenfalls den verlandeten Priel deckte man kurz nach der Anlage der ältesten Hofstellen zur Schaffung einer begehbaren Oberfläche auf einer Höhe von NN +1,30 m mit Soden ab. Nördlich des Priels wurden auf der freigelegten Hofwurt I kurz nacheinander drei Wohnstallhäuser errichtet. Bei den jeweils etwas nach Osten verschobenen Bauten befanden sich die Wohnteile im Westen. Unterhalb des Wohnteils des ältesten, im frühen 1. Jahrhundert erbauten Wohnstallhauses bestand der Wurtender Wurt umfangreiche archäologische Untersuchungen. Danach lag der älteste Teil der Siedlung aus der römischen Kaiserzeit auf einem bis NN +1,80 m hohen, nach Osten abfallenden Uferwall. Das Areal durchfloss ein etwa 6 m breiter, bis NN ±0 m tiefer Priel, der im Westen in einen größeren Priel oder direkt in die Nordsee mündete. Um Chr. Geb. ist dabei mit einem Mittleren Tidehochwasser zwischen NN +0,30 und +0,40 m zu rechnen. Schon etwas höher auflaufende Wasserstände überschwemmten dabei das mit NN +0,80 m nur niedrige Umland der auf dem Uferwall angelegten Marschensiedlung. Dünne sandige Sedimentlagen traten dabei in den ältesten Mistschichten am nördlichen Wurtrand auf. Sturmfluten hatten auch vor der Anlage der Siedlung den bis zu NN +1,80 m hohen Uferwall überschwemmt, wie Anwachsschichten dokumentieren. Dessen Untergrund bestand aus schluffigen Sedimenten über einer bis 1,50 m mächtigen Lage von Muschelschalen. Reste des alten Marschbodens zeichneten sich nur am nordwestlichen Wurtrand ab, während dieser ansonsten zur Gewinnung von Soden abgeplaggt worden war. Teilweise ließen sich jedoch auf der östlichen, abfallenden Seite des Uferwalls über schluffigen Sedimenten Pflanzenreste und kleine Wurzeln nachweisen, die eine Verlandung belegen.

Ausgrabung Norderbusenwurth mit hochmittelalterlichem Gebäudegrundriss und jüngerem Wurtauftrag des 12. Jahrhunderts mit Sodenbrunnen

Dorfwurt Süderbusenwurth mit Ausgrabungsflächen

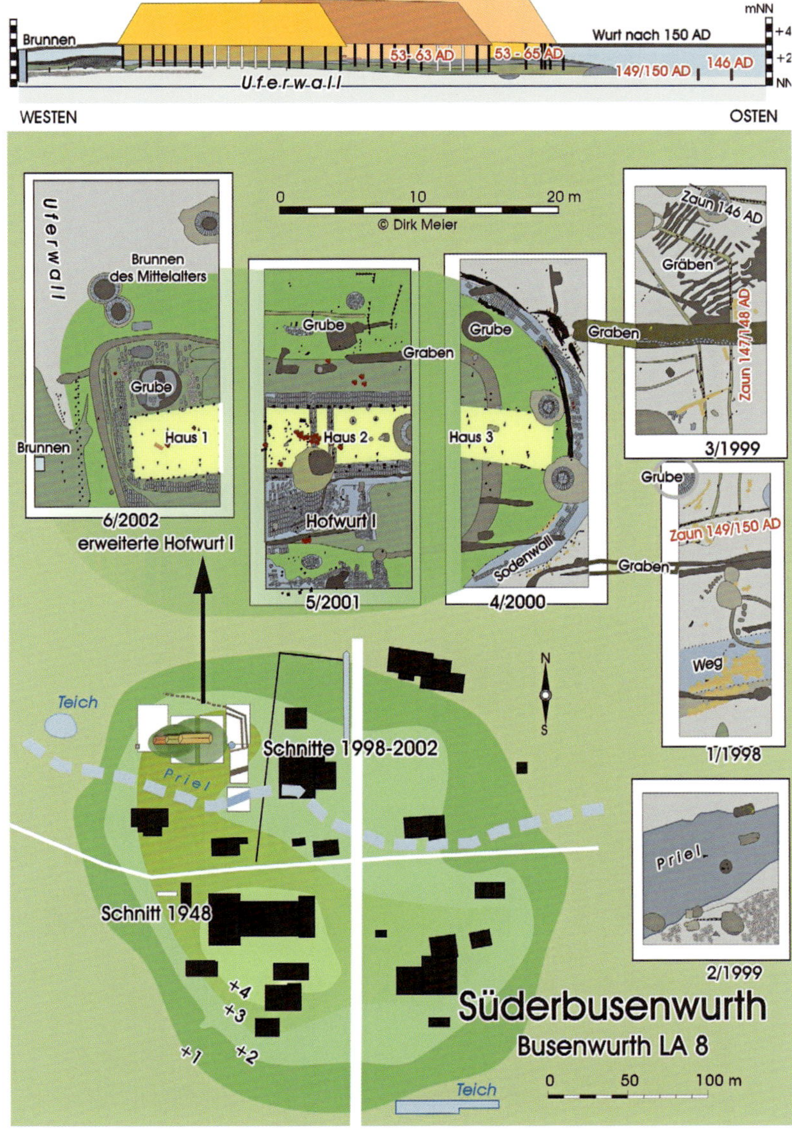

Zweihenkeltopf der älteren römischen Kaiserzeit aus Süderbusenwurth. Foto: Dirk Meier

kern aus einem niedrigen Kleisodenauftrag auf den höchsten Partien des Uferwalles, während über dessen nach Osten abfallende Oberfläche Mist aufgepackt und mit Soden abgedeckt wurde. Das Wohnniveau des ältesten auf der Hofwurt I errichteten 5 bis 5,20 m breiten und etwa 19 m langen Wohnstallhauses lag bei NN +2 m im Wohnteil und fiel nach Osten zum Stallteil etwas ab. Nach mehreren aus der Brandschicht des Wohnstallhauses geborgenen Webgewichten zu schließen, hatten die Bewohner dieses offenbar fluchtartig verlassen.

Nach dem Abbrand und der Planierung brachte man neue Kleisodenlagen auf. Zugleich wurde die Wurt nach Osten hin und zu den Seiten erweitert. Dabei deckte man den aufgeworfenen Mist mit Kleisoden ab und sicherte diesen an seinem östlichen Ende mit einem Kleisodenwall, den beiderseits ein Flechtwerkzaun einfasste. Dieser Wurtenausbau überdeckte auch den älteren, mit Mist verfüllten Graben der Hofwurt. Auf der vergrößerten Hofwurt entstand ein im Vergleich zum Vorgängerbau nach Osten verschobenes Wohnstallhaus, das mindestens eine Länge von 20 m aufwies. Der Fußboden lag im Wohnteil nun etwa 0,30 m höher, somit bei NN +2,30 m. Die Fälldaten der verbauten Spaltbohlen weisen in die Jahre um oder nach 53 bis 63 n. Chr. Auch dieses Haus brannte ab und wurde planiert.

Danach erfolgte die Errichtung eines noch etwas weiter nach Osten hin verschobenen dritten Neubaus, dessen Stall möglicherweise einmal verlängert wurde. Nach den Fälldaten der Spaltbohlen entstand die nördliche Längswand um oder nach 65 n. Chr., die Südwand um oder nach 53 bis 65 n. Chr. Hier dürften Hölzer sekundär verwendet worden sein. Der Mittelgang im Stallbereich der Wohnstallhäuser war teilweise mit Scherbenpflastern ausgelegt.

Nahe dieser nacheinander errichteten Wohnstallhäuser deuten Spaltbohlen auf Zaunsetzungen oder Pferche hin. Ferner gehörten Scherbenpflaster, Gruben mit Ablaufgräben sowie mit Mist und Klei verfüllte Gruben zum Hofareal. Die Hofwurt umgaben im Osten Spaltbohlenzäune, von denen der südliche nach den jahrgenauen Fälldaten in den Sommern 149 und 150 n. Chr. errichtet wurde. Der östliche wies in die Bauzeit 147/148 und der nördlich in das Jahr 146 n. Chr. Südlich des von Zäunen eingefassten Hofplatzes verlief ein mit Flechtmatten ausgelegter Weg. Im Zuge des Wurtenausbaus wurde dieser mit Mist und Klei überdeckt und durch einen jüngeren, aus Kleisoden bestehenden Weg ersetzt.

Nach Aufgabe der ältesten Hofwurten erfolgte frühestens nach der Mitte des 2. Jahrhunderts mit massiven Kleiaufträgen die Errichtung einer größeren Gesamtwurt bis zu einer Höhe von NN +3 m. Zu den Befunden dieser Phase gehören mit Mist verfüllte Gruben, Gräben und Schlackenfunde, die ein Werkareal andeuten. Am nordwestlichen Wurtrand befand sich ein schachtförmiger, mit Spaltbohlen aus-

Rekonstruktion der Marschensiedlung Süderbusenwurth in der Seemarsch der römischen Kaiserzeit. Im Osten erstreckt sich ein vermoortes Sietland vor dem Geestrand. Foto: Dirk Meier

gekleideter Brunnen, der bis zum Grundwasser reicht. Nun diente dieses Areal der Wurt vermutlich als Garten- oder Ackerland, da das niedrige Umland der Wurt schon bei höheren Tiden überschwemmt wurde. Wohl deshalb gab man die Wurt um 300 n. Chr. auf.

Die Masse der im Hauswerk gefertigten Tonware gehört der älteren römischen Kaiserzeit an, wobei Töpfe einer Gebrauchsware, einige Kümpfe sowie Trichter- und Schulterschalen und besser verzierte Henkeltöpfe sowie einige wenige Standpokale in das 1. bis 3. Jahrhundert weisen. Ein Mahlstein sowie weitere Bruchstücke belegen die Verarbeitung von Getreide zu Brot. Spinnwirtel und Webgewichte dokumentieren die Tuchherstellung; Schlackenreste deuten auf Eisenverarbeitung hin. Knochen und Horn wurden gleichfalls verarbeitet. Die Auswertung des archäozoologischen Fundmaterials belegt, dass zu 68% Rinder, zu 13% Schafe, zu 10% Pferde und zu 9% Schweine gehalten wurden. Die jüngsten Kleiaufträge der Dorfwurt gehören nach Ausweis der Keramik mit einer Höhe von bis zu NN +3,50 und +4,80 m in das 12. bis 14. Jahrhundert. An der Basis eines mittelalterlichen Sodenbrunnens fand sich ein Wagenrad.

KRONPRINZENKOOG, FRIEDRICHSKOOG UND DIEKSANDERKOOG

Über die B 5 geht es weiter vorbei an der bis in die römische Kaiserzeit zurückreichenden Trennewurth bis Helse, wo nach rechts eine Straße in den Kronprinzenkoog abzweigt. Nachdem man in Süderdithmarschen in der Mitte des 16. Jahrhunderts vergeblich versucht hatte, das ganze Vorland zwischen Meldorf und Marne einzudeichen, konnte man 1559 immerhin den Trennewurther Koog gewinnen, bevor dann der Große Koog Ammerswurth-Marne von 1578 bis 1581 entstand. Dieser verbesserte zugleich die Entwässerung. Da sich vor dem neuen Koog schnell Vorland bildete, konnte schon 1608 der Marner Neue Koog gewonnen werden. Da die 1717 eingerissenen Brunsbütteler Brake sehr viel Arbeitskräfte und Mittel verschlang, konnte in Süderdithmarschen das breite Vorland erst 1785 bis 1787 mit dem Kronprinzenkoog eingedeicht werden. Für die Bauausführung unterteilte man den Deichbau in mehrere Abschnitte, wobei die einzelnen Arbeiten jährlich neu verdungen wurden. Nach Witterung und Umständen schwankten dabei die Arbeitsleistungen zwischen 625 Packwerken mit 14.150 m³ im Juni 1785 und nur 13 Packwerken mit 295 m³ in schlechten Zeiten zwar stark, die Vorausberechnungen der Kommission für den 14,3 km langen Seedeich erwiesen sich jedoch als realistisch. Oft waren Hunderte mit dem bis 1787 fertig gestellten Deichbau beschäftigt, die ihre *Wüppen, Spaden und Keuer-Karren* mitbringen mussten. Fünf von Osten nach Westen führenden Querwege, die alle in den Seedeichsweg mündeten, teilten das Land in sechs Abteilungen auf, denen drei Schulbezirke zugewiesen waren. Schon während der Eindeichung versuchte die Eindeichungskommission unter Leitung des ehemaligen Süderdithmarscher Landvogtes Siegfried Eggers vergeblich, das Koogsland zu verkaufen. Deshalb wurde der Koog 1789 an Siedler aus Ostfriesland verpachtet, bis die restlichen Parzellen 1790 veräußert werden konnten.

Vor dem Kronprinzenkoog bildete sich ein Anwachs mehrerer, durch Priele getrennter „Quellerinseln", deren Anschlickung man durch Dämme förderte. Auf dem westlichen und östlichen Queller lagen zwei mit Deichen

Die Quellerinseln und die Insel Deichsand vor dem Kronprinzenkoog. Ausschnitt der Topgraphisch Militärischen Karte des Herzogtums Holstein (1789–1796) von Varendorff.

Altes Dithmarscher Bauernhaus im Friedrichskoog. Foto: Eduard Meier

umgebene Tränken, in denen das Weidevieh Schutz bei Sturmfluten und Trinkwasser fand. Das Vorland dehnte sich bis Dieksand aus, das schon in der zweiten Hälfte des 17. Jahrhunderts vorhanden war und sich näher zur Küste verlagerte. Hier hatte nach Auseinandersetzungen der Süderdithmarscher Statthalter zur Sicherung seiner Herrschaftsansprüche ein festes Haus auf der durch einen Ringdeich geschützten Insel errichten lassen, wie eine Tuschzeichnung von 1613 zeigt. Es hielt allerdings nur wenige Jahre den Stürmen stand. Im Schutz dieser landwirtschaftlich genutzten und 1817 mit einem Sommerdeich bedeichten Insel lagerte sich Klei ab. Zwischen dem Kronprinzenkoog und Dieksand, dessen Sommerdeich 1825

Kronprinzenkoog Mitte um 1920. Foto: Eduard Meier

zerstört worden war, wuchs mit Unterstützung kleiner Dämme ein zusammenhängendes Vorland auf. Die die Vorlandinseln trennenden Priele dämmte man ab, was das Zusammenwachsen der Vorländer erleichterte. Mit Hilfe von 1.500 eingestellten Arbeitern und mehr als 300 Fuhrwerken mit zugehörigen Arbeitskräften wurde 1854 der *Frederik VII Koog* (Friedrichskoog) fertiggestellt.

Den Friedrichskoog erreichen wir, wenn wir der Koogstraße weiter nach Westen folgen. Der südlich der Meldorfer Bucht weit vorspringende Koog wirkte wie ein natürlicher Sedimentfänger, sodass an dessen Seiten das Watt schneller verlandete. Diesen Prozess beschleunigten kleine Dämme noch. Allerdings erforderte die Sicherung von Friedrichskoog-Spitze einen über 2 km langen Basaltdamm, der sich bei der schweren Sturmflut 1936 bewährte. Von Friedrichskoog-Spitze hat man einen Blick auf die Meldorfer Bucht bis nach Büsum, zur Erdölförderstation Mittelplate, nach Süden bis Cuxhaven und Trischen.

Vor der Dithmarscher Küste verhindert ein Tidenhub von über 3 m weitgehend das Entstehen von Inseln. Zwar finden sich hier ebenso wie in Nordfriesland einige Sandbänke, doch nur Trischen 14 km vor der Süderdithmarscher Küste erreicht eine ausreichende Höhe für eine salzwasserempfindliche Vegetation. Die in einer Kernzone des Nationalparks Schleswig-Holsteinisches Wattenmeer liegende Insel wird von Vögeln sowohl als Brut- wie auch als Rastplatz besucht. Von einzelnen Arten wie Brandgänsen, Knutts oder Alpenstrandläufern finden sich zeitweise bis zu 100.000 Exemplare auf der Insel und in den angrenzenden Wattenmeergebieten. Im Westen sowie an Nord- und Südspitze der halbmondförmigen Sandinsel hat der Wind bis zu 3 m hohe Dünen aufgehäuft, in deren Schutz sich im Osten Trischens Salzwiesen bildeten. Aufgrund der Strömungsverhältnisse trägt das Wasser beständig Sand im Westen ab, während sich an der Ostseite neues Land bildet. Die Insel verlagert sich so im Jahr etwa 30 bis 35 m nach Osten im Wattenmeer.

Trischen erwähnen erstmals Gerichtsakten 1610 und 1645. Eine Karte von 1705 zeigt die Insel als *Buschsand* in einer viermal größeren

Ausdehnung als heute. Um 1750 scheint aus der bewachsenen Insel wieder eine Sandbank entstanden zu sein. Ab 1850 und besonders zwischen 1882 und 1894 wuchsen infolge verstärkter Sedimentation die drei Sandbänke Polln, Buschsand und Riesensand zu einer Insel zusammen. In der Folgezeit bildeten sich bis zu 5 m über den Hochwasserstand aufragende Dünen, in deren Schutz sich Salzwiesen etablieren konnten. Erstmals wurde Trischen 1895 als Schafweide verpachtet; wobei ein Sommerdeich, den der Pächter 1897 zum Winterdeich ausbauen ließ, einen kleinen Inselkoog schützte. Den Deich zerstörte schon 1899 eine Sturmflut, sodass die Insel vorerst nicht mehr landwirtschaftlich nutzbar war. Um 1900 entwickelte sich Trischen zum Lieblingsgebiet von Eiersammlern und Vogeljägern, die Tausende in der Mauser befindliche Brandenten erschlugen. Um dies zu stoppen, wurde die Insel 1909 Vogelschutzgebiet.

Der Hamburger Unternehmer Jürgen Brandt unterschrieb 1922 einen Pachtvertrag und deichte bis 1925 einen 78 ha großen Koog ein. Neben Getreide- und Kleeanbau nutzte er die restliche Insel als Weideland und erbaute sich einen Hof, bevor er in Konkurs ging. Nach 1926 wurde Trischen zeitweise an die Stadt Altona verpachtet. Trotz umfangreicher Küstenschutzarbeiten brach 1930 der neu errichtete Deich. Vier Jahre später fiel die Insel an den Dithmarscher Landwirt Dreeßen. Bis 1940 pflanzte der preußische Staat als Dünenschutz noch Strandhafer, überließ die Insel aber dann den auf sie einwirkenden Naturkräften. Nach der Sturmflut 1943 verließ Dreeßen Trischen. Nachdem nochmals in den Nachkriegsjahren 1946 und 1947 ein Ehepaar mit seinen Kindern und einer kleinen Schafherde auf der Insel gelebt hatte, wurde die landwirtschaftliche Nutzung endgültig zugunsten des Naturschut-

Brücke am Krautloch vor dem Kronprinzenkoog nach dem Franzosensand 1913. Foto: Eduard Meier

Neulandhalle. Foto: Erich Meier 1942, Archiv Meier

zes aufgegeben. Die am Ende des 19. Jahrhunderts noch etwa 736 ha Strandflächen, Dünen und Salzwiesen umfassende Insel hat sich bis heute auf etwa ein Viertel verkleinert, wobei Sturmfluten heute Trischen regelmäßig überfluten.

Systematische Vorlandgewinnung erlaubte südöstlich des Friedrichskoogs die Eindeichung des Neufelder Kooges von 1923 bis 1924 und des Dieksander Kooges von 1933 bis 1935. Bei letzterem wählte man eine gerade Deichlinie, die Teile des Vorlandes und Wattflächen einbezog. Vom Friedrichskooger Hafen führt eine Straße in den Dieksanderkoog mit dem historischen Lernort Neulandhalle. Diese Eindeichung wurde während der nationalsozialistischen Diktatur im Rahmen der Blut- und Bodenideologie als Adolf-Hitler-Koog propagandistisch verherrlicht. Nur verdiente Parteigenossen erhielten hier Land. Als zentraler Treffpunkt der „Koogsgemeinschaft" war die Neulandhalle auf dem ehemaligen Schafhügel des Franzosensandes konzipiert worden. Vom Dieksanderkoog geht es über Marne nach Brunsbüttel.

BRUNSBÜTTEL

Über die B 5 von Marne erreicht man Brunsbüttel-Ort mit seiner Kirche. Diese wurde ebenso wie die umliegenden Häuser erst 1674 erbaut, als man den infolge von Sturmfluten zerstörten älteren Flecken an der Elbe ausdeichte und die Bauten abtrug. Der Abbruch der alten Kirche begann 1677, die neue wurde dann 1679 geweiht. Die Einwohnerzahl des 1674 neu gegründeten Brunsbüttel blieb jedoch zunächst lange hinter der des alten Ortes zurück und hatte 1676 erst wieder 42 Einwohner.

Von Brunsbüttel Ort mit Kirche, altem Markt und Heimatmuseum gelangt man zum Elbdeich. Auf dem Elbdeich erinnern wir uns an die wechselvolle Landschaftsgeschichte. Hier hatte sich der Elbstrom seit dem späten Mittelalter nach Norden verlagert, die alten Uferwälle abgebrochen und die Deiche zerstört. Dabei ging mit dem 1140 urkundlich erwähnte Uthaven wohl eine Vorgängersiedlung Alt-Brunsbüttels unter. Die älteste schriftliche Erwähnung Brunsbüttels findet sich in einer Urkunde von 1286. Darin gelobten die Bürger ihrem Lehnsherrn, dem Erzbischof von Bremen, die Hamburger Kaufleute nicht mehr auszurauben. Während die Sturmflut von 1486 mit ihren schwerwiegenden Folgen auf den Elbdeich der Wilstermarsch sowie die dadurch verursachte Ausdeichung urkundlich belegt sind, fehlen entsprechende Hinweise zum Süderdithmarscher Elbdeich, der gemeinsam von den Kirchspielen Brunsbüttel und Eddelak unterhalten wurde. Vielleicht verlagerte sich hier auch die Stromrinne der Elbe später nach Norden. Die Elbkarte von Melchior Lorichs von 1567 ebenso wie die kurz nach 1559 angefertigte Vogelschau Dithmarschens von Peter Böckel erlauben kaum präzise kartographische Vorstellungen. Immerhin lässt sich aber dem Teilungsvertrag über die adelige Herrschaft in Dithmarschen von 1568 entnehmen, dass zu den unmittelbar am Elbdeich liegenden Orten *Northusen, Groden, Wallen, Brunsbüttel, Oldebarwurden* und *Ostermhor* (Ostermoor) gehörten.

Da die östlich von Brunsbüttel auf Moor errichteten Deiche nur eine geringe Standfestigkeit besaßen und aus dem niedrigen Binnenland bei geschlossenen Sielen Binnenwasser gegen die Deiche drückte, musste infolge der einen Tag nach Allerheiligen eintretenden Sturmflut von 1532 der Elbdeich mit Süderhusen zurückgenommen werden. Aus dem weiteren Bestand der Orte Walle, Diekendorp und Groden, deren Namen auf ihre unmittelbare Lage am Elbdeich hinweisen, lässt sich folgern, dass 1532 keine weiteren Landverluste eintraten. Der Abbruch des Vorlandes führte jedoch zu einer zunehmenden Gefährdung des Elbdeiches. So trat bei der Sturmflut vom Februar 1563 in Süderhusen ein großer Deichbruch ein. Die Landesherrschaft bewilligte daher auf Drängen der Kirchspiele Brunsbüttel und Eddelak eine Rückverlegung des Elbdeiches. Der 1566 fertiggestellte Einlagedeich ließ einen Teil des ehemaligen Kirchspiels Süderhusen außendeichs, von dem nur wenige Häuser binnendeichs verlegt wurden. Auch östlich von Brunsbüttel musste man den Elbdeich *(Strohdeich)* zwischen Grodhusen und Nordhusen zurücknehmen, sodass man die geplante Deichverbindung zur Wilstermarsch bis 1573 verschie-

Oben: Karte von Johannes Mejer mit der Festung Brunsbüttel von 1644, unten: Küstenveränderungen im Raum von Brunsbüttel

ben musste. Erst in jenem Jahr konnte mit dem Deichbau zwischen Ostermoor und Büttel begonnen werden, der nun anstelle des Hochmoores den Küstenschutz übernahm. Die unmittelbar an die Elbe grenzenden Deiche sicherten aufwendige Strohbestickungen.

Das sollte jedoch nicht ausreichen, denn während die Sturmfluten von 1593 und 1597 noch glimpflich verliefen, zerstörte die vom 1. Dezember 1615 den Elbdeich östlich von Brunsbüttel. Der neue, um etwa 350 m zurückverlegte, 1617 hergestellte Einlagdeich ließ 10 Häuser des Dorfes *Oldburworden* sowie etwa 39,36 ha außendeichs. Die Ausmaße des Deiches besaßen mit einer Sohlenbreite von 19 bis 24 m und einer Höhe von 3,8 bis 4,1 m über Vorland das übliche Ausmaß, doch war die Seeseite mit 1:3 recht steil geböscht.

Die dicht aufeinander folgenden Sturmfluten von Januar und Februar 1625 richteten erneut starke Schäden am Elbdeich östlich von Brunsbüttel zwischen Potthusen (früher *Diekendorp* genannt) und *Oldburworden* an. Am Siel bei Potthusen, wo der Hauptsielzug des Kirchspiels Eddelak mündete, trat ein Deichbruch ein. Da hier Mitteldeiche fehlten, drang nach dem Bruch des Siels das Salzwasser bis an den Donndeich, durchbrach diesen nördlich von Averlak und strömte in den Kudensee. Da zugleich das Vorland weiter abbrach, musste der Seedeich 1629 erneut zurückgenommen werden, nachdem sich der Durchbruch nicht hatte schließen lassen und erneute Schäden im Winter 1628 eingetreten waren. Die Ausdeichung betraf 18 Häuser und 26 Morgen (14,21 ha) des Dorfes Otthusen. Die neue Deichlinie verlief nun et-

Kirche von Brunsbüttel. Foto: Dirk Meier

was stromabwärts von dem Einlagedeich vor *Oldburworden*. Die *Landtcarte Von dem Sudertheill Dithmarschen Anno 1648* von Johannes Mejer gibt den neuen Verlauf des Seedeiches wieder und lässt auch die exponierte Lage Brunsbüttels *(Brunsbuttel)* erkennen, dessen Vorland weitgehend abgebrochen ist. Der Chronist Vieth führt für das 17. Jahrhundert vor allem die Sturmfluten von 1615, 1625, 1628 und 1634 als schadensreich an.

Die schwere Sturmflut vom Oktober 1634 führte zwar an den Elbdeichen zu erheblichen Schäden, aber nicht zu Landverlusten. Die Annäherung des Stromtiefs der Elbe sollten seit 1611 Steinbuhnen verhindern. Die künstlichen Eingriffe für den Ausbau der königlichen Festung Brunsbüttel ebenso wie der Dreißigjährige Krieg waren jedoch nachteilig für den Küstenschutz. Im Verlauf der kriegerischen Ereignisse von 1626 wurden die Deiche bei Brunsbüttel durchstochen, um den Vormarsch der kaiserlichen Truppen nach Dithmarschen aufzuhalten. Eine Erweiterung der Festungswerke mit einem Wall und mehreren Bastionen zur Landseite hin folgte 1635, wodurch die Landseite einen geschlossenen Wall erhielt. Davor erstreckte sich ein breiter, mit Wasser gefüllter Graben, der bis zur Elbe reichte. Ein Bild von Johannes Mejer unten links in seiner oben genannten Karte enthält eine Detailzeichnung der Festung *Brunsbuttel*, wie sie 1644 bestand. Zur Elbseite hin ist das 1637 neu errichtete *new Bollwerk* mit vorspringenden kleinen Bastionen zu erkennen. Dieses ermöglicht zugleich den Küstenschutz vor dem Elbufer mit seinem kleinen Vorland. Höhere Wasserstände überfluteten schnell die Gräben der Festung und drangen in das Binnenland vor, was andererseits bei geschlossenen Sielen auch unter einem Binnenwasserstau zu leiden hatte. Zudem wurden weitere für das Land nachteilige Verteidigungsmaßnahmen ergriffen, als die Schweden 1644 nach Dithmarschen eindrangen. So musste das Kirchspiel Eddelak den *Dunner Teich* (Donndeich) durchstechen, damit das Binnenwasser vom Kudensee in die Marsch zur Unterbindung feindlicher Truppenbewegungen eindringen konnte. Zwei Jahre lang blieb das Land überschwemmt. Zum Glück blieben in dieser Zeit schwere Sturmfluten aus, wenn sich auch der Vorlandabbruch verstärkte.

Bis 1656 hatte sich die Abbruchkante soweit landeinwärts verschoben, dass *der Flecken Brunsbüttel selbst 14 Häuser und 4 Morgen [2,19 Hektar] der Elbe überlassen* musste. Westlich von Brunsbüttel nahm man daher 1664 den Seedeich zurück, wodurch 9 Häuser und etwa 20,22 ha des Dorfes Groden ausgedeicht wurden. Infolge des fortgesetzten Stromangriffs der Elbe nach Norden musste schließlich 1674 der gesamte Flecken Brunsbüttel aufgegeben werden. Verursacht hatten dies die Sturmfluten vom 21. August 1673 und vom 25. Januar 1674, in deren Folge der mehrfach durchbrochene Seedeich nicht mehr gehalten werden konnte. Von der durchgeführten Ausdeichung waren außer dem Flecken Brunsbüttel mit der Kirche, dem Friedhof, Schulen und Häusern etwa 43,72 ha betroffen, wodurch *der neue Flecken mit unbeschreiblichen Kosten weiter Nordostwerts ins Land verleget* wurde (heute: Brunsbüttel-Ort).

Trotz der Rücknahme des Elbdeiches im Kirchspiel Brunsbüttel kam es infolge der anhaltenden Stromverlagerung auch nach 1674 zu weiteren Ausdeichungen. So musste der Elbdeich südlich von Ostermoor 1684 nochmals um etwa 350 m zurückgenommen werden. Ein Einlagedeich hielt der Sturmflut von 1685 nicht stand. 1719 schuf man dann mit dem etwa 1,5 km langen Neuen Moordeich eine neue Verbindung zwischen Büttel und dem späteren Lüttdorp im Kirchspiel Brunsbüttel. Dessen Anlage war eine Folge der Rückverlegung des alten Deiches. Obwohl es nach dem königlichen Bericht von 1674 zu befürchten war, dass *das Wasser folgen und den Nachkömmlingen den Garaus machen* würde, sofern es nicht gelang, den *hart fallenden Strohm vom Lande* abzuhalten, blieb Brunsbüttel bis heute bestehen. Die Gewalt des Wassers zeigte sich nochmals mit dem Einbruch der erst 1721 geschlossenen Brake in der Weihnachtsflut 1717, die sich in nachfolgenden Eisflut von 1718 noch vergrößerte. Wenn nicht die kaiserliche Kanalkommission entschieden hätte, dass hier der 1895 eingeweihte Nord-Ostsee-Kanal mit seinen sehenswerten Schleusen in die Elbe führt, wäre Brunsbüttel ein kleiner Ort geblieben.

KLEV VON ST. MICHAELISDONN-HOPEN

Nördlich von Brunsbüttel liegt Eddelak, wo von der Kirche die Bahnhofstraße und dann der Warferdonn nach Dingerdonn führt. Von dort gelangt man über die Friedrichshöfer Straße zum Flugplatz St. Michaelisdonn. Von hier führt ein Weg durch den Wald zum Donner Klev.

Als die Nordsee um 4500 v. Chr. den Geestrand (Klev) erreichte, erstreckte sich hier ähnlich wie am heutigen Roten Kliff auf Sylt ein schmaler Sandstrand. Die entlang der Dithmarscher Küste in nordsüdlicher Richtung verlaufenden Gezeitenströme schufen mit der Bildung von Nehrungen allmählich eine Ausgleichsküste. Der im Warthe-Stadium der Saale-Kaltzeit entstandene Klev wurde als Endmoräne durch das Meer der nachfolgenden Eem-Warmzeit und Schmelzwasser des weichselkaltzeitlichen Elbeurstromtales an seinen Rändern gestaltet. Mit dem Meeresspiegelanstieg im Holozän geriet das Kliff in den Einflussbereich der Nordsee, deren Wellen sich hier ungehindert brachen und zu Abbrüchen führten. Die so abgetragenen Kiese, Sande und Tone sortierte dann das Meer. Den Ton transportierten die Küstenströmungen ins Meer oder sedimentierten diesen in ruhigen Buchten als Schlick ab. Auf dem Grund des offenen

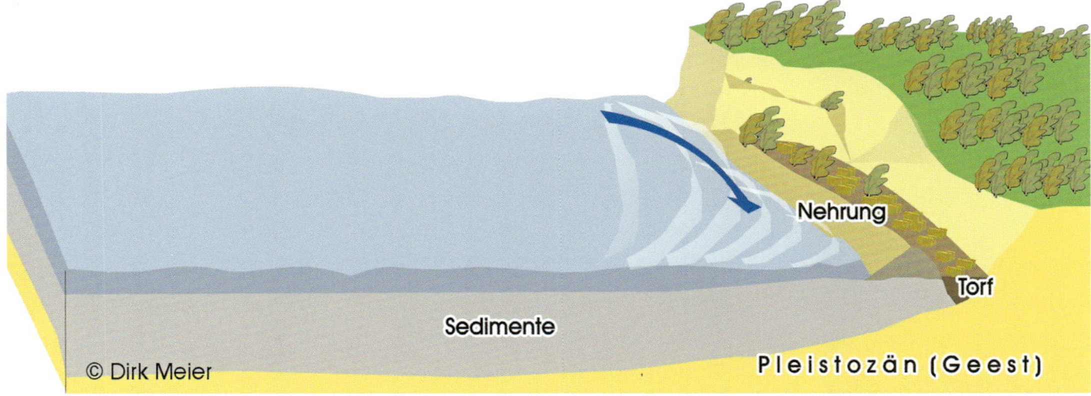

Am Klev bei St. Michaelisdonn. Foto: Dirk Meier

Blick vom Klev bei St. Michaelisdonn auf die Nehrung bei Dingerdonn und die Seemarsch. Foto: Dirk Meier

Meeres lagerte sich der Abra-Macoma-Schlick ab, benannt nach den darin vorkommenden Muscheln. Mit dem Küstenlängsstrom schüttete die Nordsee dann die mitgeführten Sande und Kiese zu Nehrungen auf, welche die Geestkerne teilweise miteinander verbanden. Die Sedimentzufuhr hielt dabei zunächst noch mit dem raschen Anstieg des Meeresspiegels von etwa 1,25 m zwischen 7.000 und 5.000 v. Chr. im Jahrhundert Schritt. Diese Entwicklung endete, als um etwa 5.000 v. Chr. der Nordseespiegel etwa eine Höhe von NN -10 m erreicht hatte.

Im Gebiet der heutigen Elbmündung entstand mit dem Vordringen des Meeres eine große Meeresbucht, welche im Westen die nach Norden reichende Geesthalbinsel der Hohen Lieth und im Süden die Geestränder bei Bederkesa begrenzten. Während der Zeit des raschen Vordringens des Meeres in den Unterelberaum schüttete das Meer bis maximal über 20 m mächtige schluffige und sandige Sedimente auf. Obwohl der Meeresspiegel danach nur noch langsam stieg, blieb die Zufuhr von Sedimenten in die Elbmündung intensiv. Während dabei an der Elbe schluffige und sandige Ablagerungen diese Torfe bedecken, finden sich in den geestnäheren Gebieten kalkige Schluffe sowie humose, mit Schilf durchwurzelte Tone.

Seit etwa 3.000 v. Chr. entstand mit weiter nachlassendem Meeresspiegelanstieg ein langgestreckter Nehrungshaken in Süderdithmarschen, der von der Geestkante bei Gudendorf bis St. Michaelisdonn ausgehend, sich nach Süden bis in das Gebiet der Elbmündung vorbaute. Seine letzten Ausläufer sind heute nicht mehr sichtbar, sondern liegen unter Sedimenten begraben in der Wilstermarsch. Vor der ältesten Nehrung schüttete das Meer weitere Sandwälle an. Auf diesen wehte der Wind den Sand zu Dünen auf. Zur Zeit ihrer Entstehung lagen die Nehrungen an der Seeseite in der Brandungszone, während sich östlich vermoorte Lagunen und Seen ausdehnten, die in der

Burg-Kudenseer-Niederung zu Niedermooren aufwuchsen. Diese durchzogen gezeitenabhängige Wasserläufe. Die Schwankungen des Meereseinflusses führten zu einem ständigen Wechsel in diesen Lagunengebieten mit ihren offenen Wasserflächen, Niedermooren oder Bruchwaldtorfen. Ob an geschützten Gebieten im Wellenschatten der Nehrungen oder landeinwärts bereits Marschen aufwuchsen, ist unklar.

Die Endmoräne des Warthe-Stadiums in Süderdithmarschen biegt südöstlich vom Donner Kleve nach Südosten um. Südlich des Geestrandes von Kuden liegt hier das Naturschutzgebiet Kudensee und Umgebung. Der See bildete sich im Schutz des Nehrungsfächers von Dingerdonn-Averlak. Dieser führte sein Wasser nicht auf kürzestem Weg zur Elbe, sondern ostwärts über die Burger- und Holstenau nach Osten weg. Noch auf Karten von Johannes Mejer von 1648 reichte dieser vom Kleve bis Averlak, bevor er immer weiter verlandete. Die Umgebung des Sees wurde beim Bau der Nord-Ostsee-Kanal-Schleusen und des Hafens von Ostermoor mit Elbschlick aufgehöht. Auch später wurde Baggergut vom Kanal hier über Rohrleitungen in umdämmte Spülfelder gedrückt.

Über St. Michealisdonn und den Barlter Kleve gelangt man wieder nach Meldorf.

VON BRUNSBÜTTEL IN DIE ELBMARSCHEN UND NACH LIETH

St. Margarethen – Wilster – Honigfleth – Heiligenstedten – Hodorf – Krempe – Glückstadt – Störsperrwerk – Hollerwettern-Dammducht – Neuenkirchen – Elmshorn – Lieth

ST. MARGARETHEN

In Brunsbüttel führt bei den Schleusen eine Fähre über den Nord-Ostsee-Kanal. Wir folgen der Fährstraße Richtung St. Margarethen und kommen bei Büttel an der ausgegrabenen, aber nicht mehr sichtbaren Flachsiedlung von Ostermoor vorbei. Hier befanden sich im 1./2. Jahrhundert n. Chr. mehrere Wohnstallhäuser auf einem Uferwall an einem Priel. Zur Bodenverbesserung ihrer mit dem Hakenpflug gepflügten Felder hatten die Siedler aus Gräben kalkreichen Klei aufgebracht. Aufgrund einer zunehmenden Vernässung des Wirtschaftslandes verließen die Menschen im 2. Jahrhundert ihre Wohnplätze. Über dem einstigen Siedlungsareal und den verlandeten Priel breitete sich eine Hochmoorvegetation aus, die bis zu ihrer Urbarmachung in der frühen Neuzeit bestand. Noch das ganze 1. Jahrtausend n. Chr.

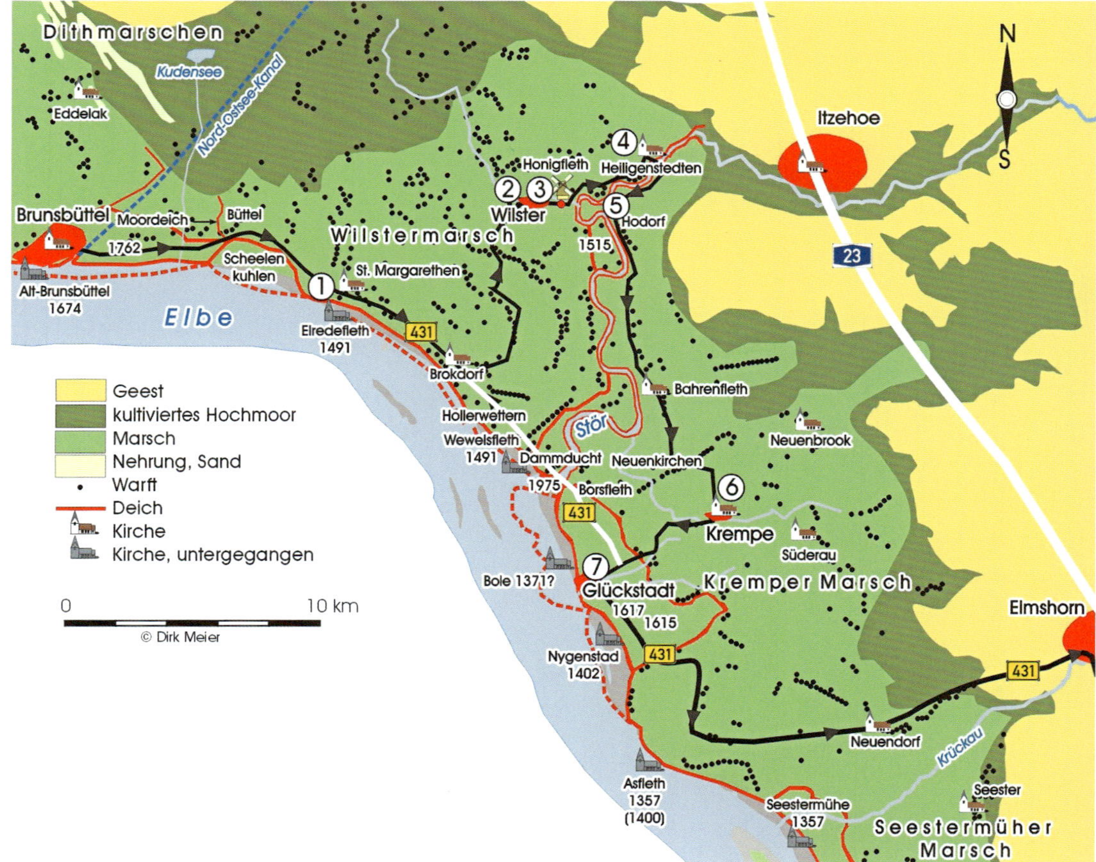

Exkursionsroute: 1 St. Margarethen, 2 Wilster, 3 Honigfleth, 4 Heiligenstedten, 5 Hodorf, 6 Krempe, 7 Glückstadt, 8 Kalkgrube von Lieth südlich von Elmshorn (nicht abgebildet)

prägten Hochmoore auch die Wilstermarsch. Siedlungs- und Wirtschaftsraum boten nur die seit dem späten Mittelalter abgetragenen Uferwälle entlang der Elbe sowie der Stör und kleinere, in das Landesinnere reichenden Priel.

Mit der flächenhaften Urbarmachung der Hochmoore durch die Hollerkolonisation im Hochmittelalter wuchsen die bisherigen lokalen Deiche der sächsischen Siedler zu einer geschlossenen Deichlinie an der Elbe und ihren Nebenflüssen zusammen. Die Urbarmachung erfasste im Mittelalter große Teile der Wilstermarsch von ihren Rändern her. Eine Abführung des Wassers in den Wettern (größere Sielzüge) zog den Bau größerer Deichsiele nach sich, wie sie in den Quellen als *schlusa* und *slusa* (abgeleitet vom lateinischen *exclusa*) auftreten. Gegen das Moor- und Geestwasser schützten niedrige Dämme (Moordeiche, Sietwenden). Zugleich mit dem Bau von Deichen, Sielen und Sielzügen entstanden Bestimmungen für ihren Unterhalt. Die Höhe der eigenen Leistungen richtete sich dabei nach der Flächengröße der Ländereien. Organisiert wurden die Arbeiten von den Bauerschaften in den Kirchspielen, bevor sich später übergeordnete Rechte durchsetzen.

Seit dem 12. Jahrhundert unterhielten die Bauern der Wilstermarsch den Elbdeich, der vom Hochmoor im Grenzgebiet zu Dithmarschen bis zur Stör führte. Mit der Stromverlagerung der Elbe setzte in der Wilstermarsch im späten Mittelalter ein Abbruch des hohen Elbufers ein, der sich bei Brunsbüttel in Dithmarschen bis in das 18. Jahrhundert auswirkte. Nachdem schon im 14. Jahrhundert die Wilstermarsch überschwemmt worden war, wurde der alte Elbdeich bei der schweren Flut von 1436 weitgehend zerstört. Trotz großer Vorlandverluste ließ diesen der Landesherr wiederherstellen.

Das nordwestliche Teilstück dieses Deiches, der sich im Südosten bis zum Tütermoor erstreckte, bildete der Bütteler Moordeich. Infolge von Torfabbau und Entwässerung hatte das Hochmoor in der frühen Neuzeit so viel an Substanz verloren, dass der Moordeich mehrfach nach Nordwesten verlängert werden musste. Dieser wird auch im Spadelandesbrief von Herzog Adolf VIII. vom 14. Juli 1438 genannt und hatte zwei Jahre zuvor ebenso wie der Elbdeich zwischen Büttel und Störort stark gelitten. Der 1933/34 untersuchte 15 m breite Moordeich war 1,80 m hoch und besaß flache Böschungen. Seine bei NN -0,45 m eingemessene Kronenhöhe muss erheblich nach oben korrigiert werden, da der Deich aufgrund seines Gewichtes in den Untergrund gesackt war. Zudem haben sich auch die Landoberflächen infolge von Torfabbau und Entwässerung gesetzt. Wohl nach der Allerheiligenflut von 1436 wurde der Deich mit Torfsoden und nach dessen Zerstörung 1674 mit Klei erhöht und verbreitert. Nachdem *Anno 1574, Fridages na Pfingsten* die *Wilstermarsch mit den Dithmarschen den Nyen Diek by dem Büttel an tho maken* begann, rückte der alte Moordeich durch den neuen Koog (Alter Koog) in die zweite Reihe. Beiderseits dieses Deiches schritt die Moorabgrabung fort, was dessen Zerstörung nach Brüchen in der Oktobersturmflut von 1634 begünstigte. Bis 1674 wiederhergestellt und erhöht, konnte er die Novemberflut von 1685 abwehren, die vom Kirchspiel Brunsbüttel nach dem Bruch des Elbdeiches vordrang. Anschließend mit Steinen befestigt, wurde dieser wieder zum Elbdeich, brach jedoch in der Weihnachtsflut von 1717. Mit der Errichtung des Neuen Kooges an

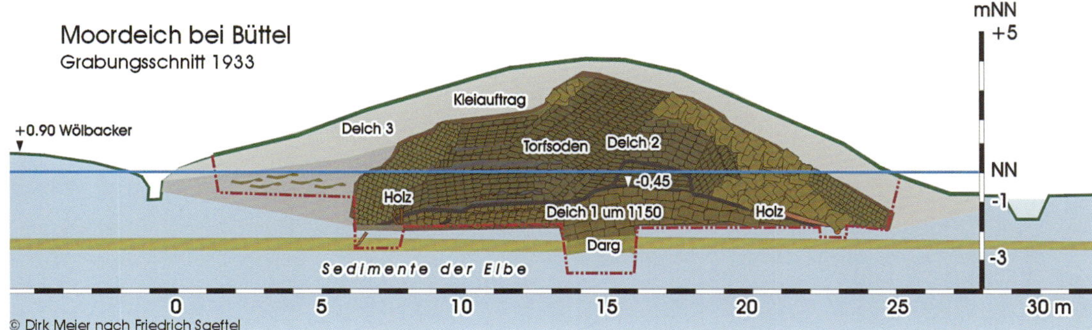

Moordeich bei Büttel

Elbe bei Dammducht. Foto: Dirk Meier

der Elbe 1718 wurde er dann endgültig zum Schlafdeich.

Nach kurzer Fahrt vorbei an dem ausgedeichten Gebiet der Kirchducht erreicht man das erstmals 1344 als *Elredeluete* erwähnte St. Margarethen. Der Vorgängerort *Elredefleth* musste infolge der zunehmenden Gefährdung des Deiches und von Vorlandabbrüchen durch das Heranrücken der Elbe nach der Septemberflut von 1491 ebenso aufgegeben werden wie Welwelsfleth an der Störmündung. Von St. Margarethen folgen wir der B 431 nach dem urkundlich 1342 genannten Brokdorf. Die hier kleinen, als Schutz gegen das Binnenwasser errichteten Hofwarften im angrenzenden Hollerwettern entstanden im Laufe des 12./13. Jahrhunderts wohl noch auf dem Moor, das infolge der Entwässerung und Urbarmachung für den Getreideanbau verschwand.

Als Folge der Allerheiligenflut vom 1. November 1436 wurde das Deichwesen ebenso wie die Verwaltung mit dem Spadelandesbrief von 1437 unter Graf Adolf VIII. von Holstein (1421–1459) vereinheitlicht. Nach den spätmittelalterlichen Sturmfluten richtete vor allem die Allerheiligenflut vom 1. November 1532 schwere Zerstörungen in den Elbmarschen an. Der kurz nach 1491 zurückverlegte Elbdeich der Wilstermarsch musste nach 1573 verstärkt werden, da die infolge der Rücknahme entstandene Strombiegung der Elbe zwischen Brokdorf und St. Margarethen einen Vorlandabbruch bedingte. Zum Deich bei Wewelsfleth heißt es 1575, dass *von jenen sößtig Jahren de olde Elfdiek durch de Elve henwechgenamen* wurde, sodass man nach der Ausdeichung der *Kerke Wevelßfledt* einen neuen Deich errichtete. Eine ergänzende Nachricht von 1603 führt aus, dass die Kirche, die nun *tho Hommelste im Carspel Wevelsflete* liegt, sich ehemals im Außendeich befand, wo jetzt die Fischernetze in der Elbe ausgelegt werden. Sie ist vor 100 Jahren, demnach 1503, an der jetzigen Stelle erbaut worden. Der Zeitraum zwischen dem Neubau der Kirche 1503 und der Aufgabe des alten Deiches gibt aber keinen Hinweis auf die Zeitdauer für den Bau des neuen Elbdeiches, der sicher wenige Jahre nach der Sturmflut von 1491 fertig war. Dieser lag nun jedoch nicht mehr auf dem hohen Elbuferwall, sondern auf dessen Rückseite, wo der moorige Untergrund weniger tragfähig war. Bis heute sind hier die auf unsicherem Grund errichteten Elbdeiche einer steten Gefährdung ausgesetzt. Nur bei St. Margarethen gelang zwischen 1573 und 1614 eine Neubedeichung.

Auch weitere Sturmfluten des 17. und 18. Jahrhunderts überschwemmten nach Deichbrüchen wiederholt Teile der Wilstermarsch. Immer wieder mussten Deichabschnitte ausgebessert oder zurückgenommen werden. Bei der Weihnachtsflut 1717 zerstörte das Wasser zudem die Stöpen und überschwemmte die Kirchspiele Brokdorf und Wewelsfleth. Allein zwischen Wewelsfleth und Beidenfleth befanden sich 22 Deichbrüche, darunter vier Grund-

brüche mit Tiefen von 5,8 bis 7 m. Die stetige Gefährdung des Elbdeiches zwischen Büttel und Wewelsfleth bis heute ist vor allem eine Folge der Stromverlagerung des Flusses.

Von Brokdorf aus erreichen wir über Dammfleth Wilster.

WILSTER

Bei der Fahrt durch die Wilstermarsch begegnen uns die typischen Bauernhäuser auf ihren flachen, als Schutz gegen das Binnenwasser errichteten Hofwarften. Die repräsentativen Gulfhäuser und -scheunen mit ihren gegenüber den Wohnstallhäusern größeren Bergeräumen kamen mit holländischen Glaubensflüchtlingen infolge des spanisch-niederländischen Krieges seit dem 16. Jahrhundert in die Elbmarschen. Typisch für die Wilstermarsch ist das Barghus mit bodenlastiger Lagerung, das für die Milchwirtschaft mit ihrer Butter- und Käseherstellung besonders gut geeignet war. Den Dachstuhl bilden vier starke Eckständer und vier Mittelständer. Die Querständer verbinden paarweise durchgezapfte Ankerbalken. Auf die Ständerbalken ist ein Hochrähm aufgezapft. Verzapfte Riegel zwischen den Ständern tragen die Deckenbalken des Stalls sowie des Vörhus und steifen den Dachstuhl aus. Die erdlastige Erntelagerung bot den Vorteil, dass die Ständer nicht so stark belastet wurden wie bei den Fachhallenhäusern. Die Wände bestanden aus Fachwerk mit Ziegelausfüllungen, im Wohnbereich später auch ganz aus Ziegeln. Äußerlich unterscheidet sich das Barghus durch sein tief herabgezogenes Reetdach von dem schon existierenden langgezogenen niederdeutschen Fachhallenhaus (Husmannshaus) mit seinem Halbwalm oder Steilgiebel sowie der Grootdör in der Mitte der Stallgiebelseite. Das Vieh wurde beim Husmannshaus zu beiden Seiten des Mittelgangs aufgestallt und die Ernte deckenlastig gelagert. Im Zentrum des Barghauses befindet sich hingegen ein erdlastiger Erntestapel (Dwarg), an den sich Kuhstall, Dwer- und Vörhus anschließen. Die zunächst

Typisches Barghus in der Wilstermarsch. Foto: Dirk Meier

St.-Bartholomäus-Kirche in Wilster. Foto: Dirk Meier

kleinen Barghäuser wurden seit der Mitte des 19. Jahrhunderts geräumiger und mit der Döns und dem Pesel auch repräsentativer. Gut erhaltene Beispiele dieser Bauerhausformen gibt es heute noch in Beidenfleth, Dammfleth und Uhrendorf. Die wohlhabenden Marschbauern führten eigene Familienwappen, aßen getrennt vom Gesinde, und hielten sich oft Privatlehrer für ihre Kinder.

Die landwirtschaftlichen Produkte der Wilster- und Krempermarsch wurden in Marktorten umgeschlagen, die an Kanälen entstanden waren. Mittelpunkt der Wilstermarsch bildet Wilster, das 1282 Stadtrecht erhielt. Urkundlich erwähnt ist die dortige St.-Bartholomäus-Kirche bereits 1163, die nördlich der Wilsterau auf einer Warft lag. Wilster diente zunächst als lokaler Hafen für das eigene Kirchspielgebiet, vor allem da auch die Außenkirchspiele der Wilstermarsch an den äußeren Wänden der Entwässerungssiele ihre eigenen Kleinhäfen besaßen. Am Übergang über die Wilster-Au wurde seit dem 13. Jahrhundert ein Markt abgehalten, wo noch heute das alte Rathaus von 1585 steht. Im 16. Jahrhundert begann mit dem Fernhandel für Getreideexporte nach Hamburg und auf eigenen Schiffen auch nach Portugal und Schottland ein wirtschaftlicher Aufschwung, dessen Ende die Kriege des 17. und 18. Jahrhunderts brachten. In dieser Zeit wurde von Ernst Georg Sonnin zwischen 1775 und 1780 die heutige St.-Bartholomäus-Kirche erbaut, ebenso verkörpern das Rathaus und vornehme Bürgerhäuser (Haus Michaelsen) die Prosperität der Stadt.

HONIGFLETH

Wilster verlassen wir nach Osten über die Straße am Steindamm, und können so in Honigfleth die einzige noch erhaltene Schöpfmühle der Wilstermarsch ansehen, um die Entwässerungsgeschichte zu rekapitulieren.

Die Bedeichung der Wilstermarsch begann im 12. Jahrhundert. Auch entlang der Stör, deren mittelalterliche Tidegrenze kaum über die Wilsterau hinausreichte, und auch die Wilster- und Bekau waren bedeicht. Der 1247 erwähnte Ortsname *Crumendieke* (Krummendiek) belegt indirekt die Existenz des Deiches. Im Schutz des nördlichen Stördeiches liegen auf dem hohen Uferrand mehrere Orte im Kirchspiel Heiligenstedten, die überwiegend erst im 13. Jahrhundert genannt werden. Dazu zählen Bekhof, Bekmünde, Honigfleth *(Hodencvlete)* und Schadendorf sowie an der Wilsterau Stördorf *(Wilsteremunde)* und Kathen. Die Ortschaft Kampen (1255) in der Störschleife wurde erst später eingedeicht.

Die Urbarmachung erfasste im Mittelalter im Rahmen der Hollerkolonisation für den Getreideanbau große Teile der Wilstermarsch von ihren Rändern her. Aus dem Vorhandensein des großen Sladensees und von Hochmoorgebieten bei Wilster erklärt sich der Umfang dieses Kirchspiels. Erst nach dessen Trockenlegung und dem Abbau der Moore wurde dieses Gebiet in der Frühneuzeit urbar gemacht. Die Kultivierung des Gebietes von Aebtissinwisch, das zu Beginn des 14. Jahrhunderts noch Moor bedeckte, hängt mit dem Bau des Ecklacker Sielzuges zusammen, der die Entwässerung etwas verbesserte. In dem Rechnungsbuch des Klosters von Itzehoe ist eine Steigerung der Agrareinkünfte belegt. Allerdings blieb – anders als in den Niederlanden und Niedersachsen – eine Kultivierung der Hochmoore mit Fehnsiedlungen in den schleswig-holsteinischen Elbmarschen aus. Nur vereinzelt entstanden – wie in im 1500 erwähnten Moorhusen in der Krempermarsch – Hochmoorkolonien, während andere Bereiche des Moors von den Geestranddörfern aus abgebaut wurden.

Die intensive Entwässerung bewirkt in der Wilstermarsch bis heute andauernde Bodenabsenkungen. So liegt in Neuendorf-Sachsenbande mit NN -3,54 m der tiefste Landpunkt Deutschlands. Bei einem Deichbruch an der Stör oder Elbe würde die Wilstermarsch heute bei normaler Tide, also zweimal täglich, bis 4,5 m und höher überflutet. Die tiefsten Gebiete wären auch während des Niedrigwassers überschwemmt. Infolge der zunehmenden Bodenabsenkungen verschlechterte sich die Entwässerung in der Frühneuzeit stark, da die Wilsterau keine natürliche Vorflut mehr besaß. Ihr wurde das Geestwasser durch die Holstenau sowie Wasser aus dem Kudensee durch die Burgerau (frühere Wolbersau) zugeleitet. Die anhaltende Setzung der Böden zwang dabei zur Anlage von Deichen entlang des Flusses. Besonders schwierig war die Entwässerung im Nordwesten der Wilstermarsch. Hier konnte nur der Einsatz von Entwässerungsmühlen helfen.

Voraussetzung dafür waren windbetriebene Schöpfmühlen, die nach holländischen Vorbildern zunächst mit Wasserädern und später mit archimedischen Schrauben betrieben wurden und das Wasser aus einem Sammelgraben in die Wettern transportierten. Erstmals werden diese 1570 bei Streitigkeiten um die Schleusenkommune erwähnt. So hatte der Sielwärter Sorge, dass das bisherige Gefällenetz der Gräben durch den vermehrten Wasseranfall der Mühlen gestört werden könnte. 1571 wird eine Pumpmühle erstmals in Ecklack erwähnt. Mit den Schöpfmühlen ließen sich nun Böden entwässern, die bis dahin mehrere Monate unter Wasser standen. So siedelten sich Holländer zwischen 1568 und 1609 in dem wenig bebauten Gebiet im Inneren der Wilstermarsch an, wo sie schon bald mit einer intensiven Milchwirtschaft und Käseherstellung begannen. Die Entwässerungstechnik setzte sich immer mehr

Entwässerungsmühle bei Honigfleth in der Wilstermarsch. Foto: Dirk Meier

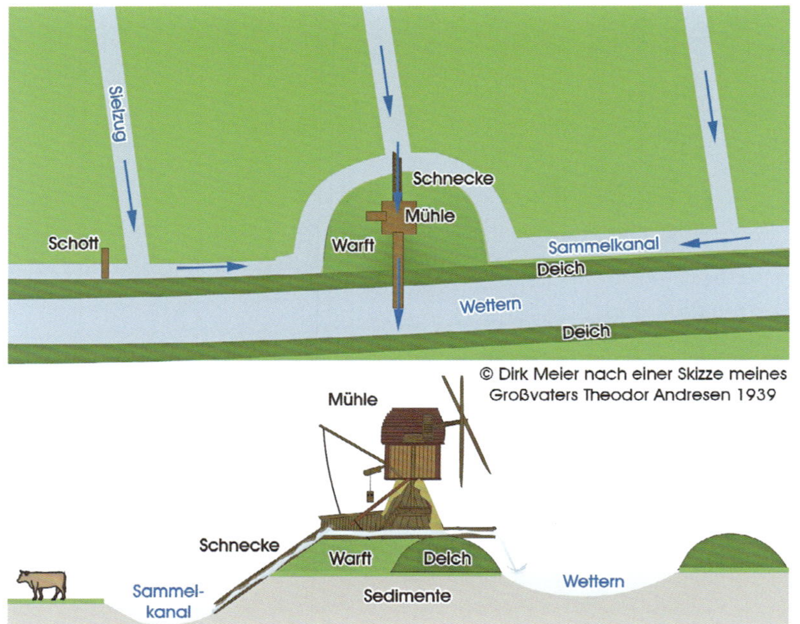

Funktionsweise einer Entwässerungsmühle

durch, sodass bald jeder Hof jetzt eine oder mehrere Mühlen besaß oder kleinere Landeigner diese gemeinsam betrieben. In Zeiten hohen Wasserandrangs nach starken Niederschlägen oder wenn nach Sturmfluten die Außensiele längere Zeit geschlossen bleiben mussten, wollte jeder die eigenen Ländereien als Erster vom Wasser befreien. So entstand das Mahlbestik, das mit Marken die Höhe der hinauf geschöpften Wasserabfuhr in die Wettern festlegte und Strafen für die Missachtung vorsah. Teilweise taten sich Mühlenbesitzer auch zum Bau größerer Schöpfmühlen zusammen, die das Wasser vieler Kleinmühlen erfassten und in die Wilster-Au transportierten.

Kirche von Heiligenstedten an der Stör. Foto: Dirk Meier

Da die Wasserräder sich bald als ineffektiv erwiesen, führte man seit dem 18. Jahrhundert archimedische Schrauben ein, wie sie in Holland schon seit dem 17. Jahrhundert bei der Trockenlegung von Moorseen in Gebrauch gekommen waren. In der Wilstermarsch geht deren Verwendung auf den 1745 in Hodorf geborenen Johann Holler zurück, der diese als Zimmermann in den Niederlanden kennengelernt hatte. Nach sechs Jahren in Holland gründete er 1770 am Kohlmarkt in Wilster eine eigene Zimmerei. Infolge einer Hungersnot 1771/72 baute er zur Intensivierung des Agraranbaus zahlreiche Schöpfmühlen. Mit den je nach Größe zwischen 4000 und 6000 Mark teuren Schneckenmühlen ließen sich zwischen 40 und 55 ha Land entwässern. Die Pumphöhe betrug dabei zwischen 1,50 m und 2 m. Auf Böden, auf denen sonst nur Hafer wuchs, konnte man nun Winterkorn anbauen, während Weideflächen für Sommerkorn dienten. Die niedrigsten Flächen ließen sich noch zur Heugewinnung nutzen. Bis in das 19. Jahrhundert erhielten deshalb fast alle Schöpfmühlen archimedische Schrauben. Im 18. Jahrhundert existierten etwa 350 Schöpfmühlen.

Allerdings war deren Betrieb zeitaufwendig, da sie beaufsichtigt werden mussten. Sie konnten bei einem zu schnellen Lauf durch die Reibungshitze in Brand geraten oder von Stürmen beschädigt werden. Wohl auch daher verringerte sich deren Anzahl zwischen 1886 und 1929 von 284 auf 50. Die letzte Mühle mit Schöpfrad stand bis zu ihrem Abbruch 1902 in der Wetterndorfer Ducht. Heute ist nur noch eine um 1850 errichtete Mühle bei Honigfleth erhalten, die vom Hof Schütt in Dwerfeld hierher versetzt wurde. Seit etwa 1910 verdrängten amerikanische Windmotoren auf einem Stahlgerüst, die sich allein in den Wind drehten, zunehmend die Schöpfmühlen. Hinzu kamen ab 1925 Dampfschöpfwerke, die ab 1950 effektivere Pumpwerke ersetzten. Schon 1942 waren alle 38 Deich- und Entwässerungsverbände der Wilstermarsch aufgelöst, und der Deich- und Hauptsielverband Wilstermarsch mit Unterverbänden war gegründet worden. Da Stör und Elbe tidenabhängige Flüsse sind, kann die Entwässerung durch Siele bei den Schöpfwerken erfolgen.

Störbrücke bei Heiligenstedten. Foto: Dirk Meier

HEILIGENSTEDTEN

Von Honigfleth folgen wir der Straße weiter über Stördorf nach Heiligenstedten. Die dortige St.-Martins-Kirche wurde Ende des 13. Jahrhunderts erbaut. Ob sich hier bereits im 9. Jahrhundert eine Kirche unweit des 810 angelegten fränkischen Kastells Esesfeld befand, lässt sich nur vermuten. Vielleicht lag diese Urkirche für den nordelbischen Gau Stormarn auch in Hamburg. Dass den ersten romanischen Steinbauten Holzkirchen vorausgingen, ist durchaus wahrscheinlich.

Vom Kastell Esesfeld ist kaum etwa erhalten. Es liegt an der Autobahnbrücke über die Stör. Dieser Wasserweg von der Elbe her war bereits unter Karl dem Großen gesichert worden. So hatte er an einer alten Störschleife nahe der Itzehoer Geest, wo der westliche Heerweg endete, 809 wohl durch Graf Ekbert das Kastell Esesfeld errichten lassen. Diese Maßnahme diente auch als fränkische Machtdemonstration nördlich der Elbe gegenüber den Dänen, die 817 – drei Jahre nach dem Tode Karls – Esesfeld vergeblich zu Lande und zu Wasser belagerten. Heute verläuft die Stör etwa 250 m weiter südlich. Die sich im Übergangsbereich zwischen Geest und Marsch befindliche Burg umfasste eine Fläche von etwa 1 ha und war ehemals von einem über 6 m hohen und an der Basis 10 m breiten Erdringwall umgeben. Vor diesem befanden sich zwei vorgelagerte Gräben sowie davon abführende Stichgräben, welche potenzielle Angreifer aufsplittern sollten. Den Funden nach war das Kastell nur kurzzeitig im 9. Jahrhundert in Benutzung, da es mit dem weiteren Ausbau Hamburgs, das auch gräflicher und bischöflicher Sitz war, seine Bedeutung für den Unterelberaum verloren hatte.

HODORF

Nachdem wir in Heiligenstedten die Brücke über die Stör in die Krempermarsch genommen haben, biegen wir gleich dahinter nach Süden in die Dorfstraße ab und erreichen nach kurzer Fahrt Hodorf. Hier befinden wir uns auf dem alten, bereits in der römischen Kaiserzeit besiedelten Uferwall der Stör. Alle nachgewiesenen Siedlungen dieser Zeit konzentrieren sich nach Sammelfunden auf die hohen Uferwälle entlang des Flusses.

Nach den Erkenntnissen des Glückstädter Gymnasialprofessors Detlefsen wählte Werner Haarnagel 1935/36 Hodorf für eine größere Ausgrabung aus. Den Untersuchungen nach zog sich hier das Siedlungsareal auf dem Uferwall eines später zusedimentierten Seitenpriels der Stör auf einer Länge von 100 bis 150 m entlang. Nachgewiesen sind hier drei dicht übereinander liegende, an der gleichen Stelle errichtete Wohnstallhäuser. Das älteste Haus war auf einem 0,30 m hohen Sodenpodest mit ei-

Landschaft und Besiedlung der Eisenzeit an der Unterelbe

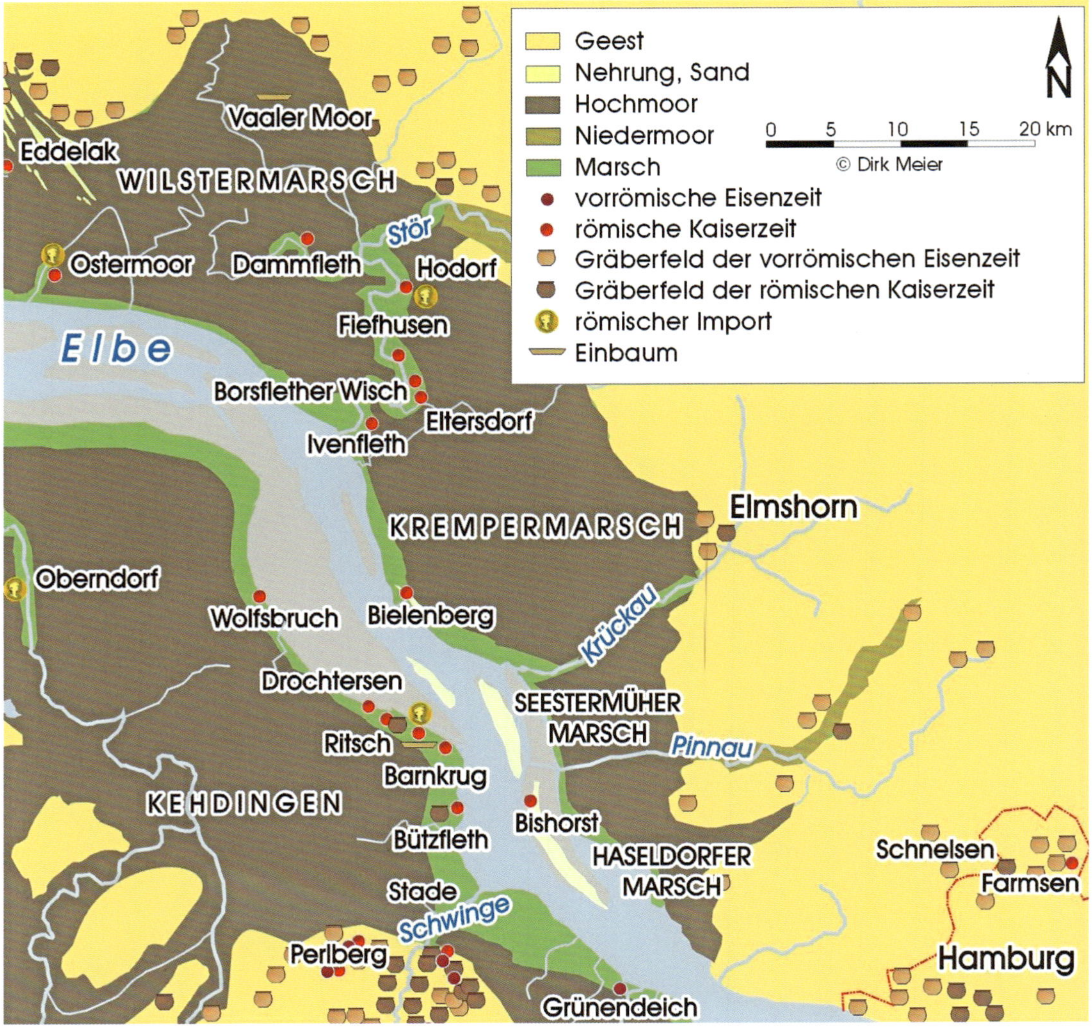

ner heutigen Höhe von NN ±0 m errichtet worden. Am Ende des 2. Jahrhunderts erhöhten die Siedler das Niveau des Wohnplatzes um bis zu 0,70 m zu einer bis NN +0,60 m hohen Wurt. Am Ende des 3. Jahrhunderts wurde die Wurt nochmals um 0,30 m aufgehöht und verbreitert. So entstand ohne wesentliche Veränderung der Lage des Hauses eine langgestreckte Wurt, die eine Höhe von NN +0,80 bis +0,90 m, eine Länge von etwa 40 m und eine Breite von etwa 8 m aufwies. Darauf errichtete man wiederum ein dreischiffiges Gebäude mit einer Länge von 8,50 m und einer Breite von 5,50 m. Nach dessen Abbruch erfolgte an etwa gleicher Stelle ein Neubau, dessen Fußboden auf einer Höhe von NN +1,10 m lag. Im 4. Jahrhundert wurde die Hofwurt weiter vergrößert und bis zu einer Höhe von NN +1,20 bis +1,30 m erhöht. Der jüngste Siedlungshorizont ist infolge der späteren Beackerung zerstört. Spätere Sturmfluten höhten mit der Ablagerung von Sedimenten das Umland soweit auf, dass sie etwa die Kuppe der Wurt erreichten. Das Mittlere Tidehochwasser der Stör betrug 1939 NN +1,40 m. Aus diesem Wert und dem Ergeb-

Rekonstruktion eines Wohnstallhauses, wie es auch in Hodorf an der Stör bestand

nis der Ausgrabungen schloss Haarnagel auf eine starke Setzung des Landes um etwa 3,50 m. Zur Zeit des Bestehens der Siedlung Hodorf wurde der Prieluferrücken sicher noch nicht von höheren Wasserständen erfasst, da das Mittlere Tidehochwasser niedriger lag als heute. Die Wirtschaft der weitgehend autarken Marschensiedlung beruhte auf Viehhaltung. Importe – wie römische Keramik *(Terra sigillata)* – belegen aber auch weiträumigere Kontakte. Die übrige Keramik, wie Töpfe oder Trichterschalen, wurde ebenso wie Kämme im Hauswerk hergestellt; Nadeln, Spinnwirtel und Webgewichte dokumentieren eine Verarbeitung von Wolle zu Tuchen.

Südlich von Hodorf bei Bahrenfleth werden derzeit durch Öffnungen von Sommerdeichen mehr Flächen für Überflutungen zur Verfügung gestellt, damit sich naturnahe Priele und Röhrichte als Tiden-typische Fauna und Flora eines Flussmündungsgebietes entwickeln. Zudem kann artenreiches Grünland oberhalb des Mittleren Tidehochwassers nahrungsreiche Brut- und Rastgebiete für Vögel schaffen.

Krempermarsch mit untergegangenen Kirchorten

KREMPE

Wir folgen der Straße entlang des Stördeiches zunächst weiter und fahren dann über Barenfleth nach Krempe. Wie in der Wilster- erfolgte auch in der Krempermarsch die flächenhafte Urbarmachung des Landes durch die hochmittelalterliche Hollerkolonisation. Nachdem 1237 der Graf Adolf IV. von Holstein über die Deichverpflichtung mehrerer Hollerdörfer *(Grevencop, Nienbroke, Redwisch)* in der Kremper Marsch entschied, werden weitere mit eigenem Recht 1342 erwähnt. Als wichtigster Hafen für die Kremper Marsch hatte Krempe bereits im 13. Jahrhundert Stadtrecht erhalten. Die Bedeutung des Ortes wurde trotz der Gründung von Nygenstad südlich von Glückstadt, dessen Aufschwung mit der Schaffung eines neuen Schifffahrtsweges nach Lesigfeld (dem späteren Herzhorner Rhin) zusammenfällt, nicht beeinträchtigt. Von den Häfen der Elbmarschen besaß nur Krempe seit 1271 das Privileg, Lüneburger Salz die Stör über Itzehoe aufwärts zu führen und auf der Rückfahrt Holz und Korn zu laden, 1540 durfte die Stadt nach Verhand-

Rathaus von Krempe. Foto: Dirk Meier

Marktplatz von Glückstadt. Foto: Dirk Meier

lungen mit Itzehoe auch Bedarfsgüter stromaufwärts verschiffen. Da die Landesherrschaft die Freizügigkeit der Schifffahrt förderte, kam dies aber mehr den Schiffern als den Häfen zugute. Ab 1535 erhielt Krempe unter dem dänischen König Christian IV. eine Befestigung, die mit Bastionen, Wallgraben und vier Toren 1595 oder 1607 ausgebaut wurde. Nach Rendsburg bildete die reiche Stadt die zweitgrößte Festung im Herzogtum Holstein. Trotzdem wurde Krempe im Dreißigjährigen Krieg 1628 von den Truppen Wallensteins eingenommen. Infolge der Kriegsschäden, der Verschlickung der damals noch schiffbaren Krempau und der Gründung Glückstadts verlor die Stadt im 17. Jahrhundert stark an Bedeutung.

GLÜCKSTADT

Von Krempe aus geht es in das nahe Glückstadt an der Elbe. Dessen Gründung erfolgte in einem Gebiet, wo infolge der Stromverlagerung der Elbe der alte Deich im Norden der Kremper Marsch aufgegeben worden war. Der Neubau des zurückverlegten Deiches erfolgte nach 1471, da das Kirchspiel Herzhorn als Nachfolge des untergegangen Nygenstad schon vorhanden war. Von Bielenberg im Süden bis zur Störmündung im Norden hatte sich infolge der Stromverlagerung der Elbe eine große Bucht gebildet, die landeinwärts bis Herzhorn reichte. Weiter südlich war der Elbdeich bei Kollmar zurückgenommen worden. Das aufgeschlickte Vorland in der ausgedeichten Bucht nannte man Blomesche und Engelbrechtsche Wildnis. Bei deren Eindeichung wurde 1561 zuerst die Schleuer im Süden durchdämmt und so der Herrenfeld-Koog gewonnen. Den Plan einer Eindeichung der ganzen Bucht gab man 1575 zugunsten der weiteren Aufschlicklung auf.

Wesentlich für die Eindeichung der Wildnisse war ein 1614 zwischen König Christian IV. und dem Pinneberger Grafen Ernst geschlossener Vertrag. Der neue Deich verlief von Ivenfleth entlang der Stör sowie der Elbe und kreuzte hier zwei Außenpriele bei dem von König Christian IV. 1617 gegründeten Glückstadt und hatte eine Sohlbreite von ca. 21 m, eine Kronenbreite von 3,5 m und eine Höhe von 3,6 m über dem hohen Vorland erhalten. Die Außenböschung war mit 1:2,5 bis 1:3 recht steil, gleiches galt für die 1:1,5 geneigte Innenböschung. Schon die Sturmflut vom 1. Dezember 1613 durchbrach den Deich. Nur wenige

Jahre nach seiner Wiederherstellung brach er 1625 und 1634 erneut.

Christian IV. wollte Glückstadt zu einer uneinnehmbaren Festungs- und Hafenstadt als Konkurrenz zu Hamburg machen. Gleichzeitig mit der Bedeichung der Wildnisse war daher 1615 der Kremper- und Herzhorner Rhin abgeschleust und ihr vereinigter Außenpriel für den Bau des Hafens benutzt worden. Nach Fertigstellung der Hafendämme 1615 erfolgte seit 1620 der Ausbau der Festungswerke und die Anlage der Befestigungsgräben. Gleichzeitig erweiterte man die Hauptvorfluter zu Kanälen für den Verkehr mit dem Hinterland. Mit dem

Hafen von Glückstadt. Foto: Dirk Meier

Bau des Wildenwasserganges 1651/52 entstand eine zusätzliche Schleuse im Rethövel als dem südlichen Schutzdamm des Hafens. Der Außenpriel mündete hier unter teilweiser Benutzung des Festungsgrabens in den westlichen Teil des Hafens. Bohlwerke begrenzten das Hafenbecken. An der nördlichen Hafenmündung befand sich ein Blockhaus, gegenüber lag ein Kastell, das nach einer Sturmflut von 1703 erneuert wurde. Den Hafen überquerte bis 1813 eine Klappbrücke. 1756 bestand neben dieser noch 250 m östlich die Zuchthausbrücke. Das Aussehen des Hafens dieser Zeit vermitteln die Karten von Johannes Mejer von 1651 und de Feignet von 1752.

Die Stadtanlage wurde 1636 mit einem niedrigen Steindamm mit dem Hinterland der Krempermarsch verbunden, da mehrere Sturmfluten bis 1634 den Deich der Blomeschen und Engelbrechtschen Wildnis durchbrochen und die Krempermarsch teilweise überschwemmt hatten. Gleichzeitig erhielt die Kremper Au ein Siel bei ihrer Einmündung in die Stör. Um den Deich der Wildnisse zu entlasten, deichte man 1653 die Herrenweide südlich von Glückstadt ein. Diese Deichlinie blieb bis heute bestehen, wenn auch infolge des Wasserstaus bei Sturmfluten die Elbdeiche noch öfter brachen. So strömte das Wasser 1663 und 1685 nach Glückstadt ein, 1697 wurden auch Teile der Krempermarsch überschwemmt.

Der historische Stadtkern Glückstadts ist bis heute ein Musterbeispiel für eine auf dem Reißbrett entworfene frühneuzeitliche Fürstenstadt. Durch das Versprechen der Religionsfreiheit, bereitgestellte Baugrundstücke und Steuerfreiheit wurden Bewohner gewonnen. So erhielten auch 1619 aus Portugal vertriebene und anfangs in die Niederlande geflüchtete Juden zusammen mit aus den Niederlanden geflohenen Reformierten seit 1620 ein Ansiedlungsprivileg. Hinzu kamen Mennoniten (Täufer) und Remonstranten aus den Niederlanden und Katholiken.

Erstmals 1623 erscheint dann Glückstadt bei 11 Ostseesundfahrten, die sich jedoch später auf zwei bis drei verringerten. Stattdessen nahm der Transitverkehr über die Stör nach Lübeck zu, nachdem Christian IV. 1620 Befreiungen vom Störrecht verliehen hatte. Zucker-, Salz- und Seifensiedereien, eine Münze und der Walfang prägten das urbane Leben. So war 1623 der *Isländischen Handelskompagnie* zur Pflicht gemacht worden, den Walfang von Glückstadt aus zu betreiben. Allen passierenden Schiffen legte man 1630 einen Zoll auf. 1640 erhielten norwegische Handelskompagnien eine Berechtigung für Glückstadt. Nach einer Bestimmung von 1662 mussten alle einlaufenden Schiffe aus Island, Bergen und Jütland ihre Waren hier löschen. 1659 wurde die *Glückstädter Africanischen Kompagnie* gegründet, die aber schon 1671 Konkurs ging. 1768 erhielt Glückstadt die Berechtigung eines Freihafens.

Nach der Beendigung des Dreißigjährigen Krieges verließen jedoch die meisten Immigranten 1644/1648 Glückstadt. Zwar wurde 1649 die Regierungskanzlei für die königlichen Landesteile von Schleswig und Holstein von Flensburg nach Glückstadt verlegt, und nach dem Ende des Herzogtums Schleswig-Gottorf 1773 diente die Stadt als Verwaltungssitz für ganz Holstein und wurde 1845 an die Eisenbahnlinie Altona–Kiel angeschlossen, doch blieben Altona und Hamburg übermächtig. Trotz aller Bemühungen ließ sich der Seeverkehr nicht steigern. Zudem konnten Schiffe den Glückstädter Hafen aufgrund einer Sandbank in der Elbe nur schwer erreichen. Infolge der Zollfreiheit kamen seit der zweiten Hälfte des 18. Jahrhunderts nur Robbenschlag und Walfang mit der Tranverarbeitung eine Bedeutung zu. Der Höhepunkt war 1819 erreicht, als 17 Grönlandfahrer den Hafen zum Walfang verließen. Schon 1837 sank deren Zahl auf drei. Die Tranbrennerei wurde 1834 eingestellt.

Südlich von Glückstadt lag bis zu seinem Untergang Nygenstad. Der hier in seinem Verlauf nicht mehr rekonstruierbare älteste Elbdeich auf dem hohen Elbufer reichte von der Schleuer über die Spleth bzw. Rhinmündung bis zur Stör, die jeweils mit Sielen versehen waren. Davor erstreckte sich in einer Bucht zwischen Schleuer im Süden und Spleth im Norden die 1353 erstmals erwähnte Insel *Nygenlande* mit *Nygenstad.* Der Ort besaß über den Unterlauf des Spleth eine Verbindung zur Lesigfelder Wettern im Hinterland. Bereits 1354 hatte Graf Adolf III. eine Kirche auf der Insel *Nygenlande* errichtet, die zwischen den Grenzen der Dörfer *Kodik* und *Kamerlande* lag. Der 1357 zur Stadt erhobene Ort erscheint 1377 auch als *Grevenkroch*. Eine Nachricht von 1402 besagt, dass die Bewohner ihre wohl aufgrund einer Sturmflut teilweise zerstörte Kirche niederrissen. Infolge der Stromverlagerung der Elbe ging die Insel *Nygenland* unter; ferner brachen die anderen Reste des Elbuferwalles ab. Das restliche Kirchspielsgebiet nördlich der unteren Spleth mit der Dorfschaft Herzhorn nahm wohl einen Teil der Inselbevölkerung auf. Über die Wiederbedeichung von Herzhorn schweigen die Quellen, belegt ist nur die Gründung einer Kirche von 1471 als Nachfolgerin von Nygenstad. Zu dieser Zeit schützte bereits ein zurückverlegter Elbdeich erneut die Krempermarsch. Dabei erhielten auch Spleth und Scheuer neue Siele.

Nordwestlich von Nygenstad und nördlich des späteren Glückstadt lag am Priel Bolritt, das 1307 erwähnte Kirchspiel Bole. In der Urkunde des holsteinischen Grafen Adolfs IV. von 1237 ist erstmals von deren Einwohnern die Rede. Diese beschwerten sich, dass sie gegen jedes Recht zur Unterhaltung ihrer Deiche gezwungen wären. Die Unterhaltspflicht des Elbdeiches, die bis dahin für die Dorfschaften auf dem rechten Ufer der Kremper Au – nämlich *Nienbroeck, Grevekop, Suderouw* und *Eltersdorf* – bestanden hatte, hob Adolf VII. 1360 auf. Nun musste Bole den gefährdeten Elbdeich allein unterhalten, das letztmalig 1371genannt wird.

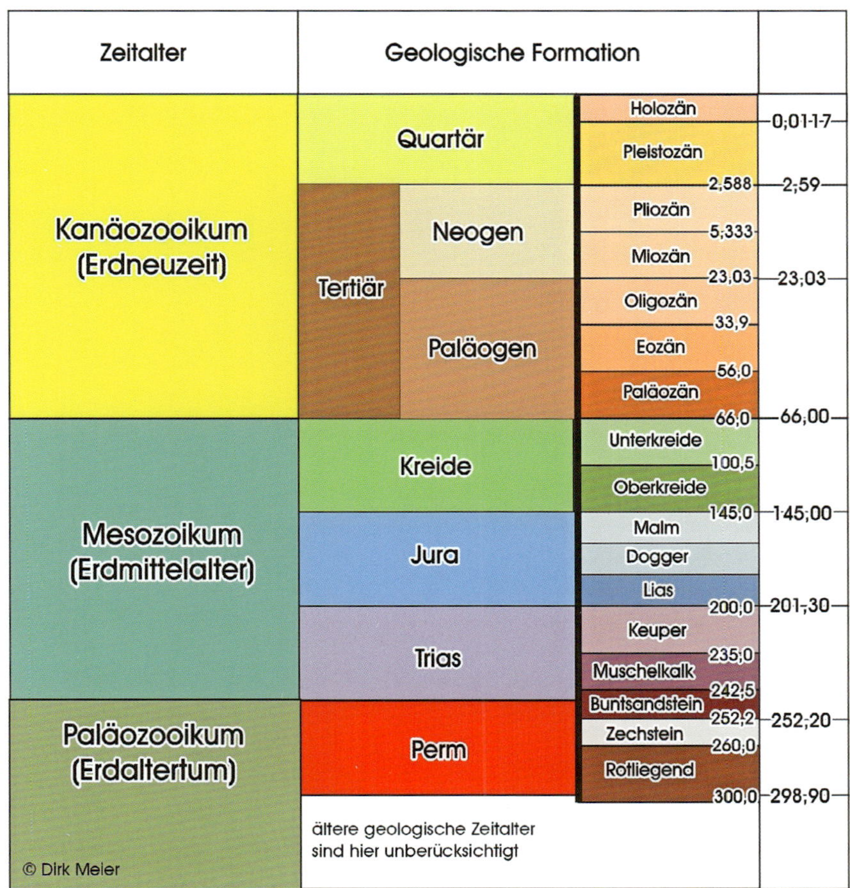

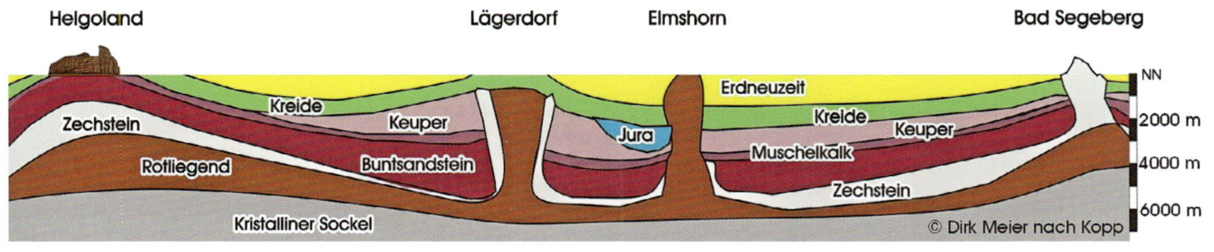

Geologische Zeitskala und Ablagerungen sowie geologischer Schnitt durch Schleswig-Holstein.

Über den Zeitpunkt der endgültigen Zerstörung des Elbdeiches fehlen sichere Angaben, wahrscheinlich dürfte dieser vor 1360 erstmals zurückgenommen worden sein, was sich aus einer Befreiung der oben genannten Dörfer von den Deichlasten erschließen lässt. In der Hamburger Chronik steht zu 1413: *In dem sulven Jahre, do brak de Kremper Marsk in*. Im Register der Kirchspiele der Vogtei Steinburg von 1465 erscheinen Bole und Nygenstad nicht mehr. Die Zerstörung des Elbdeiches war hier so vollständig, dass eine Wiederbedeichung nicht mehr in Betracht kam.

Von Glückstadt können wir die B 495 und B 431 Richtung Brunsbüttel über das Störsperrwerk vorbei an den ehemaligen Außendeichswarften in der Dammducht nehmen, oder wir fahren über Elmshorn nach Lieth, um in die Erdgeschichte hinabzusteigen.

KALKGRUBE VON LIETH

Der B 431 folgend, erreicht man Neuendorf mit seiner bis in das 16./17. Jahrhundert zurückreichenden Trinitatiskirche. Zwischen hier und Seester verkehrt über die Krückau ein aus Eichenholz erbauter Fährkahn. In Elmshorn überqueren wir diesen Nebenfluss der Elbe und folgen der B 431 weiter Richtung Wedel und Hamburg. Südlich von Elmshorn fahren wir über die Wischwettern und biegen hinter dem Betrieb Thormälen Landmaschinen nach links in die Straße Am Redder ab. An deren Ende geht es nach links in die Dorfstraße von Klein Nordende und rechts in den Weg Sandhöhe. Diesem folgen wir bis zum Langengang, der uns nach links zur Kalkgrube von Lieth bringt. Diese zur Besichtigung freigegebene Grube ist eine der wenigen Orte in Schleswig-Holstein, wo man einem ausgeschilderten Pfad in die Erdgeschichte folgen kann.

Die ältesten Gesteinsschichten im Untergrund Schleswig-Holsteins entstammen dem geologischen Zeitalter des Perms vor 298,9 bis 252,2 Millionen Jahren aus dem jüngeren Erdaltertum (Paläozooikum), das sich in Norddeutschland in das Rotliegend, das Zechstein und den Buntsandstein unterteilt. Den tieferen Untergrund kennzeichnet der das zentrale Schleswig-Holstein von Nordwesten nach Südosten durchziehende Glückstadt-Graben, den seitlich der Ostholstein- und der Westschleswig-Trog begrenzen. Südöstlich schließt sich der Hamburger Trog an. Dabei wurden teilweise die im Untergrund vorhandenen Salzstöcke des Perms aus einer Tiefe von 8 bis 10 km an die Oberfläche gehoben. Während des Erdmittelalters (Mesozoikum) vor 252,2 und 66 Millionen Jahren und der anschließenden Erdneuzeit (Ka-

Blick in die Kalkgrube von Lieth. Foto: Dirk Meier

Kalkgrube von Lieth. Foto: Sascha Maack

näozoikum) war der Untergrund der Norddeutschen Tiefebene ein Senkungsgebiet, das die flachen Meere des Zechsteins, des Bundsandsteins, des Muschelkalks und des Tertiärs bedeckten. In diesen kamen neben Sedimenten auch Verwitterungsmaterial der Gebirge zur Ablagerung, das Flüsse hierher transportierten.

Im Perm waren nach einer Kollision der Südkontinent von Gondwana mit den Nordkontinenten alle Erdschollen im Großkontinent Pangäa (Pangea) vereint, wodurch die Varisziden entstanden, die sich vom heutigen Nordamerika bis nach Osteuropa auf einer Länge von mehr als 12.000 km erstreckten. Ein Rest dieser Gebirgskette sind die deutschen Mittelgebirge. Nördlich der Varisziden bildete die Norddeutsche Tiefebene Teil einer von England bis Polen und Skandinavien reichenden Senke, die während des Perms mit kurzen Unterbrechungen Meere bedeckten. Diese lagerten bis über 7.000 m mächtige Sedimente ab.

Im Rotliegend vor etwa 302 bis 260 Millionen Jahren herrschte in einer letzten Phase der variszischen Orogonese noch ein reger Vulkanismus. Infolge der Gebirgsabtragung kamen große Schuttmassen als rote und braunrote gefärbte Sandsteine und Konglomerate zur Ablagerung.

Im anschließenden Zechstein vor etwa 260 bis 251 Millionen Jahren überflutete das Nordmeer weite Gebiete des unter dem Meeresspiegel liegenden Kontinentalbeckens zwischen Weichsel, Main und Niederrhein. Während dieser Zeit lag die Region um Helgoland im sog. Elbetrog. Im heißen Klima trockneten Teile der Meeresbucht häufig aus. Das verdampfende Wasser hinterließ Kalke, Dolomite (Kalksteine), Anhydrite (Sulfate) und Salze als Sedimente. An den Rändern des Zechsteinmeeres zogen sich Dünenzüge des Weißliegenden hin. In ruhigen Buchten lagerte sich Kupferschiefer ab. An steileren Küstenabschnitten wuchsen Riffe. Da das Meer keinen nennenswerten Wasseraustausch mit den übrigen Weltmeeren hatte und eine hohe Verdunstungsrate aufwies, fällten seine Salze aus. Als das Nordmeer das flache Zechsteinmeer abschnürte, trocknete es an seinen Rändern aus. Das spärlich nachströmende Meerwasser dampfte im heißen, trockenen Klima der Zeit zu großen, über 1.000 m mächtigen Salzlagerstätten ein. Dabei kristallisieren sich die Salze in der Reihenfolge ihrer Löslichkeiten aus. Nacheinander wurden so Gips, Steinsalz sowie Kali- und Magnesiumsalze ausgefällt. Im tieferen Untergrund bildete sich aus dem Gips durch Wasserentzug Anhyd-

Lage der Liether Kalkgrube

rit (Calciumsulfat). Infolge periodischer Schwankungen des Meerwasserzuflusses und von Klimaschwankungen untergliedern sich die über 1000 m mächtigen Zechsteinsedimente in Abfolgen von Tonen, Kalken und Salzen. Das heiße Klima führte zu Algenblüten und Faulschlamm, der sich später zu Kupferschiefer verdichtete. Die darüber abgelagerten Kalkschlämme und -sande wurden im weiteren Verlauf der Erdgeschichte zu Kalksteinschichten zusammengepresst.

Mit nachlassendem Sauerstoff auf dem Grund des Zechsteinmeeres starben Tiere, Pflanzen sowie Einzeller ab und wurden im Schlamm eingebettet. Im Verlauf von Millionen Jahren verwandelten sich diese in ölige und teerige Substanzen. Infolge des Auflastdrucks der mehrere hundert Meter mächtigen jüngeren Meeresablagerungen stiegen Gase und Erdöl nach oben. Auch die Salzschichten verformten sich und drangen aufwärts, da Salz eine geringere spezifische Dichte als andere Gesteine besitzt. Der erste Salzaufstieg begann vermutlich im Jura vor etwa 200 Millionen Jahren. Häufig sind nur die Zechsteinsalze aufgestiegen, in Südholstein und an der Niederelbe aber auch das Rotliegend zusammen mit dem Zechstein.

Als während des Tertiärs vor 66 bis 2,588 Millionen Jahren die Norddeutsche Tiefebene infolge von Gebirgsbildungen in Bewegung geriet, kam es zu Bruchspalten in den Gesteinspaketen. Das zuunterst liegende Steinsalz nahm unter dem Druck der schweren aufliegenden Schichten plastische Formen an, quoll in die Bruchspalten hinein und presste jüngere Schichten nach oben. Die Intensität des Salzaufstieges und der Hochwölbung der darüber liegenden Schichten ist unterschiedlich. So entstanden beulenförmige Salzstöcke. Der im Durchmesser 5 km große Elmshorner Salzstock besteht vorwiegend aus Rotliegendsedimenten mit löslichen Steinsalzen in 100 m Tiefe. Er ist ein schlotförmiger Diapir, der unter der Erdoberfläche stecken blieb, nachdem er die aufliegenden Gesteinsschichten aufgebogen, durchschlagen und transportiert hatte.

Im Geotop der Liether Kalkgrube ist dieser Salzstock bis in eine Tiefe von 30 m zusammen mit den Schichten des Rotliegend (vor etwa 302 bis 260 Millionen Jahren) und des grauen Zechsteins (vor etwa 260 bis 251 Millionen Jahren) mit bis zu mehreren hundert Metern Mächtigkeit aufgeschlossen. Sein Aufbau ist durch eine 1872 bis 1878 durchgeführte Tiefenbohrung bis in eine Tiefe von 1.338 m bekannt, an die ein Gedenkstein erinnert. Die ältesten Sedimente aus dem oberen Rotliegend sind Salztone mit Gips- und Salzeinlagen (Rückstandsgesteine an der Grubennord- und südwand). Diese entstanden in einer von Salzseen und Salzpfannen geprägten wüstenartigen Landschaft. Die jüngsten Ablagerungen des Rotliegend bilden Dünensande als feinkörnige, ausgebleichte Sandsteine im oberen Teil der Ostwand. Da der Raum Elmshorn im tiefsten Bereich des kontinentalen Beckens liegt, sind hier die Ablagerungen des aus über 8 km Tiefe gehobenen Rotliegend mehr als 500 m mächtig und stark salzhaltig. Die Sedimentfolge vom Oberen Rotliegend bis zum unteren Zechstein mit dem Kupferschiefer als Leithorizont ist in der Ostwand der Grube aufgeschlossen. Da die Schichtenfolge überkippt ist, liegen hier die älteren Gesteine über den jüngeren. Der im Kupferschiefer in Lieth nachgewiesene *Palaeoniscum freieslebeni* gehört als heringsgroßer Fisch zu den Leitfossilien.

Aus dem Verlauf der Salzausfällungen der sog. Werra-Folge stammt der von Grundwassereinwirkungen beeinflusste Gipsfelsen als Begleiter des Steinsalzes an der Grubensohle. Beide Minerale lagerte das Meer im trocken-heißen Klima ab. Bei den jüngeren Schichten der sog. Staßfurt-Folge handelt es sich um einen dunkelgrauen bis schwarzen Kalk mit organischem Anteil. Dieser Stinkschiefer entstand aus Faulschlamm am Grund des Zechsteinmeeres. Die darüber abgelagerten, über 1000 m mächtigen Schichten wurden in Lieth als Kalkasche (Düngekalk) bis 1993 verkauft. Die roten Tone aus dem Rotliegend hatte man bereits beim Bau der Altonaer-Kieler-Eisenbahn 1844 abgebaut und zur Ziegelherstellung verwendet.

Zechsteinmeer vor 260 bis 252,2 Millionen Jahren und Buntsandsteinmeer vor 252,2 bis 242,5 Millionen Jahren

OSTHOLSTEIN

Preetz – Scharstorf – Selenter See – Futterkamp – Hohwacht – Oldenburger Graben – Oldenburg – Heiligenhafen – Der Bungsberg – Bosau – Plön

Exkursionsroute:
1 Preetz, 2 Scharstorf, 3 Selenter See, 4 Futterkamp Megalithgräber, 5 Großer und Kleiner Schlichtenberg, 6 Oldenburger Graben, 7 Oldenburg, 8 Heiligenhafen, 9 Bungsberg, 10 Bosau, 11 Plön

PREETZ

Unsere Exkursion startet von Kiel aus in das Jungmoränengebiet von Ostholstein mit seinen slawischen Burgen. Auf der B 76 fahren wir in Richtung Preetz. Von der Umgehung des Ortes abbiegend, überqueren wir in Preetz die Schwentine. Die *septina* (heiliger Fluss) sowie größere Wälder bildeten als *Limes Saxoniae* im frühen Mittelalter die Grenze zwischen den nordelbischen Sachsen und den im 8. Jahrhundert nach Ostholstein eingewanderten Slawen. Beim Kloster Preetz legen wir den ersten Halt ein.

Das Vorgängerkloster war zwischen 1211 und 1218 von Graf Albrecht von Orlamünde, dem Sohn der Schwester Waldmars II., zu Ehren der Jungfrau Maria und Johannes des Täufers als *Campus Beatae Mariae* gestiftet worden. Graf Adolf IV. von Schauenburg, der in den Klöstern die Zentren göttlichen Wirkens für den Landesausbau erblickte, erneuerte die Stiftung 1226. Nach mehrfachen Verlagerungen von Marienfelde, Erpesfelde und Lutterbek wurde das Kloster schließlich 1261 neu in Preetz errichtet. Das Kloster bot ursprünglich Platz für 70 Nonnen aus der Ritterschaft und

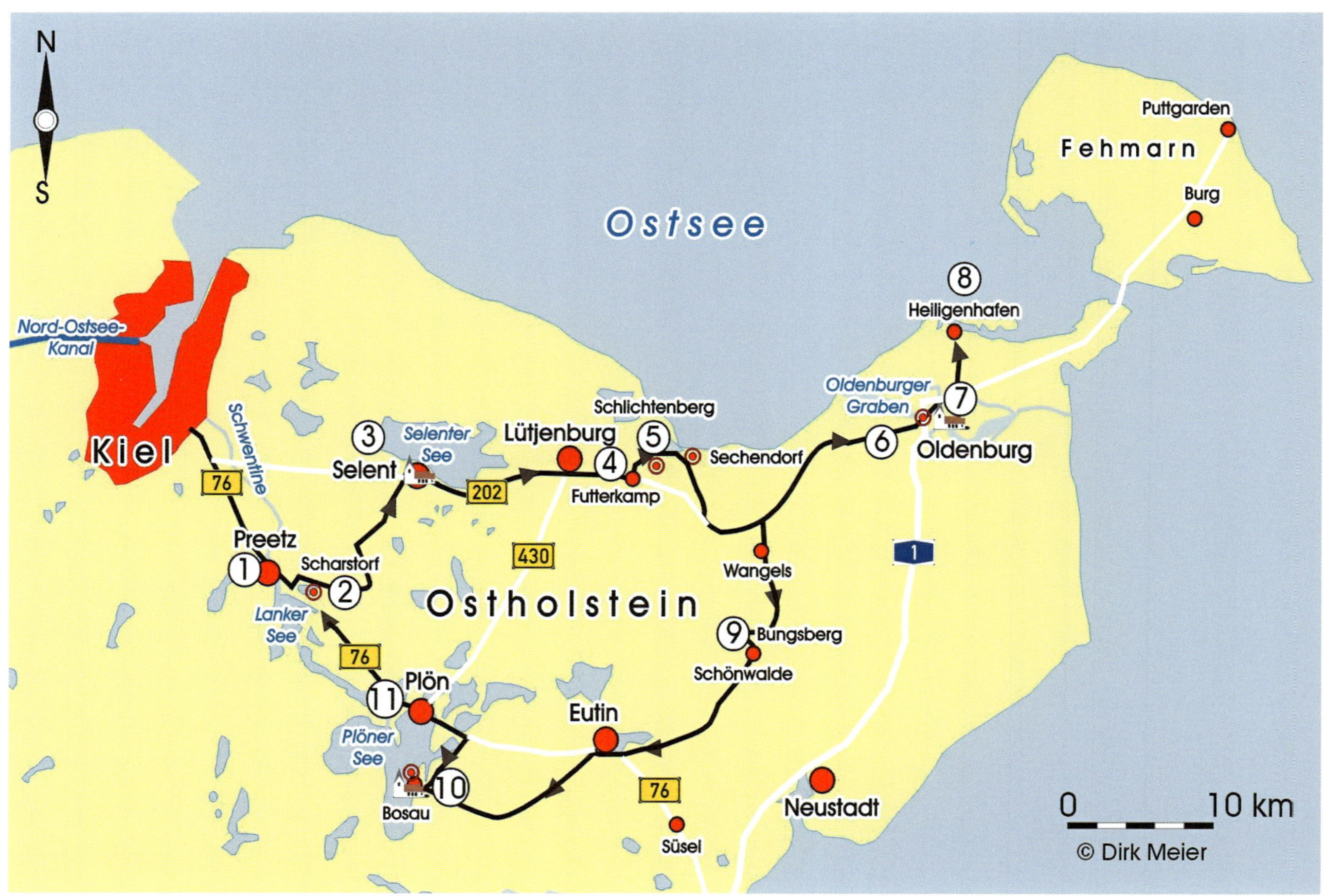

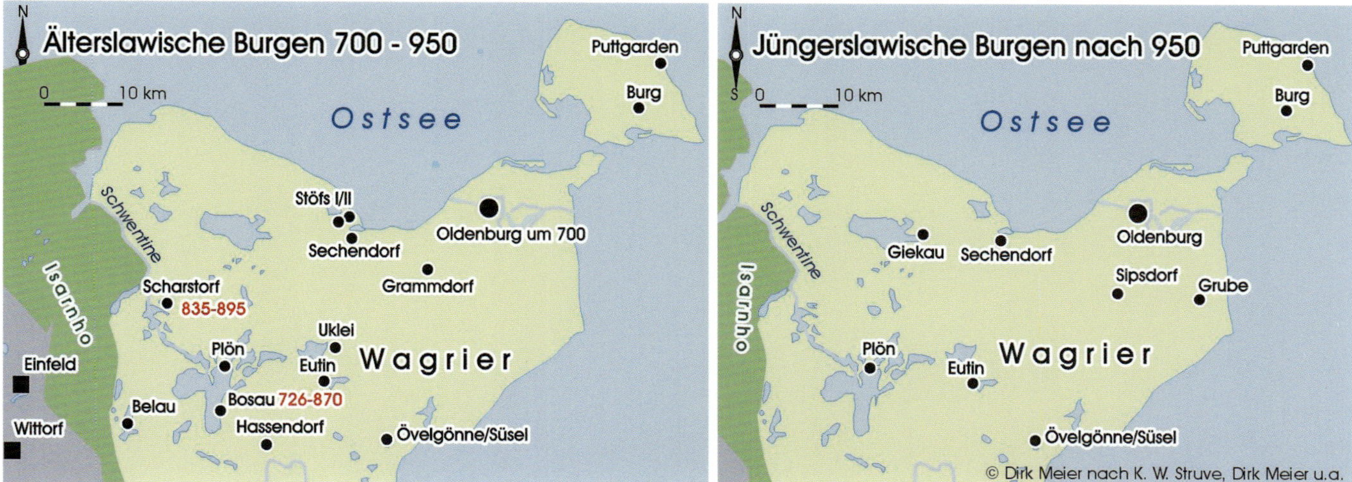

Slawische Burgen im nördlichen Ostholstein

dem Lübecker Patriziat. Mit der Reformation wurde das Kloster Preetz – wie auch andere Nonnenklöster – in ein adliges Damenstift der Ritterschaft umgewandelt. Von der 1261 bis 1286 im romanischen Stil gebauten Kirche ist nur ein Rest erhalten, da das Kloster 1307 abbrannte. Zwischen etwa 1325 und 1340 wurde der nächste Bau, der 1741 einen erneuerten Chor und 1783 einen Dachreiter erhielt. Von 1885 bis 1889 erstellt wurden das abgesackte nördliche Seitenschiff sowie die Portale in anderer Form wiederaufgebaut. Nur der Dachstuhl stammt noch aus dem 14. Jahrhundert. Den Laienaltar der Klosterkirche in Preetz weihte 1360 der Lübecker Bischof Bertram Cremon. Auch der Lübecker Bischof Albert II. Krummendiek verlieh diesem bei seinem Besuch 1488 den erneuten Segen. Die im 15. Jahrhundert neu erbauten Klausurgebäude wurden bis auf das Refektorium zwischen 1847 und 1849 abgebrochen. Zum Kloster gehören ferner zwölf von den adligen Familien für ihre Töchter errichtete Bauten. Der Wirtschaftshof brannte 1959 ab.

Südlich von Preetz erstreckt sich der Lanker See, dessen nördlicher Teil bis in das Stadtgebiet des Ortes reicht, wo die Postau bzw. Kührener Au in die Schwentine mündet. Letztere durchströmt den Lanker See vom Gut Wahlstorf im Süden bis zum Kirchsee im Norden auf seiner ganzen Länge von 3,2 km. Daneben erhält der See Zuflüsse vom Kührener Teich, dem Wielener See, dem Kolksee und dem Scharsee. Ferner mündet ein Arm der Alten Schwentine bei der Kührener Mühle in den Lanker See.

Das hügelige Jungmoränenufer prägen Buchenwälder, das flache Westufer Weideland. Niedrige Landzungen trennen die seitlichen Seebuchten voneinander. Der See erstreckt sich in einer vom Eis der letzten Kaltzeit hinterlassenen Hohlform, in der nach dem Tauen des

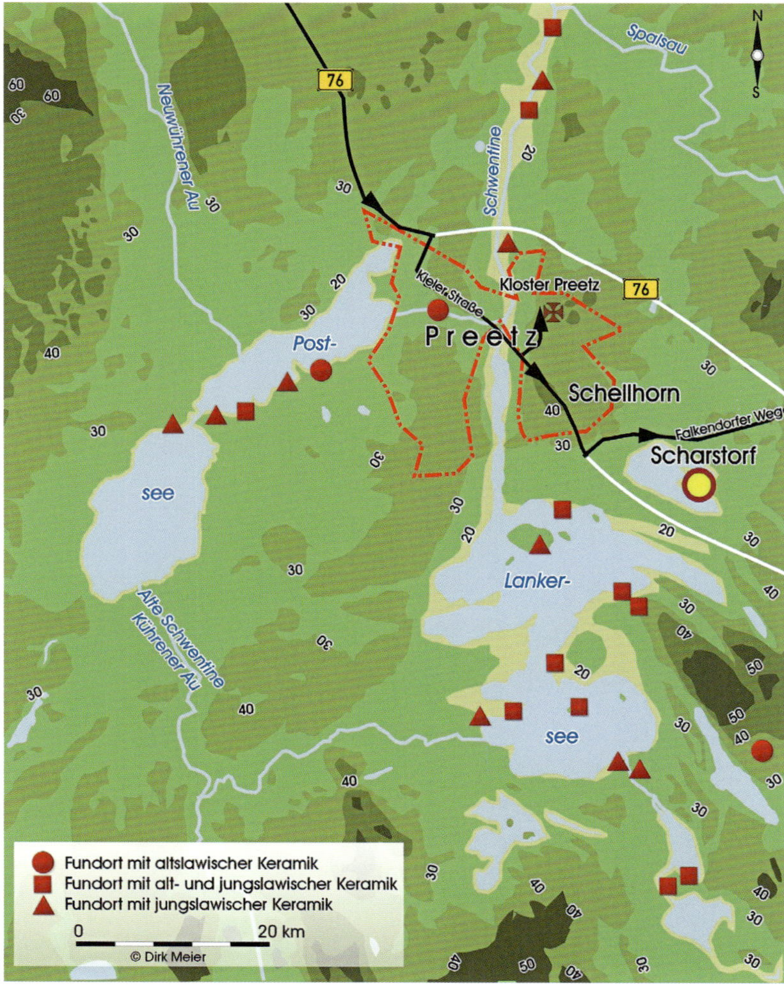

Slawische Besiedlung bei Preetz

Kloster Preetz.
Foto: Dirk Meier

Gletschers Toteis zurückblieb. Der zwischen 300 und 3000 m breite Lanker See mit seinem größeren Nord- und kleineren, durch einen Zufluss verbundenen Südteil bildet das letzte 438 ha große Seebecken im Mittelabschnitt des Schwentinelaufs mit einem Wasserspiegel von 19,5 (1981) m über NN und einer heutigen Wassertiefe zwischen meist 4,9 bis zu 23 m. Seit dem Beginn des 20. Jahrhunderts verkleinerte sich der See aufgrund seiner Verlandung und anthropogenen Absenkung des Seespiegels um mehr als 100 ha. Im See liegen mehrere Inseln. Auch der infolge der Seespiegelabsenkung entstandene Appelwarder wurde mittlerweile aufgrund eines künstlichen Durchstichs wieder zur Insel. Der Wasserspiegel des Lanker Sees lag früher höher, bevor das abfließende Wasser die Landschwelle Wehrberg–Haidberg durchstieß, wodurch das 10 m tiefe, runde Strudelloch im südlichen Teil des Kirchsees herausgespült wurde. In der Enge befand sich früher ein Aalwehr. An dem unter Naturschutz stehenden Westufer des Lanker Sees mit seinen Halbinseln und Buchten ist ein Bruchwald aufgewachsen. In der südwestlich des Lanker Sees anschließenden Niederung erstreckt sich mit dem Kührener Teich ebenfalls ein Naturschutzgebiet.

Nach dem Großen Plöner See bildet der Lanker See unter den Seen das zweitwichtigste Brutgewässer in Schleswig-Holstein. Hier brüten mehrere gefährdete Vogelarten wie Rohrdommel, Löffelente, Schwarzhalstaucher, Bekassine, Beutel- und Fluss-Seeschwalbe, Beutelmeise und Pirol. Im fischreichen See leben Karpfen, Schleien und Weißfischarten.

SCHARSTORF

Man kann zwar über die Kührener Straße nach Süden den Lanker See über Wahlstorf umrunden, wir fahren aber weiter durch Preetz und biegen in Schellhorn nach links in Richtung Scharstorf ab. Zwischen Scharsee und Lanker See sowie weiter im Süden und Norden erstrecken sich mehrere Endmoränen der Preetz-Plöner Eiszunge. Diese entsprechen aufeinander folgenden Stillstandsphasen des weichsel-kaltzeitlichen Geestrandes und werden von Südwesten nach Nordosten jünger. Relativ gesehen zu den Wasserflächen der Rinnenseen (Lanker See, Scharsee, Kolksee, Wielener See) und der Durchflussseen der Schwentine (Kronsee, Fuhlensee) ragen die Höhen 20 bis 35 m auf. Zwischen dem Scharsee und der Freudenholmer Bucht des Lanker Sees erstreckt sich ein kleines Moor, ehemals befand sich hier ein durch ein Pumpwerk trocken gelegter Seearm.

Wir halten kurz vor dem Hof Scharstorf und schauen auf den Scharsee mit den Endmoränen im Hintergrund, auf denen die B 76 verläuft. In den See reicht von Osten her eine Halbinsel. Hier liegen schwach erkennbar die Überreste einer slawischen Burg. Die um 835 errichtete Wehranlage besteht aus einem im Durchmesser 70 m großen Ringwall, aus der durch jüngere Bodeneingriffe in Mitleidenschaft gezogenen Hauptburg,, mit einer kleinen südlichen Vorbefestigung sowie aus einer östlich davon auf einem Moränenplateau gelegenen größeren Vorburgsiedlung. Zur Landseite schützte die Anlage ein etwa 150 m langer Abschnittswall. Ob dabei dem Bau des ersten, bis 8 m breiten Ringwalls eine offene Siedlung vorausging, ist zweifelhaft. Einen einzigen Hinweis liefert ein sekundär verwendeter Balken von 770. Der Zugang zum Tor des Ringwalles im Süden erfolgte von Nordosten über das

Vorburgplateau, wobei die zwischen Haupt- und Vorburg liegende Niederung ein von Entwässerungsgräben begleiteter Wegedamm überbrückte. Im nördlichen Grabenfuß befand sich die umgestürzte Holzfassade des Tores, die dendrochronologisch um 835 datiert ist. Weitere Pfosten, die der Wall- oder Bermesicherung dienten, weisen in die Jahre um 835 und um 845. Südlich des Burggrabens verlief um 825 ein weiterer Weg. Ob 835 zum See hin auch eine Palisade errichtet wurde, ist unklar.

Nach der Zerstörung des älteren Ringwalles wurde dieser um 885 erhöht und verbreitert. Ferner stellte man die teilweise verfüllten Gräben wieder her. Im Süden des Ringwalles legte man das Areal durch strahlenförmige, mit Buschwerk gefüllte Entwässerungsgräben zum See hin trocken und schützte das Areal nun durch eine Holz-Erde-Mauer in Form einer doppelten Palisadenreihe. Vermutlich erstreckten sich seewärts Schutzwälle oder Molen. Zugleich schützte man das Vorburgareal im Osten mit seinen kleinen Pfostenhäusern, Werkgruben und offenen Feuerstellen zur Seeseite hin ebenfalls durch eine doppelte Palisadenwand (Flankenbefestigung) und errichtete zur Landseite der Halbinsel hin den schon genannten Abschnittswall, dessen Substruktion aus drei hintereinander geschachtelten, hochkant gestellten und mit Erde verfüllten Holzkästen bestand. Deren Wände bestanden aus Spaltbohlen, die an den Enden miteinander verblattet waren und zusätzliche Spannbalken sicherten. Zusammen mit der darüber geschütteten Erde dürfte der Wall eine Höhe von 4 bis 5 m erreicht haben, während seine Breite mit 8 m über die drei Kästen reichte. Die Hölzer des Kastenwerks wurden um 875, 880, 885 und 890 geschlagen. Zuletzt wurde um 900 entlang der Innenfassade noch ein hölzerner Plankenweg hinzugefügt. Erst mit der Fertigstellungsphase des Abschnittswalles 890/900 sind die Pfosten der doppelten Seeuferpalisade vor der Hauptburg zeitgleich.

Viehhaltung, Getreideanbau, Fischfang und Jagd bildeten die Lebensgrundlage der Bewohner. Werkzeuge und Gegenstände des täglichen Gebrauchs wurden im Hauswerk gefertigt, während nur wenige Güter – wie Sporen, Kämme, Perlen oder Wetzsteine – importiert wurden. Funktional gesehen hatte die 835/845 errichtete und 875/885 ausgebaute Anlage von Scharstorf wohl verschiedene Aufgaben zu erfüllen: Sicherung der nahen Grenze zu den Sachsen sowie der Wege- und Flussverbindung der Schwentine, Sammelpunkt der Gefolgschaft und Ausfallbasis für kriegerische Aktionen und vielleicht auch Fluchtburg für die Bevölkerung des engeren und weiteren Bereiches. Nach ihrer Zerstörung Ende des 9. oder zu Beginn des 10. Jahrhunderts wurde die Burg nicht wiederaufgebaut. Vermutlich besaß die Anlage nun keine Bedeutung mehr, obwohl gerade in dieser Zeit das Umland mit der Gründung offener Siedlungen erschlossen wurde.

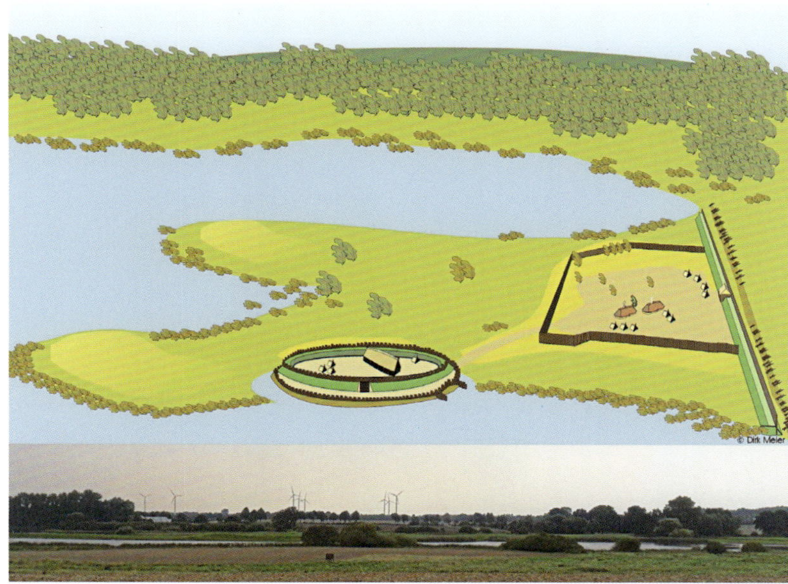

Slawische Burg Scharstorf auf der Halbinsel im Scharsee bei Schellhorn. Foto: Dirk Meier

Abschnittswall der Burg Scharstorf. Foto: Erich Meier

Kirche von Selent.
Foto: Dirk Meier

SELENTER SEE

Den Falkenberger Weg fahren wir weiter über Falkendorf nach Rethwisch, wo es rechts nach Wittenberger Passau geht. Wiederum rechts führt uns hier die B 202 nach Selent. Die dortige Servatius-Kirche wurde erstmals 1197 erwähnt und gehört damit in die frühe Zeit des deutschen Landesausbaus unter Graf Adolf II. von Schauenburg im slawischen Ostholstein. Der mächtige Kirchenturm stammt aus der Zeit des Oldenburger Bischofs Vizelin (1149–1154), während das gotische Gewölbe im 13. Jahrhundert in die romanische Saalkirche einbezogen wurde. Beachtenswert ist der gotische Flügelaltar von etwa 1470 mit der Darstellung der Passion Christi und die Kanzel von 1595. Im Süden und Norden des Kirchenschiffs befinden sich Grabkapellen der Patronatsfamilien von Reventlow und Rantzau.

Nach der Besichtigung der Kirche halten wir einige Kilometer weiter am Parkplatz der B 202 am Selenter See, der mit 21,37 km² der zweitgrößte nach dem Großen Plöner See in Schleswig-Holstein ist. Der durchschnittlich 37 m über NN liegende, 14 m tiefe Selenter See entwässert über die nur 10 km lange Hohenfelder Mühlenau und durch die Salzau in nordwestliche Richtung in die Ostsee. Das nördliche, bewaldete Seeufer steht unter Naturschutz. An den flacheren Seeufern wie bei Seekrug wachsen breite Schilfbestände. Im See finden sich Aale, Barsche, Hechte und Plötzen. Während des Zweiten Weltkrieges diente dieser mit seiner Anlandungsstelle in Bellin als Wasserflughafen. Geologisch betrachtet ist der Selenter See ein Zungenbeckensee. Der weichsel-kaltzeitliche Gletscher formte zugleich im Osten

Selenter See.
Foto: Dirk Meier

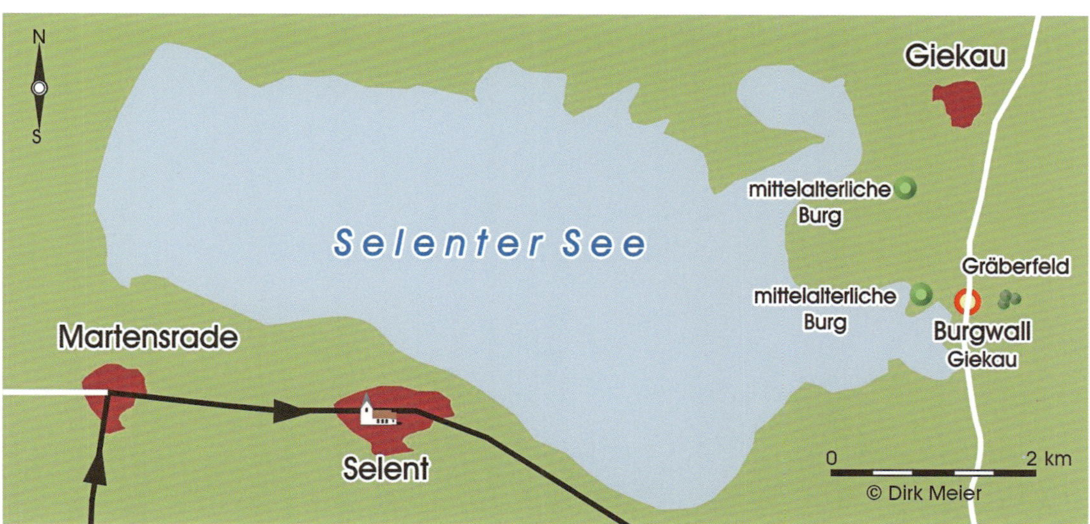

Selenter See

bis zu 132 m und im Süden bis zu 90 m hohe Endmoränen. An seinem östlichen Ufer liegt südlich von Giekau ein slawischer Ringwall, den die Straße durchschneidet.

FUTTERKAMP

Vom Selenter See fahren wir auf der B 202 weiter vorbei an Lütjenburg und biegen am Gut Futterkamp nach links in den Weg Fuhlensee ab und folgen links dem Weg Hadorn, um nach etwa 1000 m die Langbetten auf dem Ruserberg zu erreichen. Solche Megalithgräber wurden in der neolithischen Trichterbecherkultur von etwa 3500 bis 2800 v. Chr. errichtet. Ursprünglich befanden sich hier mindestens neun Grabanlagen. Zwei der zwischen 27 und 56 m langen und bis 6 m breiten Einfassungen sind rechteckig, eine leicht trapezoid. Die Randsteine an den Enden der Schmalseiten sind bis zu 2 m hoch, die längste Einfassung wies ursprünglich 100 Randsteine auf. In einem Langbett liegen noch zwei erweiterte Dolmen.

Am Ende des Weges führt uns nach links bzw. nach Norden der Fuhlenseeweg weiter.

Langbetten von Futterkamp. Foto: Dirk Meier

Lage des Großen und Kleinen Schlichtenberges sowie der slawischen Burg Hochborre am Sehlendorfer Binnenwasser

Großer Schlichtenberg. Foto: Dirk Meier

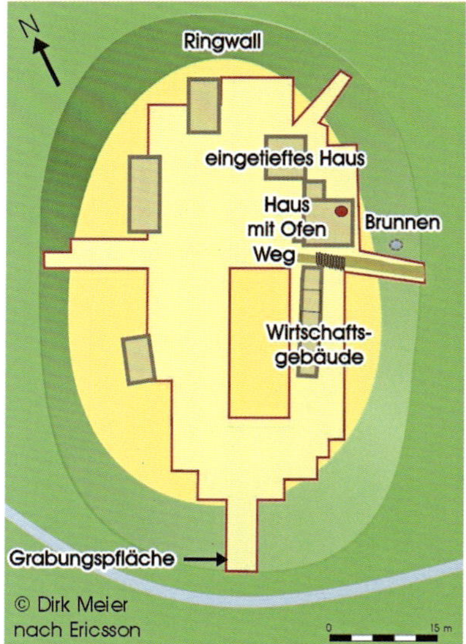

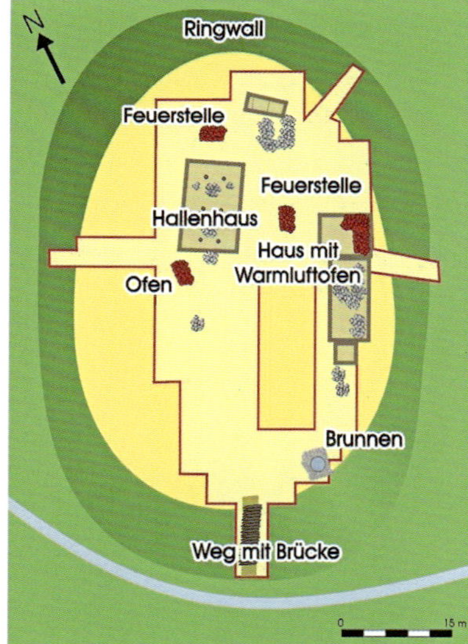

Nach wenigen hundert Metern zweigt nach rechts ein landwirtschaftlicher Nebenweg zum Großen und Kleinen Schlichterberg ab, die sich zu Fuß erkunden lassen.

Mit den bäuerlichen Siedlern, die die Wälder für die Anlage ihrer Dörfer rodeten, kamen auch Adelige ins Land, die ihre Sitze als Turmhügelburgen (Motten) errichteten. Von diesen typischen hochmittelalterlichen Burgen weicht der Ringwall des Großen Schlichtenberges ab, der bis zum 15. Jahrhundert bewohnt war. Ausgrabungen im Inneren des auf einer 2,5 m hohen Moränenkuppe errichteten Ringwalles wiesen mehrere, um einen U-förmigen Innenhof gruppierte Holzbauten der Zeit um 1207 nach. Diese umgab ein niedriger Wall mit vorgelagertem Graben. In der jüngeren Phase wurde die Innenfläche der Burg verkleinert und der Wall verstärkt. Zugleich verlegte man den Zugang von Osten nach Süden, wo eine Brücke über den tieferen Graben führte. Die Bebauung bildeten repräsentativen Steinhäuser mit Ziegelfußböden.

Der 200 m entfernt in einer Niederung liegende Kleine Schlichtenberg ist ein Erdhügel, auf dem ein Holzturm stand, der früher von einem Graben und einem Wall umgeben war. Nach der Datierung der verbauten Hölzer wurde der Turm 1356/1357 errichtet und um 1400 aufgegeben. Vermutlich übernahm diese Motte

Kleiner Schlichtenberg. Foto: Dirk Meier

den Schutz des Herrensitzes auf dem Großen Schlichtenberg, bevor man diesen dann besser befestigte.

HOHWACHT

Weiter geht es Richtung Hohwacht, wo wir den Ostseestrand besuchen können oder gleich Richtung Sechendorf weiterfahren. Die Ostsee bildet hier eine Rundbucht. Infolge einer Strandwallaufschüttung liegt das Kliff von Hohwacht im Landesinneren. Dieses schnürt zugleich mit dem Kleinen und Großen Binnensee sowie dem Sehlendorfer Binnenwasser drei Strandseen ab. Westlich von Hohwacht erstreckt sich der Große Binnensee bis Behrensdorf, der von der Kossau durchflossen wird. Ein Strandwall trennt diesen annähernd auf Meereshöhe liegenden See von der Ostsee ab, der nur über die Kossau einen Wasseraustausch mit dem Meer besitzt. Aufgrund seines Artenreichtums ist der See in seinem östlichen Teil ein Naturschutzgebiet.

Am Sehlendorfer Binnensee südöstlich von Hohwacht hat das Meer aus abgebautem Material der Steilküsten Nehrungen aufgeworfen, die das Naturschutzgebiet des 77 ha großen und bis 1 m tiefen Sees mit Ausnahme der kleinen Verbindung des Broecks von der Ostsee abschnüren. Es ist der einzige Strandsee an der schleswig-holsteinischen Ostseeküste, der in seinem Wasseraustausch mit der Ostsee unreguliert ist. Die Salzwiesen und Grünlandbereiche werden extensiv mit schottischen Hochlandrindern beweidet. Bei höheren Ostseewasserständen dringt mehrfach im Jahr salzhaltiges Wasser über den Broeck in den Sehlendorfer Binnensee, dessen Ufer salzresistente Pflanzen wie Schilfrohr, gewöhnliche Strandbinse und Salz-Teichbinse einnehmen. An den feuchten Standorten finden sich meist Salzwiesen mit Queller, Milchkraut, Strandwegerich, Boddenbinse, Stranddreizack, Strandaster, Sandsegge und Scharfem Mauerpfeffer, ferner kommen in den sumpfigen Bereichen Erzengelwurz und Sumpfgänsedistel vor. Vor dem Strandwall liegen Dünen, die in einen Sandstrand übergehen. Hier wachsen Salzmiere, Stranddistel und Sandieschgras. Das Naturschutzgebiet bildet ein Refugium für zahlreiche Vögel wie Rotschenkel, Austernfischer, Gänsesäger, Sandregenpfeifer sowie Flusssee- und Zwergseeschwalbe. Zu den hier Rast suchenden und überwinternden Vögeln gehören Kiebitz, Grünschenkel, Säbelschnäbler, Alpenstrandläufer, Goldregenpfeifer, Eider- und Eisente sowie verschiedene Gänse und Schwäne. Ein Wanderweg mit Beobachtungsplattformen erschließt das vom Naturschutzbund Deutschland betreute Gebiet.

Südlich des Sehlendorfer Binnensees liegt im Verlauf der Straße nahe der Nessendorfer Mühlenau ein verschliffener slawischer Ringwall. Die von hier aus zu erreichende B 202 führt uns nach Oldenburg.

Sehlendorfer Binnenwasser. Foto: Dirk Meier

OLDENBURGER GRABEN

Vor Oldenburg quert die B 202 den etwa 22 km lange, sowie zwischen 2 und 20 m breiten Oldenburger Graben, der vom Weißenhäuser Strand an der Hohwachter Bucht bis Dahme an der äußeren Lübecker Bucht reicht und Wagrien von der äußeren Spitze der Oldenburger Halbinsel trennt. Der heute regulierte Wasserstand liegt bei NN -1,60 m bei Weißenknie und -1,90 m bei Dahme. Einige der eingedeichten Gebiete sind bis NN -3,5 m tief. Der durch eiszeitliche Schmelzwässer entstandene Oldenburger Graben sollte zwischen 1770 und 1815 im Gebiet der Gruber-See-Niederung zur Agrarnutzung entwässert werden, was jedoch aufgrund zu hoher Kosten unterblieb. Im Rosenhofer Brök errichtete man dann 1861 zur Entwässerung ein Siel. So wurden nach dem Irminger Part auch der Gruber See trockengelegt. Kurz danach entstanden weitere Sielzüge, Siele und Deiche. Die Deiche und Siele zerstörte das schwere Sturmhochwasser vom 13. November 1872, sodass man seit 1874 an den Endpunkten des Oldenburger Grabens bei Dahme und Weißenhaus neue Deiche mit einer Höhe von NN +4 m errichtete. Eine in den 1920er Jahren begonnene Entwässerung sowie weitere Maßnahmen durch den Reichsarbeitsdienst während der Diktatur des Nationalsozialismus erlaubten eine Ausdehnung der Agrarnutzflächen und die Trockenlegung des Garzer und Rosenhofer Sees (1941). Die starke Entwässerung führte jedoch zu Sackungen der Böden. Nach dem Bruch der Deiche 1946 lief der Gruber-See-Koog voll Wasser. Mit der Schaffung des Gesamtdeichverbandes wurden die Ostseedeiche sowie die Siele am Oldenburger Graben zwischen 1958 und 1972 ausgebaut und erhöht sowie Siele und Schöpfwerke neu gebaut. Zudem entstanden für Futtergras der Seewieser und der Dannauer Koog. Von den höher gelegenen Gebieten herabfließendes Niederschlagswasser sammelt ein Randkanal, sodass es nicht mehr ungehindert in den Oldenburger Graben gelangt. Diese Eingriffe in die Natur ebenso wie der Torfabbau und das Aufforsten mancher Gebiete bedrohten jedoch die Umwelt des Oldenburger Grabens.

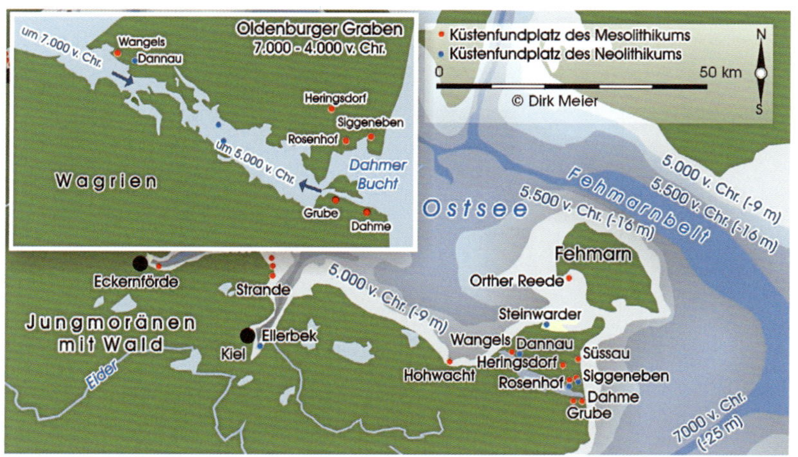

Küstenfundplätze des Mesolithikums und Neolithikums zwischen Kiel und Fehmarn mit Oldenburger Graben

Erst 1998 wurden ca. 388 ha des Bruchgebietes unter Naturschutz gestellt. Das Naturschutzgebiet des heute noch 50 ha großen Wesseker Sees, der einst die dreifache Größe besaß, bildet ein Refugium für Löffel- und Schnatterenten, die übrigen Niederungen mit ihren Überschwemmungsgebieten sind weitere Rückzugsräume für Brutvögel und nahrungssuchende Vögel während des Vogelzugs. In den Schilfröhrichten brüten über 120 Vogelarten, darunter Teichrohrsänger, Rohrammern, Rohrweilen, Sprosser, Neuntöter, Beutelmeisen, Zwergdommel oder Braunkehlchen. Zudem haben sich weit über 500 Pflanzenarten angesiedelt, wie Karthäuser-Nelke, Hell-Ziest und Großer Klappertopf. Bei Hochwasser der Ostsee wird überschüssiges Wasser aus dem Oldenburger Graben, das über Schöpfwerke nicht mehr in die Ostsee gepumpt werden kann, in den Wesseker See geleitet.

In seinem östlichen Teil zwischen Oldenburg und der Lübecker Bucht geht der Oldenburger Graben auf ein weichsel-kaltzeitliches Gletscherzungenbecken zurück, während in seinem westlichen Teil Toteisblöcke tauten. Bei Grube und Oldenburg reichen Moränen östlicher Eisvorstöße bis zur Niederung heran, zwischen denen in eingeschnittenen Rinnen Torfe liegen. Im Spätglazial bildeten sich in Grundzügen die heutigen Entwässerungssysteme. Die Seen in diesem Raum entstanden aus abgetauten Eisresten. Infolge neuzeitlicher Bodenabsenkungen aufgrund der künstlichen Entwässerung des Oldenburger Grabens bis auf ein Niveau von NN -3 m bildet sich das spätkaltzeitliche Bodenrelief mit seinen sandigen Kuppen wieder ab.

Die äußeren Bereiche der Niederung erreichten Salzwasserüberflutungen erstmals zu Beginn des Atlantikums um 7.000 v. Chr., als die Ostsee ein Niveau von etwa NN -14 bis -13 m erreichte. Die inneren Gebiete des Oldenburger Grabens überschwemmte die Ostsee bei einem Meeresspiegelniveau oberhalb von NN -5 m. Bei Oldenburg existierten zwei parallele, bis NN -10 m tiefe, mit Sedimenten aufgefüllte Meeresarme. Teilweise bestanden noch nord-südliche Landbrücken, die eine trockene Überquerung der Niederung erlaubten. Die Überflutung des Oldenburger Grabens endete um etwa 2.900/2.800 v. Chr. mit dem Vorbau der Strandwälle bei Weißenhaus und Dahme. Lieferanten der Sedimente waren Kliffs der Littorina-Zeit, deren abgebrochenes Material das Wasser aufarbeitete und die Küste entlang transportierte.

Die bekannten mesolithischen Fundplätze im Oldenburger Graben mit seinen Wasserflächen und Schilfsümpfen bilden größere stationäre Basisstationen mit kleineren Funktionsplätzen zur Jagd auf Seesäuger und Fische. Im Tierknochenmaterial überwiegen Rothirsch, Wildschwein und Reh. In Rosenhof im Ostteil des Oldenburger Grabens sind Spuren der El-

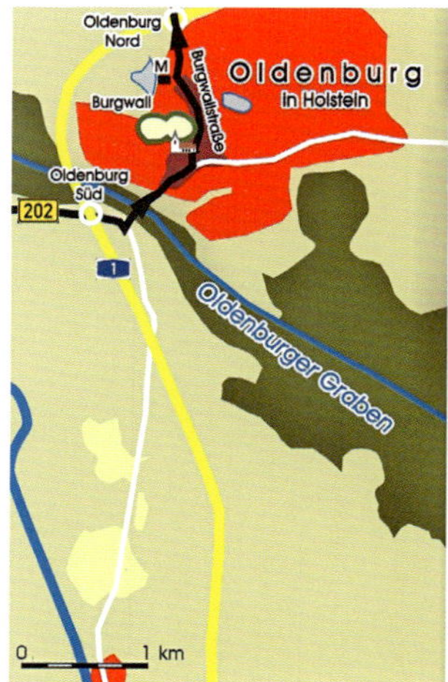

Oldenburg mit Oldenburger Graben

lerbek-Kultur am Übergang zum Neolithikum zwischen 5.200 und 4.200 v. Chr. in einer Tiefe von NN -3 m belegt. Der lange Besiedlungszeitraum spricht für eine ganzjährig bewohnte, mehrere 1.000 m² große Basisstation. Zu den weiteren untersuchten Siedlungsplätzen der späten Ertebølle-Ellerbek-Kultur und frühen Trichterbecherkultur gehören Wangels (4.300–3.800 v. Chr.) und Siggenebben-Süd (4.100–3.500 v. Chr.). Hausrindknochen und Getreidepollen einer Waldwirtschaft sowie Spuren agrarischer Tätigkeiten sind seit 4700 v. Chr. auf allen ganzjährig besiedelten Plätzen belegt. Daneben existierten kleine, auf Fischfang und Jagd spezialisierte Stationen und Abschlagplätze auf den Strandwällen am Ende des Oldenburger Grabens. In Siggeneben-Süd lag während der ältesten Siedlungsphase um 4.500 (oder 4.100) v. Chr. der Wasserspiegel bei NN -4 m, zwischen 3.200 und 3.000 v. Chr. bei NN -2,5 m. Um 3.000 v. Chr. überflutete das Meer den Siedlungsplatz. Eine darüber liegende Muschelbank belegt, dass der Meeresspiegel seit dem 3. Jahrtausend v. Chr. weiter angestiegen war. Im Bereich des frühneolithischen Wohnplatzes von Siggeneben-Ost aus der Zeit um 2.800 v. Chr. wurde ein Wasserstand zwischen NN -2,3 bis -2 m Höhe rekonstruiert. Seitdem stieg der Ostseespiegel nur noch wenig.

Für den nächstjüngeren Abschnitt des Mittelneolithikums lassen sich in Oldenburg-Dannau im Westteil des Oldenburger Grabens Wasserstände von NN -2 bis -1 m nachweisen. Aus dem Bereich der nördlich der Dahmer Bucht liegenden, um 2.500 und 2.400 v. Chr. datierten Siedlung bei Heringsdorf-Süssau existieren Hinweise auf einen Ostseewasserstand zwischen NN -1 m und -1,5 m. In der Folgezeit süßte der Oldenburger Graben aus und verlandete teilweise. In den sich bildenden Süßwasserseen setzten sich insbesondere während der letzten 2.000 Jahre Sedimente ab. Die noch kleinen Durchlässe zur Ostsee reichten zum Abfluss des Oberflächenwassers. Zur Zeit der slawischen Hauptburg Starigard/Oldenburg im frühen Mittelalter konnte der Oldenburger Graben von der Ostsee her nicht mehr mit Schiffen erreicht werden, da die Strandwälle an seinen Enden diesen weitgehend versperrten. Nur kleinere Boote konnten diesen passieren, auch wenn Adam von Bremen in seiner Hamburger Bischofsgeschichte davon spricht, dass man in Oldenburg für die Seereise nach Jumne (Wolin) zu Schiff gehen musste.

OLDENBURG

In Oldenburg lohnt sich der Besuch des Wallmuseums, das sich leicht durch die Stadt oder über die Autobahnausfahrt Oldenburg Nord erreichen lässt. Die große Hauptburg der slawischen Wagrier liegt am östlichen Rand eines Moränenplateaus, das sich inselförmig in den Oldenburger Graben nach Süden vorschiebt. Die älteste, um 700 errichtete Burg 1 bestand aus einem Ringwall mit vorgelagertem Graben und einer Innenbebauung aus Hausgruben, Hütten und Gruben. Schon zwanzig Jahre später brannte die Anlage ab. Mit dem Bau der Burg 2 um 720 wurde die Befestigung nach Osten hin erweitert. Die ab 750 begonnene Burg 3 umschloss mit ihrem Wall auch das bis dahin unbefestigte letzte Drittel des Plateaus. Nach einem Brandereignis bald nach 800 („Brand 800") erhöhte man den Wall teilweise. Für den Fürsten entstand nun während des letzten Drittels des 8. Jahrhunderts eine mehrfach umgebaute Hofanlage mit repräsentativem Holzgroßbau und Speichern im erweiterten Burgbereich.

Der Baubeginn des dritten Fürstenhofes fällt ins erste Drittel des 10. Jahrhunderts, dessen Ende liegt um 950. Einer der Pfostengroßbauten diente aufgrund christlich gedeuteter Gräber innerhalb und außerhalb des Baus als Kirche. Christliche Impulse erreichten Oldenburg wohl über Haithabu/Schleswig und dessen Bischof Marklo (um 952–972) und von Dänemark her, wo König Gnupa 934 vom deutschen König Heinrich I. zur Taufe genötigt worden war. Die Bedeutung Oldenburgs in dieser Zeit unterstreichen die nach fränkischen Vorbildern selbst hergestellte sog. „Oldenburger Prachtkeramik" sowie der seit 800 nachweisbare Import von Prestigegütern. Das Ende der Burg 3 kam mit einem Brandereignis in der zweiten Hälfte des 10. Jahrhunderts.

Die danach erfolgte Strukturveränderung mit der Gründung eines Bischofssitzes, nach den Quellen angeblich 968, erfolgte nach der Einnahme Oldenburgs durch den sächsischen Markgrafen Herman Billung ein Jahr zuvor. Dessen Errichtung gehört in den Zusammenhang der ottonenzeitlichen Bistumsgründungen, unter anderem auch Magdeburg im Jahre 968. Gleichzeitig versuchte das Erzbistum Hamburg-Bremen im Ostseeraum zu expandieren. Anstelle des in Oldenburg planierten Fürstenhofes mit der Adelsgrablege traten in der Burg 4 einräumige und größere doppelräumige Pfostenbauten mit Flechtwerkwänden, Lehmfußböden und Öfen. Zudem erfolgte der Bau einer neuen, ihrer Lage nach unbekannten Holzkirche. Das Ende der Burg 4 kam mit einem Feuersturm zwischen 983 und 1018. Das Jahr des großen Slawenaufstandes von 983, in dessen Folge der Oldenburger Bischof Eziko verjagt wurde, dürfte für dieses Ereignis wahrscheinlich sein. 1018 richtete sich der Wilzeneinfall gegen den christlichen Abdrotitenfürsten Mstislav, der aus Oldenburg floh.

Spuren der Innenraumbebauung des wieder aufgebauten Burgwalles (Burg 5) im 11./12. Jahrhundert sind kaum auszumachen. Während der Regierungszeit des in Alt Lübeck

Starigard/Oldenburg. Foto: Dirk Meier

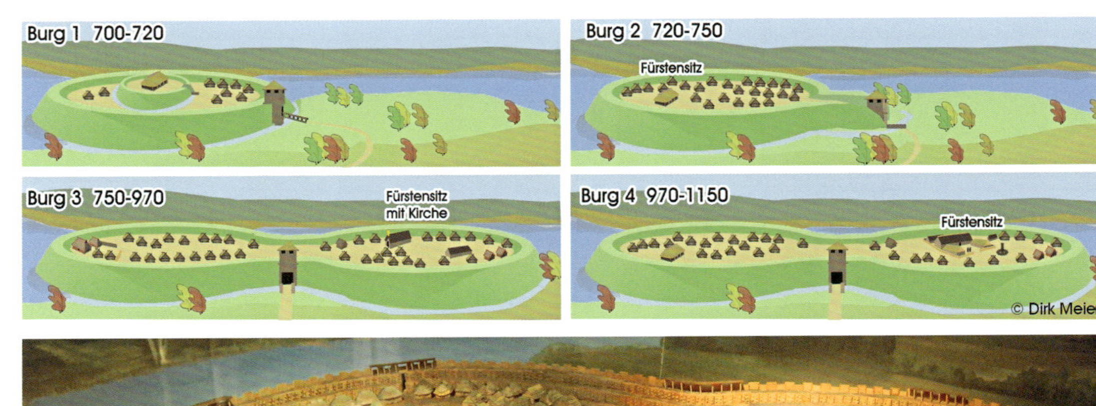

Starigard/Oldenburg, Oldenburger Wallmuseum. Foto: Dirk Meier

über die Abodriten herrschenden Samtherrschers Gottschalk (1043–1066) wurde vermutlich eine neue Bischofskirche erbaut. Die letzte Schicht mit Keramik ausschließlich slawischer Machart weist in die Zeit von 1134/37. Nur kurz danach wurde die Burg 1148/49 von den Dänen unter Sven Grathe zerstört.

Die slawenzeitliche Landschaft um Oldenburg-Starigard prägte offenes Land, da hier der Wald für den Befestigungsbau und die Innenraumbebauung der großen Burganlage über etwa 450 Jahre hinweg immer wieder von den Menschen zurückgedrängt wurde. Aus dem Umland stammte auch das benötigte Getreide. Der erwähnte Feuersturm zwischen 983 und 1018 führte dazu, dass große Getreidemengen explosionsartig hochgewirbelt und verbrannt wurden. Dabei handelte es sich vor allem um Roggen, den erstmals slawische Einwanderer in Mitteleuropa in beträchtlichem Umfang anbauten. Daneben kamen Spelz-, Saat- und Zwergweizen sowie Spelzgerste vor. Gegenüber

Rekonstruktion slawischer Häuser im Oldenburger Wallmuseum. Foto: Dirk Meier

den grobkörnigen Getreidearten tritt die Rispenhirse zurück. Ferner fanden sich Nachweise von Erbsen, Ackerbohnen, Flachs und Lein.

Die Slawen bearbeiteten ihre Böden mit dem von zwei Ochsen gezogenen Hakenpflug mit eiserner Schar durch kreuzweises Pflügen auf den blockförmigen Feldern. Der bis in das Hochmittelalter unveränderte Pflug bildete später das slawische Landmaß: „Ein slawischer Pflug Landes *(slavica aratrum)* ist das, was ein Paar Ochsen oder ein Pferd bearbeitet", heißt es in Helmolds Slawenchronik. Das umgebrochene Land wurde vor dem Einbringen der Saat mit hölzernen Eggen gelockert. Nach dem Bericht des arabischen Kaufmanns Ibn Jacub, der 965 die westlichen Slawenstämme besuchte, war dort Winter- und Sommergetreide bekannt, sodass man im Herbst und Winter säte. Eine Oldenburg vergleichbare Kornmenge ist in der Burg von Tornow, Kreis Calau, nachgewiesen. Hier wurden nacheinander auf einem Acker Weizen, Roggen und Hirse angebaut. Die Ackerflur umfasste mindestens 80 ha. Der Getreidelagerung dienten Speicher und Erdgruben.

Sensen, Sicheln, Wetzsteine und Getreidedarren dokumentieren die Landwirtschaft in Oldenburg. Im nahen Wandelwitz belegen drei untersuchte Getreidegruben mit Vorratsfunden von Saatweizen als Brotgetreide blumenreiche Ackerfelder. Ackerunkräuter zeigen einen Anbau von im Herbst gesätem Saatweizen. Der kombinierte Sommer- und Winteranbau mit intensiver Flächennutzung führte zu einer Massenvermehrung von Unkräutern. Die Felder der Winterflur waren zwar artenärmer, aber ebenfalls stark verunkrautet. Einmal in das Saatgut gelangt, ließen sich die Ackerunkräuter nur schwer entfernen. Nur der Anbau von Dinkel anstelle des Saatweizens war günstiger, da deren Verunreinigungen leichter auszusieben sind. Auch Schlachttiere trieb man aus den Siedlungen des Umlandes in die Burg. Zudem opferte man Rinder und Schafe den Göttern. Weniger dem Fleischerwerb als vielmehr dem Prestige diente die Jagd für den Fürsten in Oldenburg und sein berittenes adeliges Gefolge.

HEILIGENHAFEN

Von Oldenburg aus mit seiner umliegenden flachwelligen Grundmoränenlandschaft der letzten Kaltzeit lässt sich das Kliff von Heiligenhafen an der Ostseeküste erreichen. Westlich von Heiligenhafen gehen die jüngeren Morä-

Kliff von Heiligenhafen. Foto: Dirk Meier

Entwicklung des Steinwarders in Heiligenhafen

nen, an die sich ältere Stauchendmoränen im Westen und Norden anschließen, auf lokale, aus verschiedenen Richtungen vorstoßende Gletscherzungen zurück. Die Ablagerungen des Hohwachter-Bucht-Gletschers bedecken am Kliff von Heiligenhafen tertiäre Schichten. Ein jüngerer Gletschervorstoß lagerte hier über einer älteren ausgetauten Grundmoräne eine neue Moräne ab. Die Gesteinsblöcke vor dem Kliff gehören zu einer Blockstreuung einer ehemaligen Geschiebemergeloberfläche, die von dem jüngeren Gletscher eingepresst und abgeschliffen wurden.

Vom Kliff aus hat man einen guten Blick auf das anschließende Hakensystem der Graswarder-Nehrung, das von Westen nach Osten aufgeschüttet wurde. Zur Zeit der Bildung der ersten Strandwälle lag das Steilufer mehr als 500 m seewärts als heute. Bis Mitte des 15. Jahrhunderts hatte sich ein erster Haken gebildet, den später eine Sturmflut in zwei Teile zerriss. Während das Kliff infolge des Abbruchs allmählich nach Süden zurückverlegt wurde, wuchs der Steinwarder weiter nach Osten. Dabei verlagerte sich dieser infolge von Meeresangriffen schneller nach Süden zurück als das Kliff mit dem Steinwarder. Nach 1958 wuchsen beide Warder infolge einer nach Osten fortschreitenden Hakenbildung des Steinwarders zu einer Halbinsel zusammen, die mit ihren Sekundärhaken infolge weiterer Materialanlan-

Blick vom Graswarder auf den Binnensee. Foto: Dirk Meier

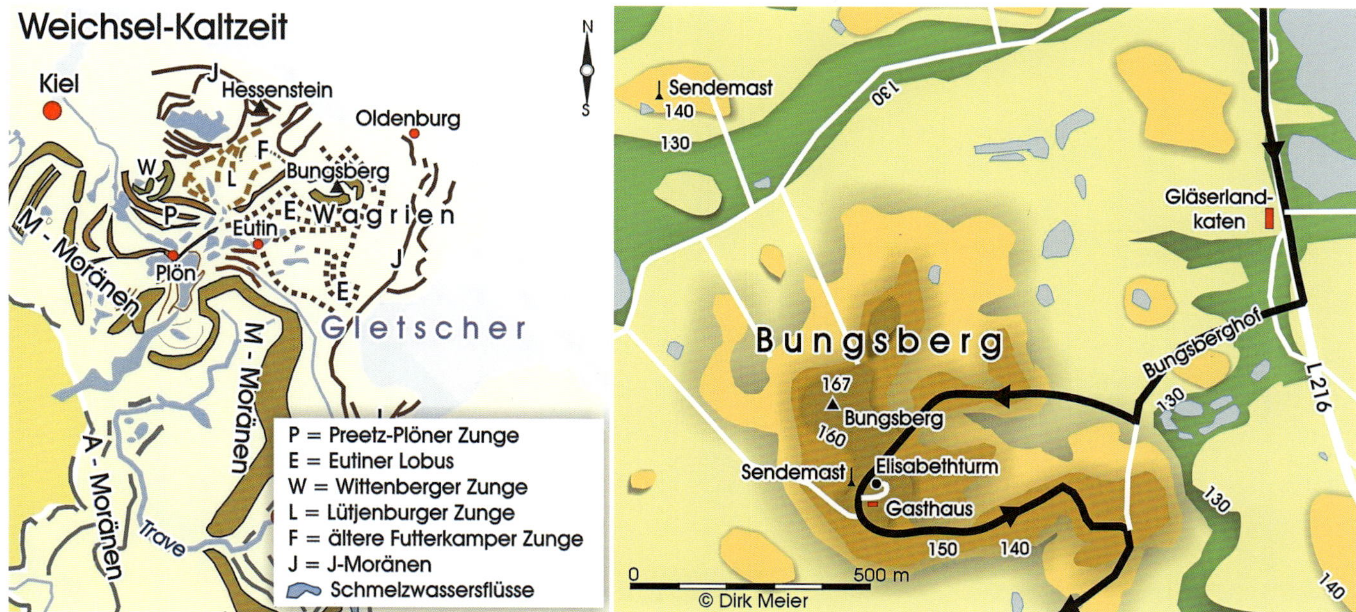

Bungsberg, Moränenstaffeln und Eiszungen der Weichsel-Kaltzeit in Ostholstein und Lauenburg

dung durch die Ostsee ständig weiterwächst und die Lagune abschnürt. Zwischen der Warder-Niederung und dem Festland erstrecken sich Strandseen. Während die versumpfte Eichholz-Niederung schon vom Meer abgetrennt ist und nur bei höheren Wasserständen einmal überflutet wird, ist der langgestreckte Binnensee eine Meeresbucht, die im Osten mit dem Fehmarnsund in Verbindung steht. Graswarder und Steinwarder bilden heute ein 230 ha großes Naturschutzgebiet mit natürlichen Strandwall- und Salzwasserbiotopen mit Strandistel und Echtem Meereskohl. Hier brüten Brandgänse und Austernfischer.

DER BUNGSBERG

Zurück fahren wir wieder über Oldenburg und die B 202 Richtung Kiel. Hinter Oldenburg geht es nach Süden Richtung Wangels und Eutin. Nach Mönchneversdorf führt nach links die Straße Bungsberghof zum Bungsberg (Naturpark Holsteinische Schweiz). Diese in der Saale-Kaltzeit geformte Endmoräne umlagerten die Preetz-Plöner-Eiszunge und die Eutiner-Eiszunge der Weichsel-Kaltzeit, deren Überreste als Grundmoränen zurückblieben. Der Bungsberg selbst, mit seiner Höhe von 167,4 m über NN der höchste Berg Wagriens etwa 200 m nördlich des Fernsehturms, ragte aus dem umgebenden Eis als isolierte Kuppe *(Nunatak)* heraus. Am Südwesthang des Berges entspringt die Schwentine. Auf dem beliebten Ausflugsziel wurde 1875 vom oldenburgischen Großherzog nach dem Vorbild des Hessenssteins bei Gut Panker ein neugotischer Aussichtsturm errichtet. Ferner befindet sich hier ein Granitstein der dänischen Gradmessung von 1838. Vom Bungsberg aus erreichen wir über Kasseedorf die B 76 Richtung Eutin. Hinter Eutin folgen wir der Landstraße nach Bosau am Plöner See.

BOSAU

Der kleine Ort Bosau am Ostufer des Plöner Sees mit seiner alten Feldsteinkirche wurde bekannt durch den Slawenchronisten und Geistlichen Helmold von Bosau (* um 1120 im Raum Goslar; † nach 1177 in Bosau). Er trat um 1134 in das zu Missionszwecken gegründete Kloster Segeberg ein, dessen Konvent nach einem Angriff des slawischen Fürsten Pribislaw nach Neumünster verlegt wurde. Seine weitere Ausbildung erhielt Helmold zwischen 1139 und 1142 in Braunschweig durch den späteren Bischof Gerold als Leiter der Stiftsschule St. Blasius. Nach seiner Rückkehr nach Münster wurde er 1150 zum Diakon geweiht und war seit etwa 1156 als Pfarrer in Bosau am Plöner

Bosau, slawische Burg auf dem Bischofswarder und slawische Siedlungen

See tätig, dem Missionsstützpunkt Vizelins und Gerolds. Hier verfasste er, vermutlich auf Anregung Bischof Gerolds, um 1167 seine Chronik der Slawen *(Chronica Slavorum)*. Das Werk befasst sich vorrangig mit der Herrschaftsbildung und der Besiedlung in Ostholstein, Mecklenburg, Brandenburg, Pommern und Skandinavien; beschreibt aber auch die Ostsiedlung und die Missionierung der Slawen seit Karl dem Großen. Als Quellen verwendete Helmold vor allem Adam von Bremen, die Viten Willehads und Ansgars, ergänzte diese aber mit mündlichen Überlieferungen und aus eigener Erfahrung. Arnold von Lübeck setzte die Chronik von 1171 bis 1209 fort, während Ernst von Kirchberg diese 1378/79 aus dem Lateinischen in eine hochdeutsche Reimform übertrug. Die älteste Ausgabe wurde von Schorkel (Frankfurt 1556) herausgegeben.

Die aus christlicher Sicht geschriebene Chronik über die Slawen ergänzen für Bosau siedlungsarchäologische und paläobotanische Untersuchungen. Wie deren Ergebnisse zeigen, drangen slawische Siedler seit frühestens um 700 n. Chr. entlang der Flüsse in die wald- und seenreiche ostholsteinische Jungmoränenlandschaft vor. Während des 5. und 6. Jahrhunderts siedelten hier nach Ausweis archäologischer Funde noch germanische Stämme. Ein älteres pollenanalytisches Profil von einer Bohrung an der Wakenitz ebenso wie neuere Untersuchungen belegen eine Zunahme des Waldes während der Völkerwanderungszeit, was auf eine weitgehende Siedlungsausdünnung oder sogar auf Siedlungsabbruch in Ostholstein schließen lässt. Erst mit der slawischen Landnahme steigen die Werte von Getreide- und Getreideunkräutern, wie dem Wegerich, in den Pollendiagrammen wieder an. Der Rückgang der Erle lässt ebenso wie die Verbreitung der slawischen Funde an Flüssen und Seeufern den Schluss zu, dass von den slawischen Neusiedlern vor allem die Niederungen besiedelt wurden, während die Moränenkuppen bewaldet blieben. Anstelle des beseitigten Erlenbruchs breiten sich Riedgräser aus. Im Umland altslawischer Burgen ist der Anbau von Gerste, Roggen, Hafer, Ackerbohne, Hirse und Erbsen nachgewiesen.

Blick auf die slawische Burg Bischofswarder. Foto: Dirk Meier

Die Kirche in Bosau.
Foto: Dirk Meier

In Bosau beginnt die slawische Besiedlung mit der Anlage eines Ringwalles um 726 auf der heutigen, bereits in den ersten nachchristlichen Jahrhunderten besiedelten Insel Bischofswarder, die damals aufgrund des niedrigeren Seespiegels noch eine Halbinsel zwischen Plöner See und Bischofssee war. Durch ihre vorgeschobene Position beherrschte die Burg den südlichen Teil des Plöner Sees. Nach dendrochronologischen Fälldaten verbauter Eichenhölzer des Burgwalls und in den nahen Siedlungen nördlich des Ringwalles auf der Halbinsel Möhlenkamp/Vorderste Wade bestanden Burg und Siedlungen parallel. Die Hauptmasse der archäologischen Funde aus dem Burgwall umfasst Schlachtabfälle von Rindern und Schweinen, Schafen und Ziegen sowie überwiegend unverzierte Keramik vom sog. Sukower Typ und etwas besser gearbeitete, verzierte sog. Feldberger Ware. Von der Burg führte wahrscheinlich eine durch Knüppelwege überbrückte oder landfeste Verbindung zu einer aus Grubenhäusern bestehenden Siedlung auf der Halbinsel Möhlenkamp/Vorderste Wade. Dieser Siedlung kam dabei mit nachgewiesener Knochen- und Geweihverarbeitung sowie der Versorgung mit Agrarprodukten eine Dienstleistungsfunktion für die Burg zu.

Die hier gesiedelten Slawen trafen keine Germanen mehr an, da diese ihre Siedlung im 4./5. Jahrhundert verlassen und das zugehörige Gräberfeld aufgegeben hatten. Obwohl in den Pollendiagrammen auch während des 6./7. Jahrhunderts ein minimaler Getreideanbau bei gleichzeitiger Zunahme der Bewaldung nachgewiesen ist, lässt sich eine Siedlungskontinuität von der germanischen zur slawischen Zeit nicht belegen. Die Siedlung auf dem Möhlenkamp – nachgewiesen sind mehrere Grubenhäuser – existierte vom 8./9. bis zum 12. Jahrhundert. Im nördlichen Teil der Siedlung fand sich ein Kastenbrunnen, den infolge des Seespiegelanstiegs Sedimente des 13. Jahrhunderts bedeckten. Eine weitere, im ausgehenden 9. Jahrhundert gegründete Siedlung wurde in den Seewiesen und innerhalb des hochmittelalterlichen Dorfes Bosau freigelegt.

Um 800 wurde der Burgwall zerstört, dann zwar bis 832 wiederaufgebaut, doch seine einstige Bedeutung erreichte er nicht mehr. Als die

Burg kurz nach 870 aufgelassen wurde, entstanden seit dem Ende des 9. Jahrhunderts im näheren, später auch im weiteren Umkreis nahe des Plöner Sees mehrere offene Siedlungen, wo sich nun auch mit Wellenbändern und Strichmustern verzierte mittelslawische Scherben vom Feldberger und Menkendorfer Typ sowie jungslawische, hart gebrannte und auf der schnellen Töpferscheibe gedrehte Gurtfurchenware finden. Da der hochmittelalterliche Mühlenstau die Seeuferlinien stark veränderte und um 1200 in historischer Zeit einen Höchststand erreichte, liegt der Burgwall Bischofswarder heute teilweise im See.

Ausgrabungen an der Kirchenmauer im Dorf Bosau belegen den Bau einer Vorgängerkirche aus Feldsteinen, deren Rotunde vermutlich in der Mitte des 11. Jahrhunderts – also noch in slawischer Zeit – errichtet worden war. Vermutlich handelt es sich um die von Bischof Vizelin um 1151 angelegte Missionskirche. Im Bereich der Grabungsflächen auf den Bosauer Seewiesen kamen Reste eines kleinen Holzbaues der Zeit um 1176 zutage, bei dem es sich um einen Bootsschuppen handeln könnte. Ferner sind einige Grubenhäuser belegt. Nach Ausweis der Flurkarten bildete sich seit dem späten Mittelalter ein Haufendorf mit mehreren Höfen heraus, die um einen Dorfplatz südlich der Kirche lagen.

PLÖN

Von Bosau aus fahren wir am Ostufer des Plöner Sees entlang und erreichen die B 76, die uns nach Plön bringt. Vom Plöner Schloss bzw. vom 20 m hohen, 1888 errichteten Parnaß-Turm (85 m über NN) im Norden der Stadt (Langenbusch 12) hat man einen guten Ausblick auf den Plöner See. Dieser gehört zur Ostholsteinischen Seenplatte, die sich zwischen den Eisrandlagen des Frankfurter- und Pommerschen-Stadiums der Weichsel-Kaltzeit erstreckt. Südlich des ostholsteinischen Seengebietes schuf der Gletscher einen breiten Moränenzug. Dessen Eiszunge schürfte die Hohlformen vom Plöner See bis zum Dieksee aus.

Im Hochglazial der letzten Kaltzeit lag die Niedertauebene im Gebiet des Plöner Sees auf einer Höhe mit +37 m über NN etwa 16 m oberhalb des heutigen Seespiegels. Die Masse des Toteises taute erst in Jahrtausenden auf. Die ersten Seen im Plöner Raum bildeten sich um 10.000 v. Chr. Am Südrand des Plöner Sees lässt sich am bogenförmigen Steilufer der ehemalige Eisrand und im Tal der Tensfelder Au die glaziale Abflussrinne erkennen, die zum Ricklinger Sander und zur Stör führt. Mit 3038 ha ist der Große Plöner See der größte in Schleswig-Holstein. Seine tiefste Stelle liegt mit 60 m im südlichen Teil des ehemaligen

Plön mit slawischer Olsborg und Schlossberg

Zungenbeckens. Seit dem Ausgang des Spätglazials sank der Seespiegel kontinuierlich ab. So befand sich dieser während der Jüngeren Dryaszeit zwischen 10.730 und 9.700 v. Chr. auf einem Niveau von etwa +27 m, nach dem Tieftauen im Atlantikum um 4700 v. Chr. bei NN +20 m, im Subboreal während des Neolithikums um 2000 v. Chr. bei +18,50 m und im Subatlantikum während der römischen Kaiserzeit bei +19,50 m. Danach veränderte sich dieser kaum, um dann mit dem Mühlenstau ab 1221 auf NN +22,50 m anzusteigen. Nachdem Herzog Johann der Jüngere von Plön um 1570 im Bereich der Landenge zwischen dem Großen und Kleinen Plöner See Dämme mit Schotten für Aalwehrkanäle errichtet hatte, erhöhte sich durch den verminderten Wasserablauf der Seewasserstand weiter, sodass nur noch wenige Inseln übrigblieben. Zugleich standen flache Uferländereien unter Wasser. Daher beschwerten sich in den kommenden beiden Jahrhunderten viele Anwohner über Überschwemmungen. Zwischen 1844 und 1850 erfolgte daher eine erste Absenkung um 0,50 m auf +22 m und 1881/82 dann um 1,14 m auf den heutigen Seespiegelstand von +20,80 m. Vorausgegangen war nach einer 1869 herausgegebenen Denkschrift 1879 die Gründung der „Ploener See-Meliorations-Genossenschaft". Das damit verbundene Ziel einer Landgewinnung wurde zwar aufgrund des steinigen Bodens nicht erreicht, doch verbesserte sich die Vorflut. Heute liegt der Seespiegel auf etwa NN +21 m und schwankt jährlich um 40 cm.

Die Stadt Plön erstreckt sich auf einer schmalen Endmoräne zwischen dem Großen und Kleinen Plöner See, dem Trammer See, Schöhsee und Behler See. Nachdem die Schauenburger Grafen zu Organisatoren des hoch- und spätmittelalterlichen Landesausbaus in Ostholstein geworden waren, gehörte zu deren Eigenbesitz auch das Gebiet zwischen Plön und Eutin. Bis in die 1250er Jahre reicht die Marktsiedlung Plön nahe der slawischen Burg *Plune* auf der Insel Olsborg zurück. Diese war nach archäologischen Untersuchungen Ende des 9. Jahrhunderts gegründet worden, erreichte ihre Hauptbedeutung aber erst im 11. Jahrhundert. Eine lange Holzbrücke verband die Inselburg mit dem Festland. Nach ihrer Zerstörung 1139 errichtete Graf Adolf II. eine neue Burg auf dem heutigen Schlossberg. Diese wurde 1632 auf Anordnung der Plöner Herzöge abgerissen und durch das heutige Renaissance-Schloss ersetzt, das immer wieder weitere Umbauten erfuhr. Im Schutz der Burg und nahe der von Lübeck nach Norden führenden Handelsstraße entwickelte sich eine sächsische Marktsiedlung, die 1236 das Lübische Stadtrecht erhielt. Auf einer schmalen Landenge zwischen Großem und Kleinem Plöner See sowie der Schwentine strategisch günstig gelegen, blieb Plön ein Zentrum der Grafschaft Holstein, bis diese im 15. Jahrhundert dem dänischen Königshaus zufiel. Das Schloss dient heute als Bildungsstätte. Von Plön führt uns die B 76 wieder nach Kiel.

Plön auf einem Schaubild nach Süden (Ausschnitt) von Georg Braun und Frans Hogenberg um 1593, Civitates orbis terrarum. Oberhalb der Olsborg ist die Kirche von Bosau zu sehen.

SYLT

Westerland – Rotes Kliff – Morsum Kliff – Rantum und Hörnum – Listland und Ellenbogen – Archäologische Denkmäler – Morsum und Keitum – Keitum

WESTERLAND

Mit fast 100 km² ist Sylt die größte deutsche Nordseeinsel. Die Küstengestalt der etwa 38 km langen, den Meeresangriffen besonders ausgesetzten Insel ist das Ergebnis einer wechselvollen und keinesfalls abgeschlossenen geologischen Entwicklung. Sylt fehlen im Westen schützende Flachwasserbereiche und breite Strände, wenn auch ein Sandriff vor der Westküste einen gewissen Schutz bildet. An den Westerländer Geestkern schließen sich nach Norden und Süden der Lister bzw. der Keitum–Hörnumer Nehrungshaken mit aufgewehten Dünen an, die zusammen mit der Halbinsel Nösse im Osten die Insel formen. Bei Keitum, Archsum und Morsum sind kleinere Seemarschen aufgelandet. Westlich von Westerland fällt der Inselsockel steil nach Westen ab und erreicht in 1 bis 2 km Entfernung die -10 m Tiefenlinie. Die Geestkerne von Westerland-Keitum, Archsum und Morsum bestehen aus Gesteinsschuttablagerungen der Saale-Kaltzeit vor ca. 325.000 bis 130.000 Jahren und älteren Schichten des Tertiärs.

Neben natürlichen Umweltentwicklungen wie Klimawandel, Anstieg des Meeresspiegels, Transport von Sedimenten und Sturmfluten hat der Mensch durch die Abholzung der Wälder und dem dadurch verursachten Vordringen der Heide auf den Geestgebieten, durch Deichbau, der planmäßigen Befestigung der Dünen, dem Buhnenbau, den Sandvorspülungen sowie mit dem heutigen Massentourismus nachhaltig in die Landschaftsentwicklung der Insel eingegriffen. Angefangen hatte der Tourismus 1854/55 mit einzelnen Besuchern, die die Heilkräfte des Nordseeklimas schätzten. Nachdem in Wyk auf Föhr schon 1819 ein Seebad eröffnet hatte, erfolgte in Westerland mit der Gründung des Badeortes am 29. September 1857 der

Promenade von Westerland. Foto: Dirk Meier

Bau einer „Dünenhalle“. Schon zwei Jahre später zählte man in Westerland 470 Badegäste, die 1865 auf 1.000 und 1890 auf 7.292 anstiegen. 1902 wurde Westerland Familienbad, und 1905 erhielt der Ort Stadtrecht.

In Westerland sollten seit 1874 erste Steinbuhnen und nach den Wirkungen der Sturmflut von 1906 eine auch als Promenade dienende Strandmauer den Küstenschutz gewährleisten. Bis 1935 entstanden 135 Buhnen zunächst aus Stein und später aus Eisen. Diese drücken den Parallelstrom vom Strand weg, während sich zugleich infolge der gebrochenen Brandung Sand in den Winkeln der Buhnenfelder absetzt. Die Nordsee unterspült solche harten Schutzbauwerke jedoch leicht und reißt den Sand mit sich fort.

Einen guten Eindruck von den Naturgewalten und zur Erdgeschichte erhält man bei einer Wanderung vom Westerländer Kliff bis zum Roten Kliff bei Kampen. Am Westerländer Kliff liegen über dem hellfarbigen Pfeifenton mit Kaolineinlagerungen als Endprodukt der Zerstörung feldspathaltiger und granitischer Gesteine Glimmertone mit grauschwarzen Toneinlagerungen. Diese Schichten bedeckt Kaolinsand, der auch am Roten Kliff in seinem jüngeren Teil oberhalb des Glimmertons zu Tage tritt. Den oberen Teil des Kliffs bilden saalekaltzeitliche Geschiebelehme und Dünen.

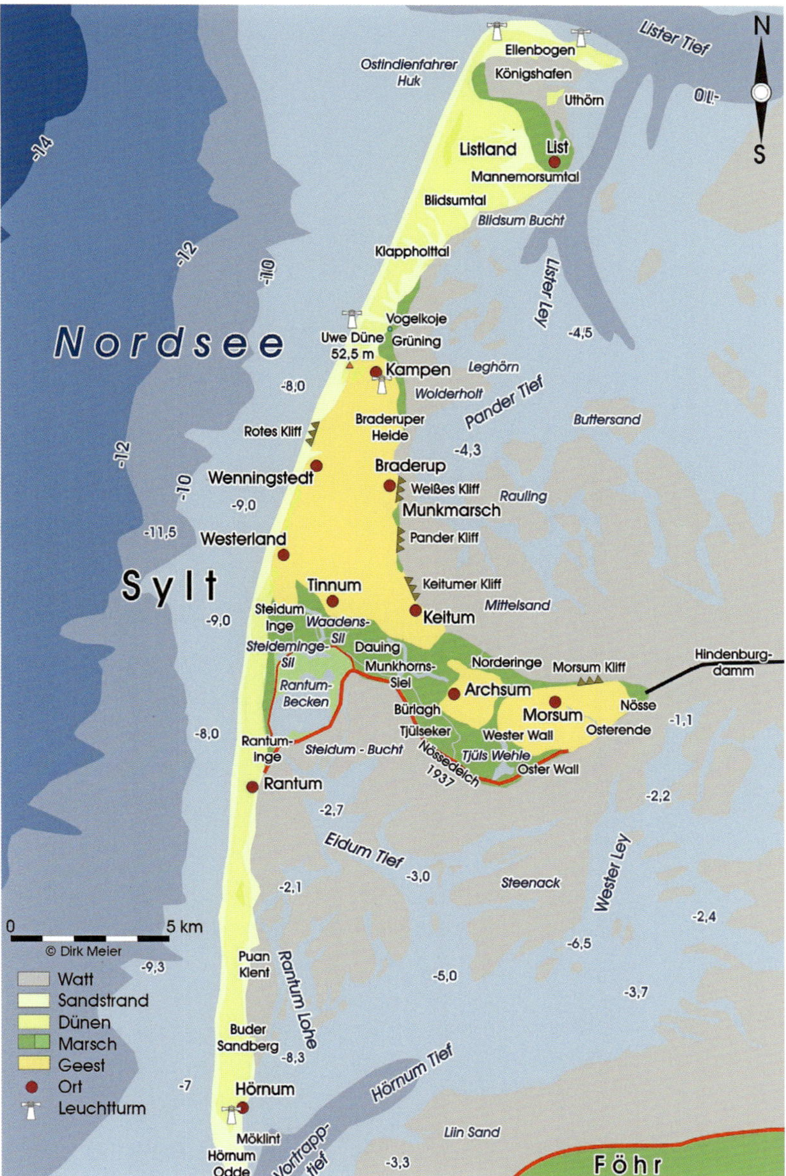

Insel Sylt

ROTES KLIFF

Das seit 1979 unter Naturschutz stehende 30 m hohe Rote Kliff des Westerländer Geestkernes liegt zwischen Kampen und Wenningstedt. Seinen Namen erhielt es vom rostroten saale-kaltzeitlichen Geschiebelehm, der seine Färbung der Oxidation seiner eisenhaltigen Bestandteile verdankt. Die aus dem Kliff herausbrechenden Feuersteine, Rapakivigranite und Rhombenporphyre stammen als typische Leitgeschiebe aus Skandinavien. Infolge von Sturmfluten und Erosionen verlor das Kliff seit 1862 jeweils mehrere Meter. Die seit Ende der 1970er Jahre im Rahmen des Küstenschutzes durchgeführten Sandvorspülungen gewährleisten zwar einen Schutz vor weiteren Abtragungen, führen aber dazu, dass der Fuß des Kliffs verdeckt ist. Auf dem Kliff sind Dünen aufgeweht. Die ehemalige Lage des Kliffs am Seegrund, die sich noch 10 km weit nach Westen verfolgen lässt, unterstreicht nachhaltig die erosive Kraft der Nordsee. So verzeichnete die Sylter Westküste in den letzten 7.500 Jahren einen rekonstruierten Abbruch von ca. 1,25 m im Jahr. Messungen zeigen, dass zwischen 1870 und 1997 der Rückgang sogar 1,75 m im Jahr betrug. Ohne Sandvorspülungen würde die Westküste jedes Jahr weiter abbrechen. Diese Küstenschutzmaßnahmen sollen auch bei einem steigenden Meeresspiegel den Sandhunger der Nordsee an der Westküste stillen, um Strände und Dünen zu erhalten.

Kliff von Morsum.
Foto: Dirk Meier

MORSUM KLIFF

Der Geologe Ludwig Meyn veröffentlichte 1876 eine erste geologische Karte Sylts, wobei sein Augenmerk dem Morsum Kliff galt. Bei der Planung des Hindenburgdamms wollte man dieses für Baumaterial abtragen, was private Initiativen 1923 verhinderten, sodass eine Unterschutzstellung des 43 ha großen Areals folgte. Die Initiatoren gründeten den Naturschutzverein der Insel Sylt, dessen Nachfolger seit 1977 die Naturschutzgemeinschaft Sylt als Träger des NSG Morsum-Kliff ist. Das Geotop lässt sich vom Parkplatz Nösse über die Ostscholle erreichen, zu der ein Weg von einer nahen Hotelanlage führt. Vom Kliff aus reicht der Blick bis weit in das Weltnaturerbe Wattenmeer, zum Nordteil der langgestreckten Insel und zum Hindenburgdamm. Auf dem weiteren Weg passiert man Heideflächen und die mit Windkantern bedeckte Steinsohle der Saale-Kaltzeit. Neben Geschieben und Findlingen prägen hier kleine, vom Wind aufgewehte Dünen das Landschaftsbild. In Richtung des Hindenburgdamms taucht das Morsum Kliff ab, sodass sich die an das Wattenmeer grenzende Kliffsohle erreichen lässt. Den Übergang zum Wattenmeer bilden Salzwiesen und Schilf. Das Watt besteht aus Aufschlickungen von Sanden, Tonen sowie Kies- und Steinlagen der letzten 6.000 Jahre und weist hier eine Mächtigkeit von 40 m oberhalb der pleistozänen Schichten auf. Richtung Keitum folgt mit dem sog. „Walfischrücken“ eine weitere Überschiebungsbahn.

Das 1800 m lange Morsum Kliff erlaubt den besten Blick auf die Schichtenfolge vom Tertiär zum Quartär. Dieses bietet nicht nur ein Zeitfenster in die erdgeschichtliche Entwicklung seit Bestehen der Ur-Nordsee im tertiären Miozän vor 23,03 bis 5,333 Millionen Jahren, sondern dokumentiert auch die landschaftsverändernden Kräfte der Gletscher der Saale-Kaltzeit. An den Steilkanten der Sylter Ostküste reicht das Jungtertiär meist bis zum Kaolinsand, wo dieses neben dem Morsum Kliff am Weißen Kliff bei Braderup, am Pander Kliff bei Munkmarsch und am Keitumer Kliff aufgeschlossen ist. Die zweite und dritte Schuppe (Ost- und Hauptscholle) bestimmen das aufragende Kliffprofil, während die vierte und fünfte Schuppe (Mittel- und Westscholle) unter der jüngeren Moränenabdeckung abtauchen. Punktuell ist an der letzteren Scholle nur der Limonitsandstein als Härtling sichtbar. Gletscher der Elster-Kaltzeit vor 400.000 Jahren und weitere der Saale-Kaltzeit vor 325.000 bis 130.000 Jahren stauchten ältere Schichten des Tertiärs zu mehreren Schollen bzw. Schuppen auf und stellten sie schräg, sodass sie heute in ihrer zeitlichen Entstehung nicht über- sondern nebeneinander zu sehen sind. Diese entsprechen einer Stauchendmoräne. Die Schichten sind mit einem Winkel von 30 bis 40 Grad gegen den Horizont hin gekippt, streichen von Süd-Süd-Osten nach Nord-Nord-West und fallen nach Nordost. Das Innlandeis riss den alten tertiären Boden auseinander und schob diesen in großen Schollen mit Quetschungen, Stauchungen und Faltungen schräg übereinander, ebnete diesen ein und ließ ihn so unter einer dünnen Geschiebesanddecke liegen. Teilweise vernichteten die Gletscher auch die pliozänen Ablagerungen. Neben den Wirkungen des Eises spielten auch tektonische Vorgänge eine Rolle.

Ausgehend von der Ursprungslage von unten nach oben folgen in einer Blickrichtung von Westen nach Osten die jungtertiären Schichten des schwarzen Glimmertons (Jüngeres Miozän, Syltium vor 7 Millionen Jahren), des Glimmerfeinsandes (Oberstes Syltium), des rostroten Limonitsandes und Limonitsandsteins (Älteres Pliozän, Morsumium vor 5 Millionen Jahren) und des pliozänen Feinsandes sowie des fast weißen Kaolinsandes (Jüngeres Pliozän, Oldesloe-Formation vor 4 bis 2 Millionen Jahren).

Die charakteristische Dreifarbigkeit des schwarzgrauen Glimmertons, des gelbbraunen Limonitsandsteins und des fast weißen Quarzsandes gab dem Kliff den Beinamen „Buntes Kliff“. Diese drei Formationen wiederholen sich in gestaffelter Lagerung. Der schwarze Obere Glimmerton (blaugrauer Meereston) sedimentierte vor 10 bis 8 Millionen Jahren im Miozän in einem etwa 100 m tiefen Teil der warmen Ur-Nordsee, die vom Osten Schleswig-Holsteins bis zu den dänischen Inseln reichte.

Im Miozän rückte die Festlandsgrenze infolge einer langsamen Landhebung stetig nach Westen vor. Infolgedessen wurde das ruhige Tiefwassergebiet zur unruhigen Brandungszone, dann zum Sandstrand und schließlich zum Anschwemmungsgebiet eines Flusses. Vor 8 bis 6 Millionen Jahren füllten Glimmertone und -feinsande das Meeresbecken weiter auf. Im Zeitraum zwischen 6 und 4 Millionen Jahren war so ein flaches Küstenmeer entstanden, in dem sich graue Sedimente, Tone und vor allem braunrot verwitterter, eisenhaltiger Limonitsand (ockerfarbener Flachwassersand) ablagerten. Unter fortschreitender Verhärtung entstanden rotbraune Sandsteinbänke, die sich schräg nordöstlich zum Strand neigen. Diese umschließen von einem Fluss mitgespülte Kiesgerölle. Zahlreiche Abdrücke von Muscheln- und Schneckenschalen sowie Fischknochen dokumentieren den fluviatilen-marinen Übergangsbereich. Der Limonitsandstein weist dabei in seinen unteren Lagen Fossilien der Brackwasser- bzw. Süßwasserfauna auf.

Den verfestigten Sandstein bedeckten vor 4 bis 3 Millionen Jahren Feinsande. Darüber kam vor 3 bis 2 Millionen Jahren weißlicher Kaolinsand (Flusssand) zur Ablagerung, der von einem der Ur-Flüsse aus Skandinavien und dem Baltikum hierher transportiert wurde. In der Nähe von Rantum und im Wattenmeer südlich des Nössekooges liegen Kaolinsande des Oberpliozäns unmittelbar unter dem Holozän. Der über dem Limonitsandstein vorhandene Kaolinsand mit seinen Kieselgeröllen kennzeich-

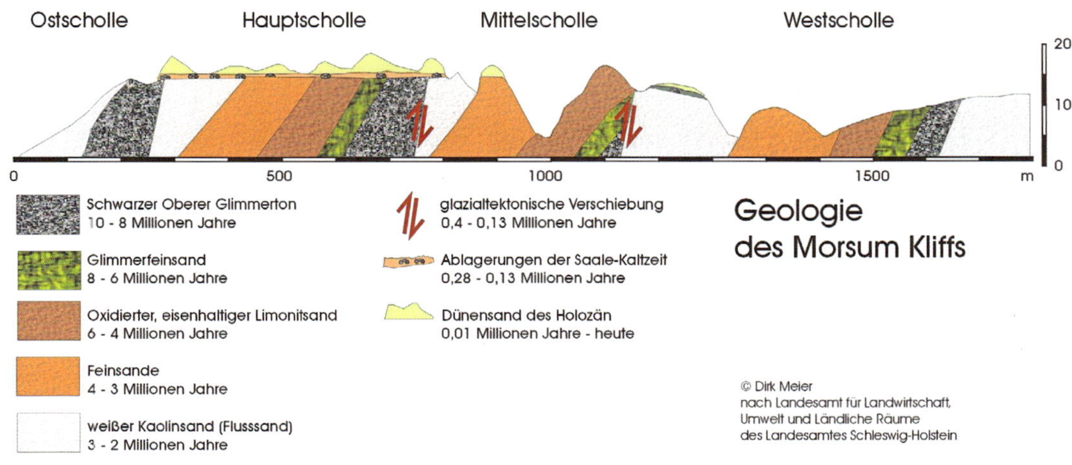

Kliff von Morsum, geologisches Profil

net den Meeresrückzug und das Vordringen eines Flusses mit einem sicher nahe der Küste vorhandenen Deltagebiet. Die Gerölle des Kaolinsandes bestehen größtenteils aus Quarz, aber auch Quarziten, Sandsteinen und vereinzelten Hornsteinen, die den Verlauf des pliozänen Flusses kennzeichnen. Die Lage der Oberkante des Pliozäns weist auf Sylt ein starkes Relief auf, so liegt dieses bei Morsum Kliff bei NN +9,6 m, bei Westerland zwischen -17,3 bis 4 m, bei Keitum zwischen -3,6 bis +0,5 m, bei List bis -24 m, bei Alt-Rantum bis -2,3 m, bei Hörnum bis -18 m und am Roten Kliff bei +8 m.

Die eigentliche Kliffbildung erfolgte erst im Postglazial. Aus dieser Zeit stammen im oberen Abschnitt Dünen. Der pleistozäne Rand des bis 15 m hohen Morsumer Geestkernes lag ursprünglich weiter im Norden, wie große Geschiebeblöcke im Watt zeigen. Infolge tektonischer Vorgänge und den Wirkungen der Saale-Kaltzeit weisen die Geestgebiete Sylts ein unterschiedliches Relief auf. Die drei Sylter Geestkerne gleichen sich sowohl morphologisch als auch im Aufbau des Untergrundes.

RANTUM UND HÖRNUM

Als die Nordsee im Verlauf des holozänen Meeresspiegelanstiegs um etwa 5.500 v. Chr. den damals noch größeren Sylter Moränenkern erreichte, trug das Meer diesen an seiner Westseite ab. Das erodierte Material türmte die Nordsee mit dem Küstenlängsstrom zu Nehrungshaken südlich und nördlich des Westerländer Geestkernes auf. Darüber entstanden vom Wind geformte Dünen. Von den ehemaligen Sylter Geestkernen, die bis zu ihrer Erosion durch das Meer vor 5.000 Jahren zusammenhingen, sind bei List, Rantum und Hörnum nur noch Reste vorhanden. Mit zu deren Aufbau trug die abgetragene Pisa-Moräne westlich der heutigen Insel bei. Strömungsmessungen zufolge teilt sich dieser Materialtransport vor Westerland nicht in einen südlichen und nördlichen Arm, sondern verläuft parallel der Küste mit dem Flutstrom nach Norden und dem Ebbstrom nach Süden. Die sich verlängernden Strandhaken bildeten einen Schutz gegen die offene See, sodass sich hinter diesen durch die Ablagerung von Sedimenten ein Wattenmeer und eine Seemarsch geringer Ausdehnung bilden konnten.

Für den Bestand dieser Strandhaken ist die Aufwehung von Küstendünen entscheidend. Die ältesten könnten bis 4.000 Jahre alt sein. Deren Bildung und Verlagerung nach Osten begünstigen vom Strand eine ausreichende Sandzufuhr infolge auflandiger Winde. Die Dünen entwickeln sich dabei über Klein- zu Großformen, wobei deren Wanderung schneller verläuft als der Küstenabbruch. Dabei lösen sie sich vom Kliff und wandern landeinwärts. Deshalb bedecken Flugsand und Dünen nördlich von Kampen und südlich von Rantum die Inseloberfläche. Auf dem Westerländer Geestkern ist der Dünengürtel nur schmal und nach Osten hin zu den landwirtschaftlichen Flächen begrenzt. Weitere kleine Dünengebiete erstrecken sich an der Ostküste bei Keitum und oberhalb des Morsum Kliffs. Humusböden unter den Dünen belegen ihr junges Alter. Zwischen Westerland und Rantum sind infolge der Bebauung die seit dem 19. Jahrhundert mit Gräsern befestigten Dünen weitgehend eingeebnet.

Südlich an den Westerländer Geestkern schließt sich die 19 km lange Rantum-Hörnumer Halbinsel an. Diese erstreckt sich auf Wattsedimenten, die sich oberhalb der pleistozänen Oberfläche ablagerten. Im Süden Westerlands taucht die Geest langsam unter die Strandoberfläche bis auf Tiefen von NN -4 m ab. Erst im Norden von Rantum erreicht diese nochmal die Höhe des Strandes bei etwa NN, um dann wieder bis auf eine Tiefe von NN -10 m bei Hörnum abzufallen. Die Ablagerungen über der Holozänbasis südlich von Westerland bestehen aus einem Basistorf und überwiegend aus Klei mit Wattsandeinlagen. Auf der NN +1 m hohen Kleioberfläche sind hier die Dünen aufgesetzt. Die in ihren Umrissen hakenförmige Hörnumer Halbinsel besteht heute nur noch südlich von Hörnum aus von Meeresströmungen vor der Westküste entlang transportierten Sanden. Ihr größter Teil bildet hingegen eine von Westen nach Osten gewanderte Dünenkette, die den Strandsand ernährt.

Da bei Rantum und Puan Klent im Untergrund die pleistozäne Oberfläche ansteigt, befand sich hier ursprünglich ein weiterer Geestkern, dessen erodiertes Material ebenfalls zum Aufbau des Nehrungshakens beitrug. Dabei bestand wohl zwischen dem Kliff bei Puan Klent und dem Geestkern von Westerland ursprünglich keine Verbindung. Der fossile Strandhaken wurde hier nach seiner Genese allmählich von dem größeren Hörnumer Nehrungshaken überrollt und zusedimentiert. Dies erklärt seine heutige Lage in der Inselmitte des südlichen Nehrungshakens zwischen Puan Klent und Thörnhörn. Heute ist zwischen Puan Klent im Norden und dem Möskental bei Hörnum kein Strandhaken mehr ausgebildet.

Das Dorf Rantum, heute an der schmalsten, hier nur 550 m breiten Insel liegend, musste aufgrund von Sturmfluten und Flugsand immer wieder neu errichtet werden. Die 1725 erbaute dritte Kirche versandete schon 1757. Den weiter östlich errichteten Nachfolgebau ereilte dasselbe Schicksal schon 1801. Als der Sand bereits bis zu den Fenstern reichte wurde der kleine Bau an einen meistbietenden Schiffer aus Westerland verkauft und das Kirchspiel aufgelassen. Reste des Ortes vermerkt 1812 die *Carte ueber die Insel Sylt in besonderer Beziehung auf die Dünen* von Salchow als *Rudera des Dorfes Rantum*.

Im Hochmittelalter besaßen die Bewohner der Geestdörfer teilweise durch niedrige Deiche geschützte Weiden, die nur in Resten erhalten sind und meist unter Sedimenten begraben liegen. Ob im Mittelalter die ganze Sylter Südermarsch zwischen Rantum und der Morsumer Halbinsel ein 1362 zerstörter Deich (Stinum Deich) schützte, ist schwer nachweisbar. Frühestens am Ende des 15. Jahrhunderts wurde ein kleines Marschgebiet östlich von Rantum mit der Südermarsch von Dikjen-Deel bis zum Morsumer Geestrand bedeicht. Dieser 1843 in der Chronik von Henning Rinken genannte Eidumdeich, der weiter landeinwärts verlief als der postulierte hochmittelalterliche Deich, beschädigte die Sturmflut von 1593 schwer, bevor ihn dann die schwere Sturmflut von 1634 endgültig zerstörte. Reste des Deiches sind infolge des weiteren Küstenabbruchs nur an Land erhalten.

Südlich von Rantum liegt Hörnum. Bis kurz vor dem südlichsten Ort Sylts steht Geestmaterial noch im Bereich der Rinnenzone und des seewärtigen Rifffußes an. Dessen Abbau durch das Meer trägt zum Aufbau des Strandes bei. Das Vorkommen einer wohl in einem alten Dünental gebildeten Süßwassermudde belegt, dass der südlichste Teil der Hörnumer Halbinsel nicht immer marin beeinflusst war. Im Hörnumer Bereich erfolgt der Sandnachschub durch den Küstenlängstransport nach Süden. Die großen, bis 30 m hohen Dünen bei Hörnum unterstreichen, dass hier ein großes Sandreservoir zu deren Aufbau und Ernährung vorhanden ist. Denen folgen an der Westseite weitere, die sich vom Kliff gelöst haben. Nördlich des Hafens hat sich der Dünenzug I als ehemalige Wanderdünenkette bis an den Oststrand vorgeschoben. Diese bogenförmige Wanderdüne entstand, als sich von Norden nach Süden immer weitere Dünen anlagerten. Ihr Verlauf an der Ostküste lässt vermuten, dass sie sich früher weiter nach Norden fortsetzte. Nördlich von Puan Klent an der Ostküste ist dieser Dünenzug wieder vorhanden, bevor ihn das Wassertal an der Ostküste erneut abschneidet. Auch hier befinden sich noch die Nordschenkel einstiger Bogendünen, während die Südschenkel an jeweils nachfolgende, jüngere Dünen anschließen. Das Alter dieser Dünenkette

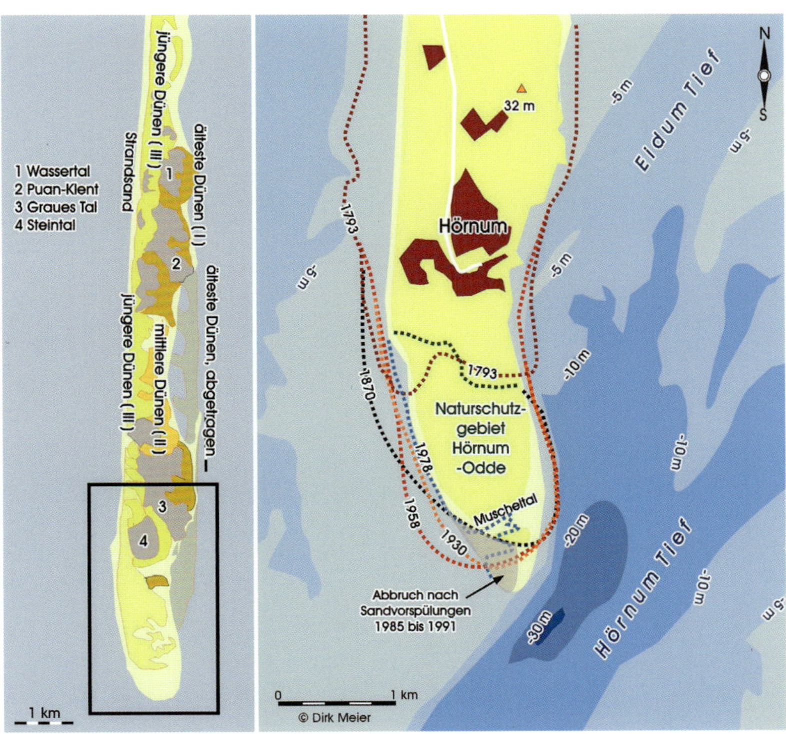

Hörnum mit Naturschutzgebiet Hörnum-Odde

Tetrapoden am Strand, im Hintergrund die Dünen und der Leuchtturm von Hörnum.
Foto: Dirk Meier

nimmt von Norden nach Süden ab. Dies belegt zugleich die Verlängerung der Dünenkette der Hörnumer Halbinsel, deren Dünen über einen alten Boden und über Watt gewandert sind.

Jünger als der beschriebene Dünenzug I ist der Dünenzug II, der von Möskental bis Puan Klent die Ostküste der Hörnumer Halbinsel begrenzt und auf Bogendünen zurückgeht. Dieser beginnt im Norden mit einer breiten Dünenkette. Nach Süden hin werden die Dünen schmaler und niedriger. Auch hier zeigen sich die Schenkel alter Bogendünen. Den südlichen Abschluss bildet eine bis 30 m hohe Bogendüne, die ein weites Tal umschließt. Die Ernährung des mittleren Teils dieses Dünenzugs war weit schwächer.

Ein anderer Schenkel der Wanderdüne I geht in die am Hörnumer Hafen liegende jüngere Düne III über. Auf einem ihrer Schenkel steht der Hörnumer Leuchtturm. Prägend für das heutige Ortsbild sind der 1901 erfolgte Bau einer Seebrücke als Schiffsanleger und die bis 1960 fertiggestellte Kersig-Siedlung. Nordwestlich der Dünenkette III am Hörnumer Hafen folgen nach Nordwesten weitere kleinere Dünen, die sich vom Kliff gelöst haben. Ähnlich sind die Verhältnisse bei der Weißen Düne südlich des Hörnumer Leuchtturms. Auch hier grenzen an die am weitesten nach Osten vorgedrungenen Dünen nach Nordwesten weitere an, die den Einflussbereich des Kliffs verlassen haben. Die Hörnumer Buderdüne soll ihren Namen der Sage nach von hier ehemals stehenden Fischerbuden erhalten haben.

Der Beginn der Dünenentwicklung und ihre weiteren Stadien sind zeitlich teilweise unklar. Der Abbruch der Geestkerne im Westen, die Hakenbildung und die Dünenentstehung sind eng miteinander verbundene Küstenvorgänge, die auf Sylt gleichzeitig begannen. Bis zu ihrer Bepflanzung und Festlegung wanderten die Dünen zusammen mit dem Abbruch der Küste im Westen auf breiter Front nach Osten. Dabei kam es teilweise zu einer Verzahnung zwischen Dünensand und Klei, da sich die Dünenzüge allmählich mit ihre Masse nach Osten verlagerten und die alten Oberflächen unter sich begruben.

Unterhalb der Hörnum-Odde liegt die Holozänbasis zwischen NN -2 und -1 m. Nach einem ersten Meeresvorstoß in dieses Gebiet entwickelten sich mehrere gekrümmte Sandhaken. Der heutige Hörnumer Haken mit der Odde verlängerte sich zwischen 1793 und 1928. Obwohl die heutige Odde-Spitze erst nach 1928 landfest wurde, zeigt das Vorkommen einer schmalen, unter Süßwasserbedingungen entstandenen Mudde inmitten einer Serie mariner, Schill führender Sande bei NN -0,85 m, dass die Hörnumer Halbinsel früher einmal über die heutige Odde-Südspitze hinausragte. Diese Schichten bilden zusammen mit den Watt- und Kleiablagerungen einen Widerstand gegen die Brandung. Dort, wo diese das Meer abtrug, befinden sich sandige Sedimente. Südlich von Hörnum sind keine bindigen Sedimente mehr vorhanden.

Aufgrund des fortschreitenden Landabbruchs der Hörnum-Odde erfolgte 1968 zum

Schutz der damaligen Neubauten im Südwesten Hörnums die Verlegung von Tetrapoden, die nach ihrer teilweisen Entfernung 2005 durch Lee-Erosionen infolge der Wellen 2012 umgelagert wurden. Diese Verfestigung der Küste, die man von der französischen Atlantikküste mit ihren Granitfelsen übernahm, bewährte sich im Wattenmeer nicht. Heute sollen Sandvorspülungen den anhaltenden Sand- und Strandverlust aufhalten. 2005 hatte sich die Länge der 1960 noch etwa 2,5 km langen Odde auf 1,8 km verringert. Etwa 1.000 m südlich des Tedrapodenwerkes wies die Odde 2005 nur noch eine Breite von 300 m auf, nachdem sie 1960 noch 1.000 m breit gewesen war. Da der Verlust des 1979 errichteten und bis 1997 betriebenen Leuchtfeuers zu erwarten war, wurde es 2013 abgebaut. Dessen Fundament spülte der Orkan Xaver im Dezember 2013 frei und zerstörte die nebenstehende Aussichtsplattform. Dabei trug das Meer auf einer Länge von 200 m etwa 20 m Sandstrand ab. Auch die Sturmflut von Mitte November 2015 und in den ersten Januarwochen 2016 verursachten bis zu 850 m schwere Abbrüche.

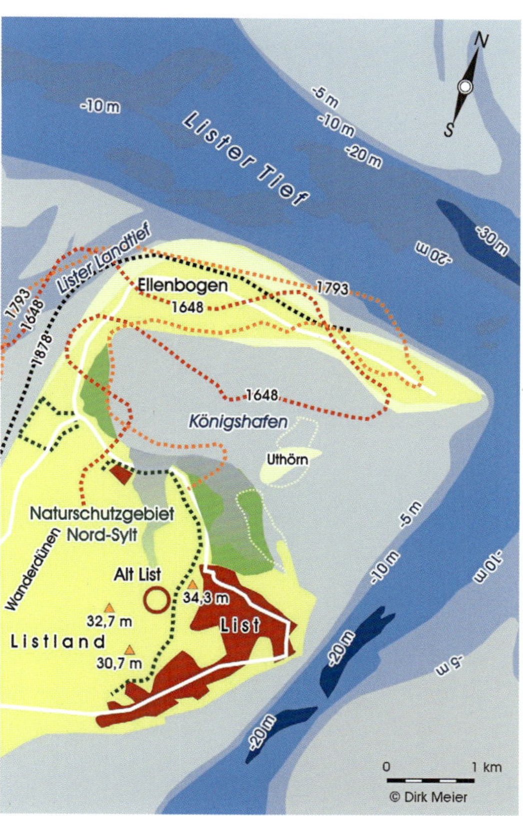

Listland und Ellenbogen

LISTLAND UND ELLENBOGEN

Der sich an den Norden des Westerländer Geestkerns anschließende Lister Nehrungshaken ist etwa 6.000 Jahre alt. Die darauf aufgewehten Wanderdünen bewegen sich etwa mit 2 bis 20 m im Jahr. Hieraus und aus der Distanz der Dünenzüge errechnete man, dass sich etwa alle 300 Jahre eine Wanderdüne vom Westrand Sylts löst und sich nach Osten bewegt. Demnach sind die heutigen eindrucksvollen Dünen nur etwa 900, 600 und 300 Jahre alt. Solche Dünenbildungen und -verlagerungen trugen zur Sedimentation des Wattenmeeres bei. Bis heute sind bis 13 Dünenketten mit jeweils etwa 25.000.000 m^3 Sand abgetragen worden, die als Sedimente ins Watt gelangten. Bis zur Bepflanzung der Dünen seit dem Ende des 18. Jahrhunderts wurden an die 2.500.000 Tonnen Flugsand ins Lister Wattenmeer eingetragen. Östlich des Manne–Morsum–Tals erreichen die Dünen Höhen bis zu 30,7 m und Basisbreiten bis 600 m.

Wie man sich die einstige Naturlandschaft vorstellen darf, demonstriert die Lister Wanderdüne, die sich noch heute um 6 bis 7 m im Jahr bewegt. Der vorherrschende Westwind transportiert deren Sandmassen stetig weiter nach Osten. Im westlichen Vorland der Wanderdüne wird dabei der Sand bis in die Nähe des Grundwasserspiegels abgetragen. Danach können Dünenpflanzen diese Ausblasungszone wieder besiedeln. Der Sand wird über den flachen, vegetationslosen Luvhang die Düne hinauf verblasen. Auf dem breiten, flach gewölbten Rücken der Düne wächst auf Hügeln (Kupsten) Strandhafer. Die Entstehung der Kupsten ist darauf zurückzuführen, dass es einzelnen Strandhaferpflanzen gelingt, mit der Übersandung auf der Leeseite im Wachstum Schritt zu halten und so auf den Dünenrücken wandern. Der Sand weht zwischen den Kupsten hindurch und lagert sich im Osten auf der Leeseite wieder ab. Auf dem Luvhang, wo die Winderosion vorherrscht, werden die Strandhaferbüschel freigelegt und zerstört. Die Ostseite der Düne ist erheblich steiler als die dem Wind zugewandte Westseite. Am Dünenfuß ist zwischen dem weißen Sand und der dunkel-

Wanderdüne von List. Foto: Dirk Meier

grünen Krähenbeerheide eine markante Grenze ausgebildet, die der Sand der Düne allmählich zuschüttet.

Ob das Listland im späten Mittelalter durch das Blidseltief vom übrigen Sylt getrennt war, wie eine Karte von Peter Sax 1638 suggeriert, ist unklar. Im Mittelalter war der erst nach der Mitte des 17. Jahrhunderts ausgeformte Ellenbogen noch nicht mit dem Listland verbunden, sondern dieser bildete eine Sandbank mit Dünen nördlich des Königshafens. An dessen Südseite, wo eine kleine Bucht in das Landesinnere reichte, befand sich der Hafen von Alt-List. Bevor die Wanderdünen den Ort übersandeten, lag der Hafenplatz vermutlich an der Westseite des Rödding Priels zwischen der Insel Meelhörn und dem Listland. Feste Hafeneinrichtungen darf man sich nicht vorstellen, doch konnten die damaligen Koggen und Holke hier ankern bzw. sich auch trockenfallen lassen, sodass man die Waren entweder mit Booten oder mit Pferd und Wagen löschen konnte. Alt-List war im hohen und späten Mittelalter der wichtigste Hafen der Insel auf dem Schifffahrtsweg nach Ribe und bildete einen Stützpunkt für die Fischerei nach Heringen, Dorschen oder Plattfischen. Reste von Alt-List kamen, begraben unter Dünensand in Form kleiner Häuser mit Sodenwänden, zwischen 1905 und 1925 im Mannemorsumtal westlich des heutigen Ortes List und nordöstlich der großen Wanderdüne zu Tage. Nach Münzfunden und Keramik bestand der Ort im 13. und 14. Jahrhundert.

Der Name List erinnert an das altdänische *listi* im Sinne von Küstenstreifen. Die urkundliche Erwähnung erfolgte 1292, als der Ort in den Besitz der Stadt Ripen gelangte, während ansonsten 1386 die friesischen Uthlande mit Ausnahme von Westlandföhr und Amrum dem Grafen Gerhard VI. von Holstein-Rendsburg gegen die Abtretung von Langeland überlassen wurden. Die Bedeutung des Seeverkehrs im Hochmittelalter belegen die Maßnahmen der Stadt Ripen (Ribe), die ihre alte Machtstellung zu sichern verstand. Dies bezeugt eine Urkunde König Eriks VI., der darin den Ripener Vorstrand, das Ripener Tief, Manö und List sowie die zwischen den genannten Orten und Ripen gelegene Küste der Stadt zum freien Besitztum überließ. Da List in dieser Zeit ein von Sandflug verwüstetes Land von geringem Wert war, regte sich dagegen kaum Widerstand. Um 1400 kam das Listland mit den übrigen jütischen Enklaven unter das jütische Landting. Bei den Auseinandersetzungen um Schleswig traten die Sylter und Osterlandföhrer 1424 zum Herzog Heinrich IV. über. Nach dem Frieden von Vordingborg 1435, der den Krieg zwischen Holstein und der Hanse einerseits und der Kalmarer Union andererseits beendete, blieb List bei der dänischen Krone und wurde 1661 ein Teil der Grafschaft Schackenborg. Wohl zu Beginn des 15. Jahrhunderts siedelten sich Dänen auf der Insel Meelhorn als der Nachfolgesiedlung von Alt-List an. Da dieses kein Kirchdorf mehr war, gehörten dessen Bewohner in kirchlicher Hinsicht zu Keitum.

Danckwerth schreibt 1652 in seiner *Newe Landesbeschreibung der zwey Herzogthümer Schleßwich und Holstein* über den Lister Hafen: *Es wird zwischen der Elbe und dem Schagen* [gemeint ist die jütische Nordspitze Skagen] *kein tieffer und bequemer Hafen an der Westsee gefun-*

den. Nach Boysens Chronik (1828) wurde der Königshafen zwischen dem Listland und dem Ellenbogen infolge von Sandflug jedoch nach dem 17. Jahrhundert für größere Schiffe unbenutzbar.

Die durch den Küstenlängsstrom an der Nordsylter Westküste mitgeführten Sedimente führten ebenso wie der verblasene Dünensand dazu, dass die noch auf Karten des 17. Jahrhunderts eingezeichnete Insel des Ellenbogens sich mit dem Listland verband. Den etwa 4,5 km langen Ellenbogen formen zwei annähernd parallele, 10 m hohe sog. Strichdünen. Der höchste Punkt der Halbinsel ist die 26,1 oder 27,9 m hohe Düne des Ellenbogenberges an der Südwestseite; während die Dünen im westlichen Ellenbogen am Leuchtturm List West etwa 16,9 m und am Leuchtturm List Ost 15,3 m hoch sind. Zur Sicherung der Schifffahrt wurde noch vor 1864 aus Gusseisen der Leuchtturm List West erbaut, der der älteste Leuchtturm an der schleswig-holsteinischen Nordseeküste ist. Schmale Dünen verbinden den Ellenbogen mit dem Listland. Diese Verbindung durchbrach 1928 eine Sturmflut nach Osten zum Königshafen. Die Lücke wurde durch neu angelegte Dünen mit Halmpflanzungen wieder geschlossen. Fast den gesamten Ellenbogen und südlich davon das Listland bilden Teile des Naturschutzgebietes Nord-Sylt sowie des Vogelschutzgebietes Dünen- und Heidelandschaft Nord-Sylt. Der Ellenbogen endet im Osten mit dem Alembögspünt. Die Nordküste des Ellenbogens wanderte zwischen 1793 und 1929 um 500 m nach Norden, während sich die Ostspitze um 600 m nach Osten verlängerte. Hingegen traten südlich des Leuchtturms West auf dem Ellenbogen in der gleichen Zeit Dünenverluste von etwa 600 m ein. Noch 2000 gingen der Küste jährlich 1,1 Millionen Kubikmeter Sediment verloren, die die Sandvorspülungen teilweise wieder ausgleichen. Die Szenarien der Sedimentverluste liegen dabei bis 2050 in einer vom Küstenschutz beherrschbaren Größenordnung. Der erwartete Sedimentverlust lässt sich ausgleichen, da Vorspülsande in ausreichender Qualität und Quantität vorhanden sind. Die Wirksamkeit der ökologischen und ökonomisch vertretbaren Sandvorspülungen beruht auf dem morphologisch stabilen Rückgrat der Moränenkerne Sylts. Auch militärische Eingriffe während des Ersten und Zweiten Weltkrieges veränderten die Landschaft des Ellenbogens. Noch bis 1992 diente ein Teil des Ellenbogens der NATO zeitweilig als Luft-Boden-Schießplatz. Entlang der Nordküste der Halbinsel erstreckt sich ein naturbelassener Sandstrand, wo aufgrund gefährlicher Meeresströmungen Badeverbot besteht.

Die Hydrodynamik im Nordsylter Wattenmeer wird von den Gezeitenbewegungen beeinflusst. So laufen hier die Gezeitenwellen aus Südwesten ein und erreichen das Lister Tief. Bei Tideniedrigwasser herrscht im Lister Tief der Ebbstrom vor, während im Nordteil des Nordsylter Wattenmeeres das Wasser schon wieder aufläuft. Der unterschiedlichen Stärke des Flut- und Ebbstromes verdanken sich dabei Sedimentations- und Erosionsflächen. Auch

Blick auf den Ellenbogen. Foto: Dirk Meier

größere Eindeichungen seit dem 15. Jahrhundert bis hin zu dem 1981 fertiggestellten Margarethen- und Rickelsbüller Koog bis nach Højer im südlichen Dänemark führten zu Veränderungen im Nordsylter Wattenmeer, indem sie das Tidebecken verkleinerten. Ferner unterbrachen die 1927 und 1948 fertiggestellten Dammbauten nach Sylt und zur dänischen Insel Rømø die Wattströme. Die Wattflächen nahmen aber auch infolge starker Sturmfluten seit der frühen Neuzeit kontinuierlich ab. Zudem bedingt die zwischen 1904 und 1992 erfolgte Vergrößerung der Tiderinnen eine Ausräumung von Sedimenten und einen weiteren Rückgang der Wattflächen. Die natürliche Zerstörung des Wattenmeeres infolge des steigenden Meeresspiegelanstiegs und höher auflaufender Sturmtiden setzt sich bis heute fort. Gerade im Nordsylter Tidebecken verstärkt sich bei stärkerer Wasserbewegung die Erosion langfristig, was auch eine Folge der durch Deiche festgelegten nordfriesischen Küstenlinie ist. Ein großer Teil der abgetragenen Sedimente lagert sich auf den hohen Wattflächen ab, die so höher aufwachsen und mit dem Meeresspiegelanstieg mithalten können. Ein Teil der Sedimente gelangt auch über das Lister Tief in die freie Nordsee, wo sie sich auf einer seeseitigen Barre als Sandriff des Tiefs und im Bereich des Havsandes von Rømø ablagern.

Archäologische Denkmäler auf Sylt

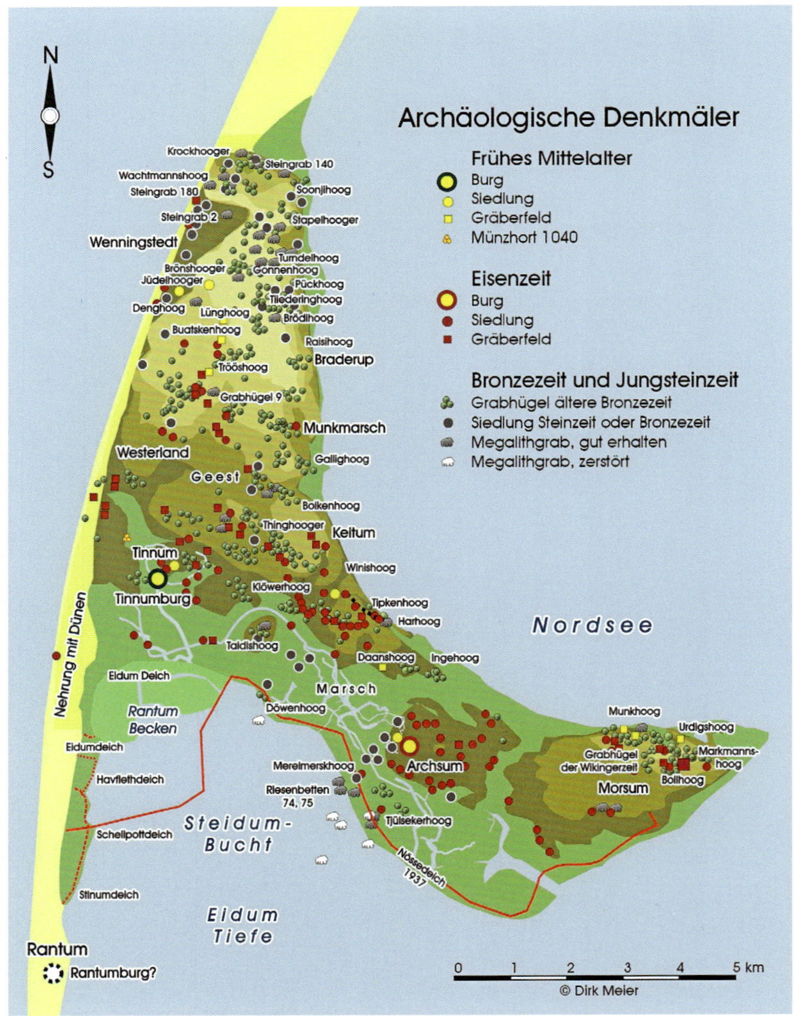

Die Wattfläche des Königshafens zwischen dem Ellenbogen und dem Lister Hafen gehört mit der Vogelinsel Uthörn zur Schutzzone I des Nationalparks Schleswig-Holsteinisches Wattenmeer. Sedimentanalysen belegen sehr grobkörnige Ablagerungen an der Wattoberfläche, da hier Flugsand von den umliegenden Dünen eingetragen wird, was zur Bildung des Sandwatts maßgeblich beiträgt. Nur in den inneren Bereichen der Bucht und an den Miesmuschelbänken haben sich feinkörnige Sedimente abgelagert, die hier ein Schlick- und Mischwatt formen. Südöstlich von Uthörn verringerten sich die Schlickablagerungen seit den 1930er Jahren stark. Dies ist eine Folge der Dammbauten nach Sylt und Rømø. Diese unterbrachen die von Süden nach Norden gerichtete Strömung, sodass heute der Wasseraustausch des Sylt-Rømø Tidebeckens nur noch über das Lister Tief erfolgt. Infolgedessen ist der Königshafen von Feinmaterialquellen abgeschnitten, die das Schlickwatt vor allem aufbauen. Ebenso beeinflusst die künstliche Aufspülung Uthörns im Süden des Königshafens um ein Zehnfaches ihrer ursprünglichen Größe den Sedimenthaushalt. So verengte sich der Königshafen-Priel, dessen Strömungsgeschwindigkeit stark zunahm. Der ansteigende Tidenhub vergrößert diesen Effekt noch. Steigende Strömungsgeschwindigkeiten führen dabei zu einer verstärkten Erosion von Feinmaterial und verhindern deren Sedimentation.

ARCHÄOLOGISCHE DENKMÄLER

Mit dem Neolithikum beginnt auf Sylt ein reiches kulturelles Erbe. Dieses ist mit den zwischen 3.800 bis 2.950 v. Chr. entstandenen Megalithgräbern der Trichterbecherkultur bis heute sichtbar, wenn auch viele dieser Monumente infolge späterer Landnutzung, von Bebauung, Übersandungen oder infolge von Geestabbrüchen durch das Meer verschwunden sind. Heute sind auf den Sylter Geestkernen noch neun Grabhügel des Früh- bis Mittelneolithikums erhalten, darunter sechs Langbetten, zwei einzelne Megalithgräber sowie ein nicht bestimmbarer Grabfund. Die Kammern in den Langbetten wurden, wie auch in Nordschleswig und Dänemark üblich, in Längsrichtung der Langhügel angelegt. Neben einfachen Dolmen sind polygonale Dolmen nachgewiesen.

Der bei der Ausgrabung 1868 noch unzerstört vorgefundene Denghoog (Sylter Friesisch: *Deng*=Thing, *Hoog*=Hügel) bei Wenningstedt ist das am besten erhaltene Ganggrab Schleswig-Holsteins, das seit den 1930er Jahren besichtigt werden kann. Die Kammer formen 12 Tragsteine, 12 Randsteine, drei Decksteine und zwei Türsteine im Gang. Rotsandsteinplatten verfüllen die Lücken zwischen den Gang- und Tragsteinen. Ursprünglich gelangte man durch einen 6 m langen und 1 m breiten und hohen Gang in die Kammer, während heute die Besucher über eine Leiter von oben hinabsteigen. Die eiförmige Kammer misst etwa 5 m in west-östlicher und etwa 3 m in nord-südlicher Richtung. Die Höhe des Grabes liegt zwischen 1,50 m an der Ostseite und 1,90 m an der Westseite. In der Osthälfte der Kammer begrenzt eine Doppelreihe hochkant gestellter Platten (Steinsetzung a–e) eine kleinere Kammer mit einem sorgfältig verlegten Bodenpflaster und einer Feuerstelle in der Mitte sowie Gefäßscherben und Knochenreste. In der zentralen Grabkammer (von der Steinsetzung a–e bis Tragsteine G und L) fanden sich Knochen eines unverbrannten Toten, ein Rinderzahn, Gefäße mit Gebrauchsspuren durch Feuer sowie weitere Keramikscherben, Feuersteinartefakte, Beile, Hohl- und Flachmeißel sowie sechs Bernsteinperlen. Während in der Kammer aufwendig gearbeitete Geräte die Bestattung kennzeichnen, sind die Funde aus den äußeren Bereichen schlichter gearbeitet. Nur im äußeren Grabbereich lagen Gefäße, die wohl bei Trank- und Speiseopferzeremonien Verwendung fanden. Der begrenzte Raum der Grabkammer lässt auf eine selektive Auswahl der Bestatteten zu repräsentativen Zwecken um 3000 v. Chr. schließen.

Etwa gleichalt wie der Denghoog ist der Merelmerskhoog (Middelmarschhoog), der südwestlich von Archsum nahe an der Uferkante des Vorlandes liegt und beim Bau des Nössedeiches mit in das bedeichte Gebiet einbezogen wurde. Das Ganggrab weist eine Kammer von 5,27 m Länge, 1,88 m Breite und etwa eine Höhe von 1 m auf. Über 12 großen Tragsteinen ruhen vier Decksteine. Kleinere Steine im Inneren teilen eine größere von einer kleineren Kammer ab. Im östlichen Raum befand sich eine Nachbestattung aus der jüngeren Eisenzeit. Zur Zeit seiner Erbauung lag dieses ebenso wie weitere im Watt bei Archsum noch auf dem flach abfallenden Geesthang bevor dieser von der Nordsee überflutet und mit Sedimenten bedeckt wurde. Noch heute sind Reste dieser Megalithgräber als Findlinge im Watt sichtbar.

Etwa 1000 m südöstlich des Merelmerskhooges befinden sich mit dem Kolkingehoog Reste zweier nord-südlich orientierter, im Durchmesser 10 m großer Megalithgräber im Watt. Das

Megalithgräber auf Sylt

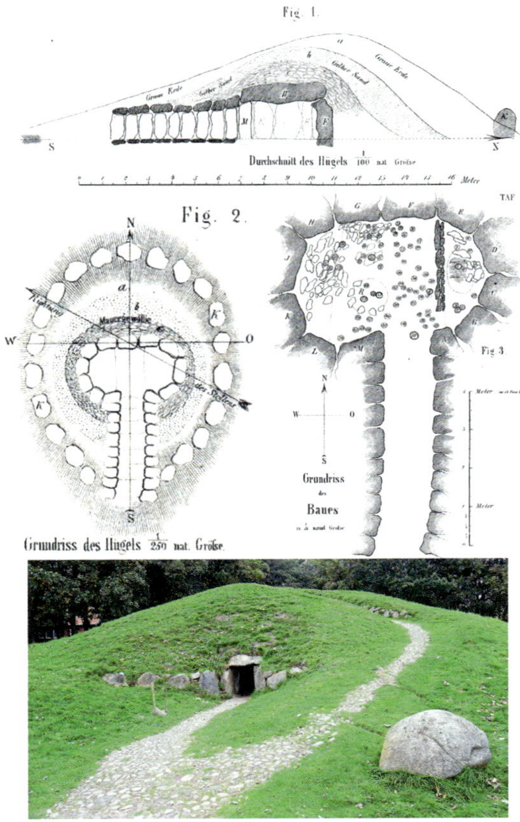

Denghoog.
Foto: Dirk Meier

eine weist eine fast unbeschädigte Grabkammer eines Dolmens mit dem Innenmaß 2,3 zu 1,2 m auf. Nachgewiesen sind drei Tragsteinpaare sowie ein flacher Findling an der westlichen Schmalseite. Etwa 20 m nordwestlich liegt ein weiteres 5 bis 6 m breites Grab mit zwei Kammern und einem Bodenbelag aus Steinfliesen.

Merelmershoog.
Foto: Dirk Meier

Für die Anlage der Siedlungen auf Sylt boten nur die bis weit über die Höhe der Sturmfluten aufragenden Geestkerne sichere Standorte. Da die Möglichkeiten zur Siedlungsausweitung jedoch aufgrund der sich durch die Meeresaktivitäten verkleinernden Geestkerne begrenzt blieben, wurde zur Anlage von Siedlungen und Feldern immer mehr Wald abgeholzt oder abgebrannt. Da die Felder wieder verunkrauteten und junger Wald nachwuchs, mussten Siedlungen öfter verlegt werden. Zudem wuchs die Bevölkerung im Mittelneolithikum stark an. Die Menschen der Trichterbecherkultur lebten in zweischiffigen, langrechteckigen oder trapezförmigen Pfostenbauten. Daneben finden sich auch Grubenhütten. Während des Neolithikums bildete das Listland nach Ausweis von Feuersteinartefakten einen begehbaren Sandhaken. Ob dieser Anschluss an den Kampener-Westerländer Geestkern oder weiter im Westen an einen vom Meer abgetragenen Geestkern fand, ist unklar. Sicherlich ist der Ellenbogen aber eine jüngere Bildung als das Listland. Weitere Steingeräte wurden an der Südspitze der Insel von der Hörnumer Odde aufgelesen.

Am Übergang von der jüngeren Stein- zur Bronzezeit grenzten die Sylter Geestkerne mit ihren Nehrungshaken und sich bildenden Marschen an ein Wattenmeer und im größeren Umkreis an eine Landschaft aus Schilfsümpfen im Brackwasserbereich und Hochmooren. Diese nahmen seit der Verringerung des Meereseinflusses in der Mitte des 2. Jahrtausends v. Chr. weitgehend den Raum des heutigen nordfriesischen Wattenmeeres ein. Die Vermoorung begünstigte eine im Westen liegende Barriereküste aus Geestkernen und angehängten Nehrungen. In den küstenfernsten Gebieten, wo sich von der Geest abfließendes Wasser und Regenwasser stauten, wuchsen Schilfsümpfe, Bruchwälder und Hochmoore. Diese besiedlungsfeindliche Landschaft wurde von den Menschen der Steinbronzezeit zu Jagd- und Sammelzwecken aufgesucht, während sich die Siedlungen und Gräberfelder auf den Geestkernen konzentrierten.

Die bronzezeitlichen Grabhügel auf Sylt sind mit bis zu 7 m meistens höher und größer als die neolithischen und wurden teilweise über

Megalithgräber im Watt vor Archsum. Im Hintergrund sind die Dünen von Hörnum mit dem Leuchtturm zu sehen.
Foto: Dirk Meier

diesen angelegt. Mehrere von ihnen liegen nördlich und östlich von Kampen, wie der Krockhooger auf der Nordwestheide und östlich des Ortes der Stapelhooger. In die ältere nordische Bronzezeit (1.800 bis 1.100 v. Chr.) gehören auch der große und kleine Brönshoog und die ihnen benachbarten hohen Grabhügel am Leuchtturm südlich von Kampen, der große Raisihoog nördlich von Braderup und 17 Thinghooger auf dem heutigen Flugplatz. Ebenfalls aus der Bronzezeit stammen der Klöwenhoog südlich der Bahn von Keitum nach Tinnum, der Tipkenhoog östlich von Kampen und die Grabhügel um den Markmannshoog auf der Heide von Morsum-Nösse, die nach Bunkereinbauten nach dem Zweiten Weltkrieg restauriert wurden. Die vielen Gräber unterstreichen die Intensität der bronzezeitlichen Besiedlung auf den Geestkernen. Infolge der Abholzung des Waldes breitete sich Heide aus. Auch manche bronzezeitlichen Grabhügel sind mit Heide bedeckt. Zur Bodenverbesserung auf den übernutzen Sandböden der Insel brachten die Menschen Humusplaggen auf. Zusätzlichen Wirtschaftsraum für die Viehhaltung boten nur die aufgelandeten Seemarschen unbekannter Ausdehnung an der Ostküste der Insel. Auf den Feldern wurde vor allem Gerste und Emmer angebaut.

Auch die eisenzeitlichen Siedlungen liegen auf den Geestbereichen oberhalb der damaligen Sturmflutgrenze. Im Süden sowie am westlichen und östlichen Rand des Archsumer Geestareals begannen die Siedler schon in der vorrömischen Eisenzeit ab 500 v. Chr. mit der Aufplaggung von humosem Bodenmaterial, wenn auch die zugehörigen Hofplätze bislang nicht nachgewiesen sind. Die Auftragungen

Bronzezeitliche Grabhügel bei Morsum.
Foto: Dirk Meier

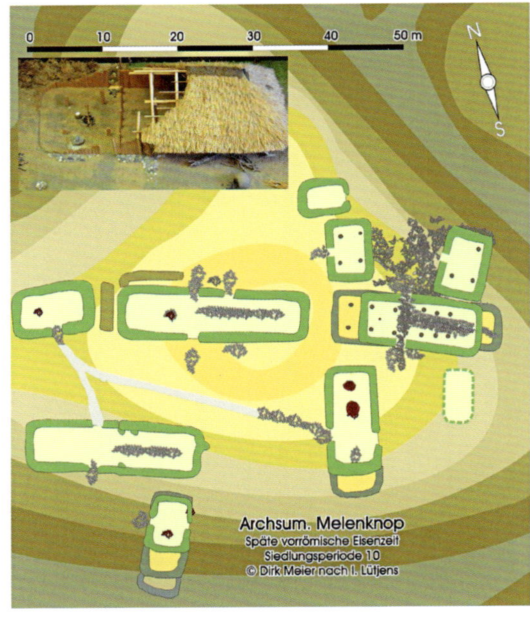

Archsum, Melenknop. Wohnstallhäuser der späten vorrömischen Eisenzeit

dienten nicht nur der Bodenverbesserung, sondern dürften für die Wohnplätze aufgrund höher auflaufender Sturmfluten erwünscht gewesen sein. Das Archsumer Geestgebiet oberhalb von NN +2 m bildete wohl in den Jahrhunderten v. Chr. eine Heidefläche, während die niedrigeren Flächen und Marschen als Wirtschaftsland genutzt wurden.

In der Eisenzeit erstreckt sich vor dem Archsumer Geestkern eine Marsch geringer Ausdehnung, die der Viehhaltung diente. Ob der Rückgang der Siedlungsintensität auf der Archsumer Geest in der jüngeren Bronzezeit und älteren vorrömischen Eisenzeit auf einer zunehmenden Vernässung der Böden oder einem Wechsel des Klimas zu feuchteren, regenreicheren Perioden beruht, ist unklar. Zweifellos bedeutete der zunehmende Meereseinfluss seit der vorrömischen Eisenzeit eine Zäsur in den Lebensbedingungen. Der umfangreiche Bodenauftrag auf dem Archsumer Melenknop dokumentiert eine erhebliche Arbeitsleistung, die bis in die Zeit um Chr. Geb. dauerte, als sich der Meereseinfluss wieder verringerte. Auf den durch Humusplaggen gedüngten Äckern wuchsen Nacktgerste, etwas Spelzgerste, Emmer und Weizen.

Siedlungshügel von Archsum mit Großgehöft mit Nebenbauten in der römischen Kaiserzeit

Seit kurz v. Chr. Geb. entstanden zahlreiche, verstreut liegende Gehöfte und weilerartige Kleinsiedlungen auf dem Archsumer Geeskern. Auf dem Melenknop sind in dieser Zeit Wohnstallhäuser mit Kleisodenwänden nachgewiesen, die an ihren Außenseiten Steinpflaster oder Kiesschüttungen begleiten, wie sie auch an den gegenüberliegenden Eingängen an den Längsseiten vorhanden waren. Auch die Diele und der Stallgang, wo das Vieh sich gegenüberstand, waren gepflastert. Die Jauche wurde über Rinnen nach außen transportiert. Im Wohnbereich befand sich ein Lehmestrich mit einer mit Lehm verstrichenen Herdstelle aus einem Fundament aus Scherben und Steinen. Das mit Reet gedeckte Dach trugen in den Untergrund eingelassene, paarig gegenüberstehende Pfosten. An der Ostseite des Melenknops befand sich ein Wohnstallhaus mit zwei nördlich angrenzenden Nebengebäuden um einen gepflasterten Hofplatz. Im Norden der Kuppe lagen wohl die Äcker für Nacktgerste, Spelzgerste und Emmer, wozu ab Chr. Geb. als robuste Ölpflanze Leindotter sowie Lein und Flachs kamen, die der Leingewinnung dienten. Kurz nach Chr. Geb. gaben die Bewohner ihre Wohnplätze auf. Schutt überzog das ehemalige Siedelareal, auf dem sich eine Vegetation ausbreitete.

In der zweiten Hälfte des 1. Jahrhunderts n. Chr. lässt sich in der Mitte der Archsumer Geestkuppe mit einem Gräberfeld eine erneute Besiedlung nachweisen. Allerdings ließ sich bislang nur auf dem Melenknop eine kontinuierliche Bebauung von der älteren römischen Kaiserzeit bis zur frühen Völkerwanderungszeit um 500 n. Chr. erkennen. Nach der Aufgabe der Siedlung im 1. Jahrhundert n. Chr. entstanden über Planierschichten darüber mehrfach erneuerte große Langhäuser mehrerer Herdgemeinschaften. Während auf dem Melenknop das 2. Jahrhundert n. Chr. in die Zeit einer ökonomischen Prosperität gehört, lassen sich für die jüngeren Perioden des 4. Jahrhunderts keine Angaben machen, da die obersten eisenzeitlichen Schichten nur schlecht oder gar nicht erhalten sind. Auf den zugehörigen Feldern wurde fast nur noch Spelzgerste angebaut. Kleinere Areale dienten für Leindotter und Lein als Ölsaaten sowie für Flachs als Rohstoff zur Herstellung von Leinen.

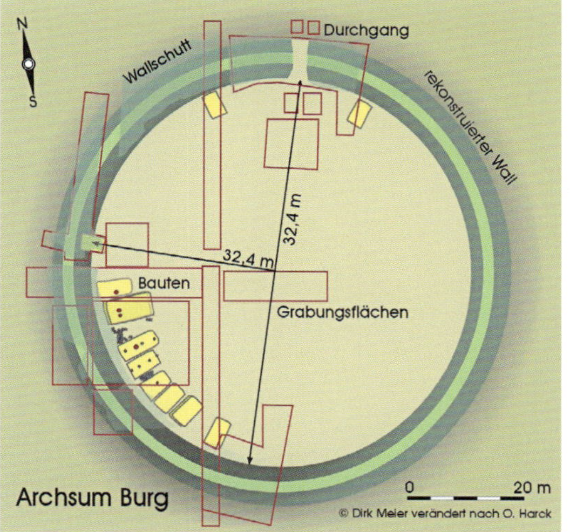

Archsum Burg

Zur eisenzeitlichen Siedlung in Archsum gehörte ferner ein seit dem späten Mittelalter bekannter Ringwall, dessen letzte Reste 1860 abgetragen wurden. Der auf dem Heideödland nördlich des Melenknops errichtete, kreisförmige, ehemals bis 1 m hohe Sodenwall mit einer Basisbreite von etwa 5 m besaß einen Innendurchmesser von etwa 64 m. Spätere Aufhöhungen mit Soden schufen einen bis über 10 m breiten Wall. In einer ersten Phase standen entlang des inneren Wallfußes kreisförmig um einen freien Platz herum errichtete, kleine Flechtwandhütten mit unbenutzten Feuerstellen. Diese ersetzten später Sodenbauten. In der dritten Phase sind anstatt von Bauten tiefe Schächte und Gruben nachgewiesen. Im Norden existierte ein Durchgang durch den Ringwall, der in einen niedrigen Kriechgang überging. Der innerhalb von ein paar Jahrzehnten immer wieder erneuerte Wall, die leichte Bauweise der Hütten und ein instabiles Tor deuten auf eine nicht fortifikatorische Funktion dieser Anlage hin. Die Herdstellen in den Gebäuden wurden wohl niemals benutzt. Außerhalb der Hütten befanden sich Herdstellen und Zaunreste. Hinweise auf einen längeren Aufenthalt von Menschen und Tieren fehlen. Den Ausgräbern schien die bäuerliche Lebenswelt nachgeahmt zu sein. Sie interpretierten das Geschirr als Opfergaben eines unbekannten, von außerhalb beeinflussten Opferrituals. Während zunächst die leichten Hütten für die Deponierung der Opfer dienten, benutzte man später dafür Schächte. Überzeugend erscheint die Deutung als Kultplatz nicht, möchte man doch eher an einen Stapelplatz für Güter denken. Die Anlage bestand nach ihrer Erbauung um die Mitte des 1. Jahrhunderts n. Chr. bis zu ihrer Planierung nur wenige Jahrzehnte.

Man kann sich gut vorstellen, dass sich nach einer Prosperität die Gesellschaftsstruktur veränderte, als das Wirtschaftsland bis an die Grenzen der Ertragsfähigkeit genutzt wurde. Deshalb gaben die Menschen die Siedlung im 4. Jahrhundert n. Chr. auf. Danach fehlen weitere Hinweise auf eine Besiedlung des Archsumer Geestkerns. Einige Scherben des 6. Jahrhunderts gelangten wohl mit Plaggenmaterial von einem unbekannten Wohnplatz auf die

Blick auf den Geestkern von Archsum

Tinnumburg

sturmflutsichere Hochfläche im heutigen Dorf Archsum. Eine Siedlungskontinuität zwischen der Völkerwanderungs- und Wikingerzeit belegen diese jedoch nicht.

Von der älteren römischen Kaiserzeit bis an den Beginn der Völkerwanderungszeit war auch der Geestrand von Tinnum bewohnt, wie Langhäuser, Grubenhäuser, Abfallgruben und Gräben belegen. Ob sich Teile der einheimischen Bevölkerung Sylts, die über maritime Fernkontakte verfügten, den Abwanderungen von Angeln und Sachsen anschlossen, ist unklar. Wahrscheinlich wanderten im Laufe des 5./6. Jahrhunderts Jüten nach Sylt ein, bevor seit dem 8. Jahrhundert Friesen hinzukamen.

Herausragendes Denkmal des frühen Mittelalters ist die Tinnumburg. Der auf einer kleinen Geestkuppe liegende Ringwall begrenzt im Westen und Norden den verschilften Nebenarm des Wadden-Sils, einen in das Wattenmeer mündenden Priel. Nur im Osten verbindet eine schmale Landbrücke die Burg mit der Geest, die aber vor der Bedeichung der Marsch 1937 bei Sturmfluten überschwemmt wurde. Dann war die Tinnumburg allseitig von Wasser umgeben. Das Waaden-Sil sowie der nördlich und westlich des Ringwalles sich ausdehnende Döplem genannte See waren im frühen Mittelalter vermutlich schiffbar. Gerade die maritime Erreichbarkeit bildete bei den in Küstennähe angelegten frühmittelalterlichen Burgen und Gewerbesiedlungen eine große Rolle. Der ovale, heute an der Basis bis 25 m breite und 5 m hohe Ringwall weist von Norden nach Süden einen Durchmesser von 120 zu 110 m auf und umschließt einen 80 mal 60 m großen Innenraum. Der Wall ist nach der Anlage von Schützengräben im Zweiten Weltkrieg in seinen oberen Partien wieder restauriert worden. Jeweils im Süden und Norden befand sich ein Tor, möglicherweise führte ein drittes im Westen auf ein kleines, am Döplem-See sich erstreckendes Plateau. Ob der Damm zur Geest als Zuwegung aufgeschüttet oder natürlich sedimentiert wurde, ist unklar. Das Südtor durchzieht ein im 19. Jahrhundert angelegter Entwässerungsgraben. Die Anlage besaß vielleicht im Nordwesten und Westen einen Vorplatz. Vermutlich wurde ein erster aus Soden aufgeworfener Rundwall bereits in der älteren römischen Kaiserzeit auf einem wasserundurchlässigen Boden errichtet. Nach einer Vermoorung nutzte man dieses Areal mit dem Bau eines neuen Ringwalles im frühen Mittelalter erneut. In der Burgmitte errichtete man nun mehrere Häuser mit Erdsodenwänden, deren Schmalseiten dem Wall zugewendet waren. Man darf in

Ringwall der Tinnumburg. Foto: Dirk Meier

Dünen und Heide auf Sylt begrenzten die wirtschaftlichen Möglichkeiten auf den Geestgebieten Sylts. Foto: Dirk Meier

der Tinnumburg einen Schutz für die nahe Gewerbesiedlung sehen, die auch eine größere Menschenmenge aufnehmen konnte. Sie gehört wie auch andere Ringwälle dieses Typs in den niederländischen Zeelanden in eine Zeit maritimer Wikingerüberfälle auf die Küsten Frieslands und des Fränkischen Reiches im 9. Jahrhundert.

KEITUM UND MORSUM

Im Hochmittelalter verdichtete sich die Besiedlung auf den Sylter Geestkernen infolge einer zweiten, ebenfalls nicht näher überlieferten Einwanderung von Friesen weiter. Einer Urkunde nach schenkte der dänische König Erik III. 1141 dem Kloster Odense einen Teil des jährlichen Landgeldes der *insula Sild*. Deren Besteuerung enthält das Erdbuch *(Liber Census Daniae)* König Waldemars II. von 1231. Im 13. Jahrhundert, zur Zeit einer zweiten friesischen Einwanderung, umfassten die nordfriesischen Uthlande mehrere königliche Harden. Die zur *Praepositura Withaa* (Propstei Wiedau) gehörende Harde *Syld* taucht mehrfach im *Registrum capituli Slesvicensis* und dem *Liber censualis episcopi Slesvicensis* auf. Dieses unter Bischof Nicolaus Wulf um 1436 angeordnete, aber erst ab 1462 abgefasste Verzeichnis enthält die Einkünfte von den Sylter Kirchen *Keytum, Rantum, Westerlant* und *Morsum*. Spätere Chronisten schmückten die mittelalterlichen Quellen aus und ergänzten sie um angeblich untergegangene Kirchen und Orte.

Anstelle des 1436 untergegangen Eidums erscheint erstmalig der Ort Westerland, dessen Bewohner noch lange Zeit die Keitumer Kirche St. Niels nutzten. Diese wurde nachweislich 1635 aufgegeben, und dafür wurde eine neue in Westerland gebaut. Nicht nur Sturmfluten, sondern auch Sandverwehungen begruben Dörfer unter sich. So musste 1462 Rantum mit seiner Westerseekirche nach Osten verlegt werden. Auch dessen neu erbaute Kirche wurde aufgrund von Übersandungen 1757 abgebrochen. Das weiter östlich neu erbaute Dorf mit seiner nächsten Kirche verschüttete von 1792 bis 1794 abermals Dünensand. Die Kirche brach man 1801 ab. 1825 besaß Rantum noch 13 Häuser, 1858 nur noch fünf.

Aus dem Hochmittelalter stammen mit St. Martin in Morsum und St. Severin in Keitum die beiden ältesten noch erhaltenen Kirchen der Insel Sylt. Die urkundlich 1240 erwähnte Keitumer Kirche steht abseits des heutigen Ortes auf einer Geestkuppe. Ihr Dachstuhl datiert auf das Jahr 1216. Das Kirchenschiff mit sei-

Kirche von Keitum. Foto: Dirk Meier

Uthlandfriesisches Haus in Keitum von etwa 1640, heute Museum Altfriesisches Haus. Foto: Dirk Meier

nem schmaleren Chor und der halbrunden Apsis ist romanisch. Im unteren Bereich besteht das Mauerwerk aus Granitquadern, darüber aus Backstein und importiertem rheinischen Tuff, was den damaligen Reichtum der Gemeinde dokumentiert. Die Wände verzieren unter den Traufen von Schiff und Apsis mehrere Friese. Der früher als Seezeichen und zeitweise als Gefängnis dienende spätgotische Turm wurde aus roten Backsteinen und dem Ziegeldach um 1450 errichtet. Bemerkenswert sind an der Turmwestseite zwei eingemauerte Feldsteine als sagenhaften Grabsteine der Schwestern Ing und Dung, die den Turmbau angeblich finanzierten. An der Südseite befindet sich ein kleines, ebenfalls bleigedecktes Vorhaus. Aus dem Hochmittelalter stammt auch der Taufstein der Kirche mit seinen vier Löwen an der Basis aus rheinischem Sandstein aus der Gegend von Bentheim. Die zugehörige zylindrische Kuppe verziert ein Rankenornament. Der geschnitzte Altar ist ein Werk der Spätgotik um 1480 aus der Schule eines unbekannten Lübecker Meisters. In dessen Mittelschrein präsentiert Gott der Gemeinde seinen auferstandenen Sohn Jesus Christus. Die beiden Seitenfiguren stellen Maria mit dem Kind und den Bischof St. Severin dar. In den Seitenflügeln sind die zwölf Apostel zu sehen. Die Predella (Sockel) bildet ein barockes Gemälde des Abendmahls um 1705. Bemerkenswert ist im Chorraum auch eine Holzplastik des 15. Jahrhunderts, die den Heiligen Antonius darstellt. Die Renaissance-Kanzel von 1580 stammt aus dem nordschleswigschen Mögeltondern und wurde der Kirche 1699 von Pastor Gruppius und seiner Frau geschenkt. Der Kanzelkorb betont die Tugenden *Fides* (Glaube), *Temperantia* (Mäßigung) und *Iusticia* (Gerechtigkeit) auf. Die Emporen des Schiffes sind Ergänzungen von 1699 und 1724.

Ehemaliges Kapitänshaus in Keitum, heute Sylt Museum. Foto: Dirk Meier

Von der Kirche aus erreicht man über den Alten Kirchenweg das Dorf Kampen. Da sich auf den Geestflächen der Insel infolge der Abholzung und Übernutzung der Böden die Heide weiter ausbreitete und sich die Landwirtschaft verschlechterte, legte man nach holländischen Vorbildern im Schutz der Dünen seit dem 18. Jahrhundert Vogelkojen an. Um zu Vermögen zu gelangen, verdingten sich die meisten Männer im 17./18. Jahrhundert auf niederländischen Walfangschiffen. Das Kulturerbe dieser Zeit dokumentiert das sog. Kapitänsdorf Keitum, in dem sich die Bebauung verdichtete. Von der Kirche St. Severin lässt sich Keitum über den Alten Kirchenweg mit dem Mühlenhof und dem Packhaus, das an die Zeit des ehemaligen Hafens erinnert, entlang des Kliffs vorbei bis zum Altfriesischen Haus und dem Sylter Heimatmuseum erwandern. Der Gurstig führt als Hauptstraße durch das Dorf. Das in der frühen Neuzeit übliche Wohn- und Wirtschaftsgebäude auf den Nordfriesischen Inseln war das uthlandfriesische Haus. Die vermögenden Häuser kennzeichnen eine wertvolle Innenausstattung, zu der holländische Fliesen gehören.

Die 1240 erwähnte Kirche von Morsum ähnelt mit ihren Friesen am Kirchenschiff und in ihrer Bauweise aus Feldsteinen, Ziegeln und Tuff der von Keitum. Auch sie steht abseits des heutigen Ortes auf einer flachen Geestkuppe. Ihr 1895 verkauftes Bleidach ersetzt seitdem eine Schieferbedeckung. Auch in ihrem kleineren Grundaufbau ähnelt St. Martin der Keitumer Kirche. Demnach dürfte sie Ende des 12. oder zu Beginn des 13. Jahrhunderts errichtet worden sein, doch erhielt sie später anstelle eines Turmes einen Glockenstapel. Im Süden wurde 1793 ein Vorhaus angefügt. Schiff und Chor besitzen eine Holzbalkendecke. Bei der Restaurierung 1931 bis 1934 wurde die nördliche Empore von 1684 entfernt, die Kanzel an den Rand verschoben und der Taufstein aus der Mitte des 13. Jahrhunderts an der heutigen Position aufgestellt. Bemerkenswert ist ferner ein hochmittelalterliches Weihwasserbecken aus zwei Granitblöcken mit vier Kreuzdarstellungen. Darüber erinnert eine Tafel an den Tod von 50 Morsumer Seeleuten in der Sturmflut vom 14./15. März 1744, deren Schiff auf dem Amrumer Kniepsand strandete. Der in einem neuen Gehäuse von 1933 eingerahmte Flügelaltar stammt aus der Spätgotik und stellt wie in Keitum den Gnadenstuhl dar, in dem Gottvater hier jedoch seinen toten Sohn als Pieta auf dem Arm trägt. Die Seitenflügel nehmen wiederum die zwölf Apostel auf.

Kirche von Morsum. Foto: Dirk Meier

Die heutige Lage der beiden Kirchen außerhalb der Orte muss nicht der während ihrer Erbauungszeit entsprochen haben. Diese könnten ebenso wie hypothetische Vorläuferkirchen aus Holz auch im Kern der hochmittelalterlichen Dörfer gelegen haben. Aufgrund der stark gestiegenen Bevölkerung wurden alle Geestböden bis zur Bodenerschöpfung genutzt und der restliche Wald gerodet. Infolgedessen breitete sich die Heide weiter aus. Flugsand der Wanderdünen bedrohte zunehmend die Kulturlandflächen. Umso wichtiger waren die Marschflächen, deren Bestand Deiche sicherten. Unklar ist, ob bereits die gesamte Sylter Südermarsch ein Deich umgab oder nur teilweise Bedeichungen entstanden. Der in Resten noch erhaltenen Stinumdeich zerstörte die katastrophale Sturmflut von 1362. Weitere Deiche entstanden erst danach. Nach deren endgültiger Aufgabe infolge der Burchardiflut von 1634 blieb die Sylter Südermarsch bis zur Fertigstellung des Nössedeiches 1937 ohne Deichschutz.

HALLIGEN

Von Schlüttsiel verkehrt eine Fähre nach Hallig Hooge und Hallig Langeneß, von denen sich jeweils eine am Tag mit entleihbaren Fahrrädern erkunden lässt.

HALLIG HOOGE

Im Westen des Nordfriesischen Wattenmeeres liegt zwischen den Wattströmen Süderaue im Norden und Rummelloch im Südosten die 5,460 km² große Hallig Hooge mit im Jahr 2011 erfassten 109 Einwohnern. In der Mitte der Hallig ist die Marschoberfläche von NN +1,45 bis +1,55 m nur knapp einen Dezimeter über das Mittlere Tidehochwasser (MThw) aufgewachsen, im Norden, Westen und Süden steigt diese zum Ufer hin teilweise bis zu über NN +2,10 m an. Aufgrund eines zwischen 1911 und 1914 errichteten Sommerdeichs wird Hooge weniger oft überflutet als die anderen Halligen. Zusätzlichen Schutz geben die weiter westlich gelegenen Außensände Japsand und Norderoogsand. Auf Hooge befinden sich die Backenswarft, die Hanswarft, die Kirchwarft, Mitteltritt, die Ockelützwarft, die Ockenswarft, die Volkertswarft, die Westerwarft, die Ipkenswarft, die Lorenzwarft und die Pohnswarft.

Die Hallig überlagert einen kleinen Teil der durch die Zweite Marcellusflut von 1362 zerstörten, zur Pellworm-Harde gehörenden, im Register des Schleswiger Bischofs Brun vermerkten Kirchspiels *Hoghe*, dessen Name auf die spätere Hallig übertragen wurde. Ein Warftrest mit in einer Reihe liegenden Gräbern und Skeletten war 1965 am Rande eines Prieles, etwa 1 km vom Halligufer entfernt, im Watt zwischen Hooge und Norderoog freigespült worden. Die Fundstelle lag bei etwa NN, somit 2 m tiefer als die Grasnarbe der Hallig. Von einem angrenzenden Warftrest, wohl Standort des zugehörenden Pastorats, stammen Funde des 12. bis 14. Jahrhunderts. Somit dürfte die ehemalige Kirche *Hoghe* lokalisiert sein. Übrigens heißt der heute Hoogeloch genannte Priel, an dem die Reste der Doppelwarft liegen, passenderweise im Volksmund „Schorkjenswarftley" (friesisch: *schork*=Kirche).

Nach Marschoberflächen, die an der Luv-Seite der Außensände auftreten, hat sich die mit-

Blick auf Hallig Hooge von Pellworm aus. Im Vordergrund mit Torf verfüllte Gräben der Insel Alt-Nordstrand. Foto: Dirk Meier

telalterliche Marsch über deren heutige Westkante hinaus weiter nach Westen erstreckt. Ihr waren schützende Sandbänke im Westen vorgelagert. Nach Funden des 8. und 9. Jahrhunderts, die im Watt zwischen Hooge und dem Japsand, westlich und nördlich der Hallig und bei Baggerarbeiten auf der Hallig selbst aus etwa 1,50 m Tiefe zu Tage kamen, ließen sich hier bereits im frühen Mittelalter Siedler nieder. Im Schutz wohl noch vorhandener Nehrungen war zunächst die Anlage ebenerdiger Flachsiedlungen in der Seemarsch möglich. Erst gegen Ende des 11. Jahrhunderts erforderte nach deren Abbau der steigende Meereseinfluss den Bau von Warften und Deichen. Hochmittelalterliche Sodenbrunnen des 12. Jahrhunderts sind im Watt westlich von Hooge nachgewiesen. Jünger sind die Überreste zweier bereits auf Halligland angelegten Warften, die infolge fortschreitenden Kantenabbruchs verlassen wurden. Eine von diesen ist - in einer Entfernung von 1,25 km in südlicher Richtung von der Halligkante - die kurz nach 1600 aufgegebene Süderwarft.

Unter der Hallig selbst befindet sich der erhaltene Deich eines kleinen Kooges nahe der Ockenswarft, der heute bereits teilweise im Watt liegt. Der 6 m breite und 1,20 m hohe Deich auf einer alten, nur NN +0,40 bis 0,50 m hohen Marsch aufgeschüttet war, deren Höhenniveau derjenigen Landoberfläche entspricht, die seit dem 12. Jahrhundert durch Deiche geschützt wurde. Da heute die Halligoberfläche etwa 0,40 m über der Deichkrone liegt, muss der Koog somit von der darüber durch vermehrte Sedimentablagerung aufgewachsenen Hallig begraben worden sein. Die Zweite Marcellusflut von 1362 bedeckte in diesem Gebiet das durch Deiche geschützte Wirtschafts- und Siedelland ebenso wie Torfabbaustellen.

Bereits bei der im Jahre 1804 durch den Landmesser J. Carstens durchgeführten Vermessung der Hallig ist dieser Koog, dessen Konturen sich noch an der Halligoberfläche abzeichnen, ebenso erkannt worden wie die etwas größeren Köge bei der Hanswarft und der Backenswarft. Die Deiche der Kleinköge könnten schon vor der Entstehung der Hallig aufgeschüttet worden sein, bewiesen ist das aber nicht. Dass sie unmittelbar an die beiden großen Warften angrenzen, könnte auf das hohe Alter der beiden Warften hinweisen. An der Stelle der im Watt liegenden Siedlungen findet man entweder mittelalterliche oder aber neuzeitliche Funde. Nur nahe der östlich von Hooge im Watt liegenden Reste der Andreas-Magnussen-Warft sind sowohl mittelalterliche als auch frühneuzeitliche Funde aufgelesen worden. Vielleicht wurde diese Warft nach den

Hallig Hooge

Blick auf die Backenswarft mit Deich eines Kleinkooges im Vordergrund. Foto: Dirk Meier

Wasserversorgung einer Halligwarft

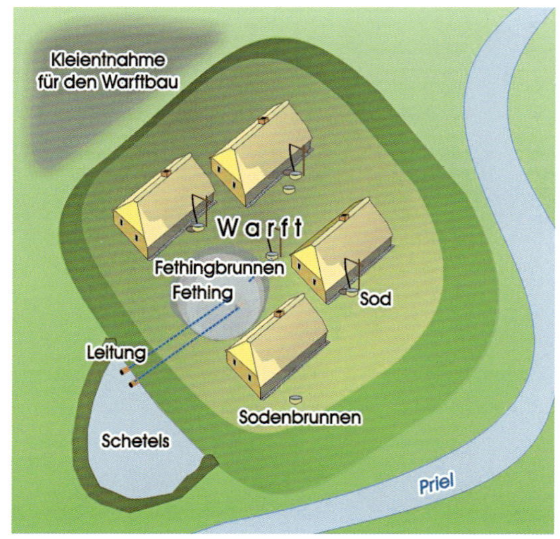

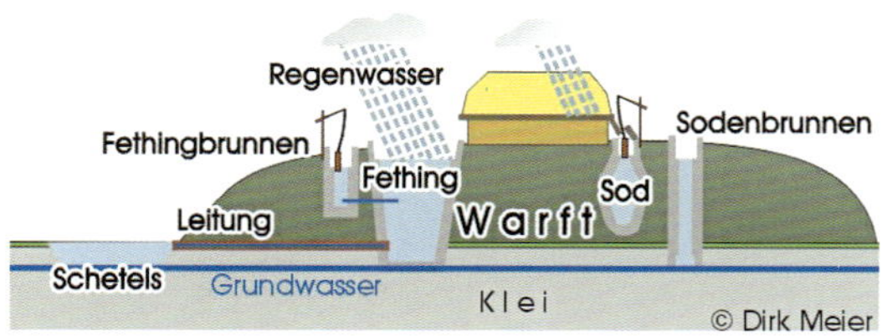

spätmittelalterlichen Sturmflutkatastrophen von Halligleuten wiederhergestellt und besiedelt.

Die Hallig ist somit über der im späten Mittelalter untergegangen Kulturlandschaft des Kirchspiels *Hoghe* aufgewachsen. Dabei überlagert deren westliche Hälfte eine Landschaft, deren Oberfläche durch systematische Abgrabung von Salztorf zerstört worden ist, sodass sie danach für Generationen nicht mehr nutzbar war. Unter der Pohnswarft im Westen Hooges wurde der Torf bei NN -0,1 m angetroffen. Noch heute sind die typischen Salztorfabbauspuren im Watt um Hooge zu beiden Seiten der großen Schleuse und südwestlich der Hallig bis zum Hooger Loch zu finden. Unter der Osthälfte der Hallig fehlen hingegen Spuren des Salztorfabbaus. Hier wurde der Torf für Bodenverbesserungsmaßnahmen abgeräumt, wie regelmäßig angelegte Gräben im Watt belegen. Diese derart aufwendig hergerichteten Wirtschaftsflächen für den Getreideanbau machten aber ohne Deichschutz keinen Sinn.

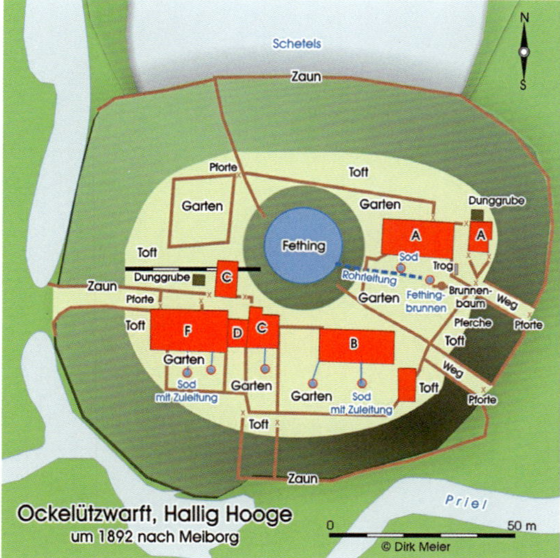

Wasserversorgung der Ockelützwarft um 1892

Nach der Zweiten Marcellusflut von 1362 und nach Verlust der eigenen Kirche wurden die Überlebenden des Kirchspiels *Hoghe* zur Großen Kirche der Nachbarinsel Pellworm eingepfarrt. Hooge besaß erst seit 1639 wieder eine eigene Kirche. Deren Bau war notwendig geworden, nachdem sich das Rummelloch, ein zwischen Hooge und Pellworm verlaufender Prielstrom, stark verbreitert und vertieft hatte. Zudem hatte die Hallig auch im Süden und Südosten so viel Land verloren, dass die Verbindung zur Nachbarinsel zu Fuß bei Niedrigwasser ebenfalls erschwert war. Da den Halligbewohnern das Geld für den Kirchbau fehlte, erwarben sie eine wüst gefallene Warft, die bislang als Friedhof diente. Die Möglichkeit der Errichtung eines eigenen Kirchgebäudes ergab sich nach der Zerstörung Alt-Nordstrands in der Burchardiflut von 1634. Aus dem in das Wattenmeer einbezogenen Kirchspiel Osterwold gelangten Backsteine, Dachpfannen und sonstiges Baumaterial nach Hooge, ebenso die Taufe, der Altar, die Kanzel, ein Teil des Gestühls und eine Glocke. Weiteres Inventar kam aus dem untergegangenen Westerwold, aus Ilgrof (Ilgruff) und aus Röhrbeck (Rohrbeck). Vom zerstörten Kirchspiel Königsbüll ging der Pastor Conradus Weißenborn Thuringus nach Hooge. Er soll hier 1637 erstmals in der wohl noch unfertigen neuen Kirche gepredigt haben. Bei den Bauarbeiten des neuen Pastorats 1907 stieß man auf Reste zweier abgebrochenen Hofstellen. Demnach diente eine ehemalige Hofwarft nun als Kirchwarft.

Trotz 43 eigener Flutopfer blieb die Hallig auch nach der Buchardiflut von 1634 bevölkerungsreich. So lassen sich nach den Kirchenbüchern für die Zeit danach 59 Neubürger nachweisen. Diese waren meist Überlebende aus untergegangenen Kirchspielen der Insel Alt-Nordstrand. Nach den Notzeiten folgte ein ökonomischer Aufschwung durch die Teilnahme an den Grönlandfahrten holländischer Unternehmer. Sehenswert ist der „Königspesel“ in einem Haus auf der Hanswarft, das Tade Hans Bandix 1776 (eher 1767) erbauen ließ. Die Bezeichnung geht auf den dänischen König Friedrich VI. zurück, der nach der Februarsturmflut von 1825 die Nordfriesischen Inseln und Halligen bereiste und am 2. Juli des gleichen Jahres nach Hooge kam. Da ungünstige Winde seine Weiterfahrt verhinderten, übernachtete er im Wandbett des später Königspesel genannten Raumes.

Nach dem Haupt- und Geldregister der Landschaft Nordstrand von 1711 wies Hooge eine Größe von etwa 342,62 ha auf, 1713 waren es mit etwa 318,97 ha etwas weniger. In der Weihnachtsflut 1717 ertranken zwar keine Menschen, aber 30 Kühe; 12 Häuser waren weggerissen und weitere 60 beschädigt worden. 1794 gab Pastor Kruse die Einwohnerzahl der Hallig mit 480 Personen an, die in 130 Wohnungen auf 14 Warften lebten. 96 Personen fuhren zur See, davon 18 als Schiffsführer meist holländischer Schiffe. Ihre Zahl war schon rückläufig, da sich die einträgliche Seefahrerepoche für die Halligen bereits ihrem Ende zuneigte. Als Folge der Sturmflut von 1825 zogen 19 Familien weg, 67 Familien blieben da. Es verschwanden insgesamt 23 Häuser, 75 blieben unbewohnt und 12 waren beschädigt. Die Hausschäden beliefen sich auf 72.000 Reichsbanktaler, die der Mobilien auf 78.000, das verlorene Vieh schlug mit 3.500, die Futterverluste mit 4.000 und die Feuerung mit 3.000 Reichsbanktalern zu Buche. Zudem waren 50 Kühe und 140 Schafe ertrunken.

Hanswarft.
Foto: Walter Raabe

Erst 1911 begann man mit dem Bau des Sommerdeiches und der Befestigung des Halligufers. Das Binnenwasser führt ein Steinsiel (Westersiel) mit Durchlassöffnung im Norddeich ab. Den Kirchenpriel regelt ein schließbares offenes Deichsiel (Große Schleuse). Des Weiteren entstand das Ostersiel. Für die Bauausführung dieser bis 1914 abgeschossenen Maßnahmen waren zeitweise 300 Arbeiter auf Hooge untergebracht. Der fast 11,1 km lange

Kirchwarft von Hallig Hooge.
Foto: Dirk Meier

Steindeich von Hallig Hooge mit Blick auf die Backenswarft bei Niedrigwasser. Foto: Dirk Meier

Deich war im Westen, Norden und Südwesten als Steindeich ausgeführt und erhielt eine Kronenhöhe von +2,20 m über dem MThw. Das Zerkleinern der Findlinge besorgten Steinhauer, die meist aus den norditalienischen Gebirgsgemeinden Forni di Sopra und Moggio kamen. Der 6,8 km lange Abschnitt ist ein aus Erde aufgeschütteter Sommerdeich mit einer Kronenhöhe von +1,70 m über dem MThw und mit 1:5 angelegten Böschungsneigungen. Der Deich bewährte sich bei der Sturmflut vom 16./17. Oktober 1916, die so hoch auflief wie die von 1825, bei der das Wasser bis +2,80 m über dem MThw stieg. Im Oktober 1926 beschädigte eine schwere Sturmflut den Deich im Norden, der teilweise bis auf Hallighöhe abgetragen wurde. 1927 wurde im Süden Hooges die Steinkante neu gesetzt. Östlich der Schleuse erhielt der Steindeich ein neues Deckwerk aus rhombischen Basaltsteinen. Den Kirchenpriel riegelte man 1937 mit einem Siel ab, da sich Ebbe und Flut weiterhin über die großen Priele in das Halliginnere auswirkten und Kantenabbrüche verursachten. Das Ostersiel erhielt 1940 zwei weitere Öffnungen. Die neue, seeseitige Böschung des Sommerdeiches wurde hier nun auf 1:7 abgeflacht, und dieser wurde auf 15,40 m erweitert, wobei man die Kronenhöhe von NN +1,70 m beibehielt. Seitdem ist die Grundfläche der Hallig konstant geblieben. Diese Sommerbedeichung erleichterte die Auflösung der althergebrachten Allmendeverfassung mit jährlich neu verlosten Grundstücken.

HALLIG LANGENESS

Langeneß erstreckt sich zwischen den Prielströmen Süder- und Norderaue. 2011 wohnten hier 115 Einwohner auf 17 Warften. Die heutige langgesteckte Hallig mit 9,241 km² entstand erst im 19. Jahrhundert nach Überbrückung der trennenden Priele durch Zusammenlegung der Halligen Nordmarsch, Butwehl und Langeneß.

Zu den Warften auf Langeneß im Norden gehören die Bandixwarft, die Neuwarft, die Peterhaizwarft, die Hunnenswarft, die Peterswarft mit dem Nationalparkhaus, die Honkenswarft und die Kirchwarft, auf Butwehl im Süden die Tadenswarft, die Christianswarft und die Tamenswarft sowie auf Nordmarsch im Westen Neuhörn, Treuberg, Süderhörn, Hilligenley, die Rixwarft, die Mayenswarft, die Kirchhofswarft, die nach der Sturmflut 1962 verlassene Neu-Peterswarft und die alte Peterswarft mit dem 1902 erbauten Leuchtturm Nordmarsch. Seitdem diesen 1916 im Ersten Weltkrieg eine Seemine beschädigte, ließ sich trotz einer Ummantelung 1953 dessen Schiefstellung nicht ganz beseitigen. Die Feuerhöhe des 11,5 m hohen Turms liegt 13 m über MThw mit einer Tragweite von 14,7 Seemeilen. Es dient als Leit- und Quermarkenfeuer für das Fahrwasser der Süderaue.

In der Weihnachtsflut von 1717 ertranken auf Langeneß zwei Menschen, 48 Kühe und 100 Schafe. Ferner wurden einige Häuser weggerissen. Verheerend wirkte sich auch auf Langeneß die Februarsturmflut 1825 aus. Infolge fortschreitenden Kantenabbruchs verloren die in Küstennähe angelegten Warften nicht nur ihre Wirtschaftsflächen, sondern die Nordsee griff auch die Warften selbst an. So mussten allein in der ersten Hälfte des 19. Jahrhunderts auf der Hallig Nordmarsch drei, auf Butwehl ebenfalls drei aufgegeben werden.

Ein erster Schritt zur Erhaltung der drei Halligen erfolgte 1847 und 1869 mit der Überdämmung der zwischen Langeneß, Butwehl und Nordmarsch verlaufenden Priele. Zwar lag das Halligufer weiter im Abbruch, es ging aber danach nur noch die Langeneßer Melfswarft verloren. Erst zwischen 1901 und 1904 wurden die ungeschützten Halligkanten befestigt. Gesichert wurden 956 ha Halligland mit 19 bewohnten und zwei unbewohnten Warften. Allerdings wurde 1962 mit der Neu-Peterswarft eine der Warften aufgegeben, nachdem eine schwere Sturmflut das einzige Haus schwer beschädigt hatte. Diese war als jüngste aller Halligwarften zwischen 1890 und 1894 bis zu einer Höhe von NN +4,46 m aufgeschüttet worden. Die gemeinschaftlichen Arbeiten verrichteten 6 bis 12 Männer in der sturmflutfreien Zeit neben ihrer Landwirtschaft. Das Haus entstand 1895, 1896 folgten noch einige Restarbeiten. Über ihre Vorgängerwarft berichtet Lorenzen 1749 (gedruckt 1762): *Neu Peters Warff im südwestlichen Theile der Insel: Dieser Warff ist erst vor 20 Jahren neu aufgeführet, und hat landwärts rücken müssen ... Am westlichen Ufer ist noch ein groß Stück von dem Alten Peters Warff zu sehen. Wiewohl die Fluth auch schon ziemliche Löcher hineingehauen hat. Auf dem neuen Warff sind acht Wohnhäuser und 40 Menschen.* Die meisten Warften sind heute zwischen etwa NN +3,80 und +4,50 m hoch.

Zumindest die Halligen Nordmarsch und Langeneß sind nach den Kirchspielen *Nordmersch (Nordermersck)* und *Langnes* benannt, die in der Zweiten Marcellusflut von 1362 untergingen. *Nordmersch* findet Erwähnung im *Liber censualis episcopi* des Schleswiger Bischofs Brun, bei dem Zinsbuch von 1509 handelt es sich bei *Nortmersk* um das heutige Nordmarsch, da das alte Kirchspiel nicht mehr bestand. Ebenso verhält es sich mit dem Kirchspiel Langeneß *(parochia Langnes)*.

Das nach der Flutkatastrophe aufgewachsene Halligland war nach diesen Quellen und Karten sicherlich im frühen 16. Jahrhundert besiedelt. Auf Langeneß wurde 1599 eine Kirche westlich der heutigen errichtet. Deren Verlegung erfolgte aufgrund fortschreitenden Landabbruchs 1732 an die heutige Stelle, wo man sie 1838 wieder abbrach und 1894 durch den jetzigen Bau ersetzte. Sie dürfte in der Februarflut von 1825 stark beschädigt worden sein. Die nordwestlich mit Langeneß zusammengewachsene Hallig Buthwehl gehörte ursprünglich zum Kirchspiel Gröde. Erst nach 1681

Hallig Langeneß heute und auf der Karte von Johannes Mejer von 1648

durften die Butwehler Einwohner aufgrund der Vergrößerung der Gezeitenrinne des Schlütts die Kirche von Langeneß besuchen. Von 1634 bis zum 19. Jahrhundert vergrößerte sich aufgrund von Landverlusten der Abstand beider Halligen zueinander.

Bei der Warftverstärkung von Treuberg im westlichen Teil der Hallig Nordmarsch-Langeneß wurde 2017 eine Baubeobachtung durchgeführt, die die frühneuzeitliche Datierung der bis NN +4,2 m hohen Warft bestätigte. Untersucht ist auch der an der westlichen Halligkante liegende Rest der Warft Hallge. Die aus Klei errichtete Warft, auf der 1749 noch 53 Bewohner in zehn Wohnungen lebten, wurde nach 1825 geräumt, als diese in die Abbruchkante der Hallig gerückt war. Sie entstand wie die von Treuberg erst im 17. Jahrhundert. Zur Zeit des Warftbaus lag die Halligoberfläche bei NN +1,60 m. Da hier die Landoberfläche im Mittelalter nicht durch Menschenhand verändert wurde, überlagern die Halligsedimente einen ungestörten Teil der mittelalterlichen Kulturlandschaft, deren Oberfläche sich bei etwa NN befand. Diese überdeckt 0,40 m bis 0,50 m mächtige Meeresablagerungen, die wiederum einen 0,30 m bis knapp 0,50 m dicken Torf überlagern. Der bronzezeitliche Torf wurde in Bohrungen bei NN -0,1 m oberhalb von Sedimenten angetroffen, die bis zu der auf einem Niveau von NN -9,5 m liegenden Holozänbasis reichen. Die ungestörte Schichtabfolge belegt den Umfang der Kleiabtragung durch die Salzsieder für den Salztorfabbau und den Setzungsbetrag der Oberflächen seitdem.

Reste von Salztorfabbaufeldern, von Kajedeichen und Warften sowie Fundstellen mit Keramik im Watt bei Langeneß dokumentieren Teile der seit dem Hochmittelalter besiedelten Landschaft. Deren Nutzung beginnt im späten 12. Jahrhundert mit der großflächigen Abräumung des über dem Torf liegenden Kleis und der Abgrabung des Torfes. Einige dieser Abbaufelder liegen im Norden der Hallig, die meisten ziehen sich aber in einer Breite von etwa 400 bis 600 m und auf einer Länge von 9 km am südlichen Halligufer entlang. Heute sind sie zum größten Teil erodiert, dafür treten am Südufer in unmittelbarer Hallignähe neue Salztorfabbauspuren zu Tage. Felder unterschiedlicher Größe umgeben hier Kajedeiche aus Torf mit Kleisodenabdeckungen, an die sich binnendeichs rechteckige, regelmäßig angelegte Bodenentnahmegruben anschließen. Die niedrige Höhe der Schutzdämme deutet auf einen nur im Sommer durchgeführten Salztorfabbau hin. Zwischen den Abbauschollen befinden sich Baumstubben, die im unteren Schilftorf wurzeln und die man beim Abgraben des Salztorfes aufgrund ihrer schwierigen Beseitigung stehenließ. Aus Sodenbrunnen auf drei inselartig stehengebliebenen Torfresten stammen Funde des 14. bis 15. Jahrhunderts.

Inmitten dieser Felder befinden sich die Reste von Wohnstätten und Arbeitsplätzen der Salzsieder mit Resten von Torfasche. Dass große Teile der Hallig Langeneß über Salztorfabbaufeldern liegen, zeigen auch Abbauspuren, die sich bei Tamenswarft, Hilligenley und Maienswarft unter dem Halligland erstrecken. Wei-

Blick auf den Anleger von Hallig Langeneß mit der Rixwarft II im Vordergrund und der Warft Hilligenlei im Hintergrund. Foto: Dirk Meier

tere kamen zwischen Süderhörn und Maienswarft und in dem zwischen beiden Warften verlaufenden Priel zu Tage. In dem Halligpriel „Ridd" lagen die in die ausgebeutete Torfschicht gekippten Kleischollen zeitweise sogar frei. Während im Watt die Kleischollen infolge von Strömungsangriffen meist eine dreieckige Form aufweisen, wurden bei einem Aushub zwischen der Warft Süderhörn und der Mayenswarft noch rechteckige Schollen in ihrer ursprünglichen Form zwischen Torfresten angetroffen. Darüber lagen 1,30 m mächtige Sedimente mit der 0,20 m starken Bodenbildung der Hallig. Da unter der Hallig auch dreieckige Schollen belegt sind, ist davon auszugehen, dass die Salztorfabbaufläche längere Zeit dem Meeresangriff ausgesetzt war, bevor sich Sedimente ablagerten, über denen die heutige Hallig aufwuchs. Südlich der Warft Treuberg weist der gepresste Torf noch eine Mächtigkeit von 0,90 m auf, ursprünglich dürfte dessen Dicke um 1 m betragen haben. Der Abbau beschränkte sich auch bei Langeneß auf den Hochmoortorf, während man die unterste Lage aus Schilftorf, der mit Klei durchsetzt ist, stehenließ.

Wie andere wurde auch die südlich der Ketelswarft im Watt liegenden Reste der Rickertswarft nach den hier abgelagerten Salztorfaschehalden für die Salzherstellung aufgeschüttet. Dies erfolgte vor Beginn des Torfabbaus, wie der unter dem Warftrest erhaltene Torfsockel belegt. Die Große Mandränke von 1362 und den Niedergang der Salzgewinnung überstand die Warft, die nach einer Zäsur von über 200 Jahren wieder in Besitz genommen und zur Halligwarft ausgebaut wurde. Sie blieb bis 1823 bewohnt. Ihre Wiederbesiedlung war möglich, da die Hallig Butwehl – wie alle anderen Halligen auch – infolge vermehrter Sedimentablagerung so hoch aufgewachsen war, dass sie bewirtschaftet werden konnte.

Bei Ausgrabungen der 1970er Jahre auf der Warft Hallge und südwestlich der Warft Süderhörn, zwischen Süderhörn und Norderhörn und von Norderhörn bis Hunnenswarft wurden unter der Hallig keine Abbauspuren angetroffen. Hier ist der über dem Torf liegende Klei oder die durch die Ausräumung des Torfes verbesserte Landoberfläche landwirtschaftlich genutzt worden. Somit lagen im Mittelalter Flächen Salztorfabbaufelder und landwirtschaftliche Nutzflächen nebeneinander. Die landwirtschaftlich genutzten Flächen schützten möglicherweise Deiche. Zwar geben Flurnamen Hinweise auf kleine Köge, doch lässt sich ihre Entstehung nicht, wie auf Hooge nachgewiesen, bis in die Zeit vor der Halligbildung zurückverfolgen.

Priel mit Steindamm auf Hallig Langeneß. Foto: Dirk Meier

Der schnelle Aufwuchs des Halliglandes nach der Großen Mandränke von 1362 ist eine Folge der von der Nordsee mitgeführten Sedimente. Diejenigen Kulturlandflächen, die durch die Flutkatastrohe ihres Deichschutzes beraubt worden waren, sodass sie nicht wieder eingedeicht werden konnten, trug das Meer an den Kanten und in der Fläche ab. Dieser Prozess bedingte einen erheblichen Eintrag von Sedimenten in das Meerwasser, das diese teils mit dem Ebbstrom seewärts transportierte, teils aber auch über stabilem Untergrund wieder absetzte. Erst als alle Landreste aufgezehrt und zu Watt geworden waren, schichtete das Meer den Boden erneut um, sodass es zu einer Umkehrung der Verhältnisse kam. Nun wurden die Halligen selbst angegriffen und verloren durch Kantenabbruch wieder an Fläche, während der erhaltene Rest durch die bei Landunter abgesetzten Sedimente weiter an Höhe gewann.

Heute wachsen die Halligen nicht mehr mit dem Meeresspiegelanstieg mit, was die derzeitigen Küstenschutzmaßnahmen mit Ringdeichen auf den Warften, deren Erhöhung und den Bau verbesserter Halligschutzdeiche begründet. Auch der Bau neuer Warften wird überlegt.

LITERATURVERZEICHNIS

FLENSBURG UND DIE FÖRDE

Gesellschaft für Flensburger Stadtgeschichte (Hrsg) 1966: Flensburg. Geschichte einer Grenzstadt (Flensburg 1966).

Meier, D. 2012: Schleswig-Holstein im Hohen und Späten Mittelalter. Landesausbau – Dörfer – Städte (Heide 2012).

Meier, D. 2015: Unsere Ostseeküste (Heide 2015).

Meier, D. 2019: Schleswig-Holstein. Eine Landschaftsgeschichte (Heide 2019).

Müller, M. J. 1999: Genese und Entwicklung schleswig-holsteinischer Binnendünen. Berichte zur deutschen Landeskunde 73, 1999, 2–3, 129–150.

Röschmann, J. 1963: Vorgeschichte des Kreises Flensburg (Neumünster 1963).

Schlenger, H., Paffen, K. H. u. Stewig, R. (Hrsg.) 1969: Schleswig-Holstein – Ein geographisch landeskundlicher Exkursionsführer (Kiel 1969).

Pust, D. 1999: Eine Stadt vor 100 Jahren. Flensburg. Bilder und Berichte (Flensburg 1999).

Stadtkernatlas Schleswig-Holstein. Bearbeitet von J. Habich unter Mitwirkung von G. Kaster u. K. Wächter. Die Kunstdenkmäler des Landes Schleswig-Holstein (Neumünster 1976).

Weigand, K. 1978: Flensburg Atlas. Die Stadt Flensburg in der deutsch-dänischen Grenzregion in Geschichte und Gegenwart. Schriften der Gesellschaft für Flensburger Stadtgeschichte 27 (Flensburg 1978).

Zölitz, R. 1989: Landschaftsgeschichtliche Exkursionsziele in Schleswig-Holstein (Neumünster 1989).

NORDANGELN

Feulner, F. 2010: Die spätmesolithischen und frühneolithischen Fundplätze im Satrupholmer Moor, Kr. Schleswig-Flensburg. Rekonstruktion einer Siedlungskammer. Dissertation Universität Kiel (Kiel 2010).

Schmölcke, U., Briel, M., Klooss, S. Hartz, S., Feeser, I. u. Müller, A. B. 2017: „Glück im Unglück". Neue Ergebnisse von einem altbekannten mittelsteinzeitlichen Fundplatz am Rande des Satrupholmer Moores in Satrup, Kreis Schleswig-Flensburg. Archäologische Nachrichten Schleswig-Holstein 2017 19–29.

Meier, D. 2015: Unsere Ostseeküste (Heide 2015).

Meier, D. 2019: Schleswig-Holstein. Eine Landschaftsgeschichte (Heide 2019).

Muuß, U., Petersen, M. u. König, D. 1973: Die Binnengewässer Schleswig-Holsteins. Unter Mitarbeit von G. Herrmann (Neumünster 1973).

Packschies, M. 1984: Untersuchungen zur eiszeitlichen Entstehung und nacheiszeitlichen Entwicklung des Treßsees. Fallstudien zur Landschaftsökologie in Schleswig-Holstein I, dargestellt am Beispiel des Treßsees (Kreis Schleswig-Flensburg). Die Heimat. Zeitschrift für Natur- und Landeskunde von Schleswig-Holstein und Hamburg. Heft 1/2, 1984 7–23.

Riedel, W. 1981: 1 Die landschaftliche Gliederung des Kreises Flensburg. In: Gesellschaft für Flensburger Stadtgeschichte (Hrsg.), Der Landkreis Flensburg 1867–1974. Ein preußischer Landkreis in Schleswig-Holstein. Teil 1. Schriften der Gesellschaft für Flensburger Stadtgeschichte 30 (Flensburg 1981) 11–19.

Röschmann, J. 1963: Vorgeschichte des Kreises Flensburg (Neumünster 1963).

Schlenger, H., Paffen, K. H. u. Stewig, R. (Hrsg.) 1969: Schleswig-Holstein – Ein geographisch landeskundlicher Exkursionsführer (Kiel 1969).

HAITHABU UND DANEWERK

Brandt, K. 2002: Wikingerzeitliche und mittelalterliche Besiedlung am Ufer der Treene bei Hollingstedt (Kr. Schleswig-Flensburg) – Ein Flusshafen im Küstengebiet der Nordsee. In: K. Brandt, M. Müller-Wille u. Chr. Radtke, Haithabu und die frühe Stadtentwicklung im nördlichen Europa. Schriften des Archäologischen Landesmuseums 8 (Neumünster 2002) 83–106.

Brandt, K. 2012: Hollingstedt an der Treene: Ein Flusshafen der Wikingerzeit und des Mittelalters für den Transitverkehr zwischen Nord- und Ostsee. Schriften des Archäologischen Landesmuseums 10 (Neumünster 2012).

Meier, D. 2011: Schleswig-Holstein im Frühen Mittelalter. Landschaft – Archäologie – Geschichte (Heide 2011).

Meier, D. 2012: Schleswig-Holstein im Hohen und Späten Mittelalter. Landesausbau – Dörfer – Städte (Heide 2012).

Meier, D. 2016: Die Eider. Flusslandschaft und Geschichte (Heide 2016).

Römisch-Germanisches-Zentralmuseum Mainz 1968 (Hrsg.): Führer zu vor- und frühgeschichtlichen Denkmälern. Bd. 9 Schleswig – Haithabu – Sylt (Mainz 1968).

Schietzel, K. 2014: Spurensuche Haithabu. Archäologische Spurensuche in der frühmittelalterlichen Ansiedlung Haithabu. Dokumentation und Chronik 1963–2014 (Schleswig 2014).

Schlenger, H., Paffen, K. H. u. Stewig, R. (Hrsg.) 1969: Schleswig-Holstein – Ein geographisch landeskundlicher Exkursionsführer (Kiel 1969).

SCHLESWIG UND DIE SCHLEI

Löwe, G. 1998: Kreis Schleswig (seit 1974 Kreis Schleswig-Flensburg). Archäologische Denkmäler Schleswig-Holsteins Hrsg. von J. Reichstein. Bd. 8 (Neumünster 1998).

Meier, D. 2011: Schleswig-Holstein im Frühen Mittelalter. Landschaft – Archäologie – Geschichte (Heide 2011).

Meier, D. 2012: Schleswig-Holstein im Hohen und Späten Mittelalter. Landesausbau – Dörfer – Städte (Heide 2012).

Meier, D. 2015: Unsere Ostseeküste (Heide 2015).

Römisch-Germanisches-Zentralmuseum Mainz o. J. (Hrsg.): Führer zu vor- und frühgeschichtlichen Denkmälern. Bd. 9 Schleswig – Haithabu – Sylt (Mainz o. J.).

Roß, J. 2012: Megalithgräber in Schleswig-Holstein. Untersuchungen zum Aufbau der Grabanlagen nach neueren Ausgrabungsbefunden (Hamburg 1992).

Schlenger, H., Paffen, K. H. u. Stewig, R. (Hrsg.) 1969: Schleswig-Holstein – Ein geographisch landeskundlicher Exkursionsführer (Kiel 1969).

Schmidt, N. 2017: Arnis 1667–2017. Die kleinste Stadt Deutschlands (Kiel 2017).

Stadtkernatlas Schleswig-Holstein. Bearbeitet von J. Habich unter Mitwirkung von G. Kaster u. K. Wächter. Die Kunstdenkmäler des Landes Schleswig-Holstein (Neumünster 1976).

Vogel 1989: Schleswig im Mittelalter. Archäologie einer Stadt (Neumünster 1989).

VON DER SCHLEI ZUR EIDERMÜNDUNG

Meier, D. 2016: Die Eider. Flusslandschaft und Geschichte (Heide 2016).

Meier, D. 2019: Schleswig-Holstein. Eine Landschaftsgeschichte (Heide 2019).

Schlenger, H., Paffen, K. H. u. Stewig, R. (Hrsg.) 1969: Schleswig-Holstein – Ein geographisch landeskundlicher Exkursionsführer (Kiel 1969).

EIDERSTEDT

Meier, D. 2016: Die Eider. Flusslandschaft und Geschichte (Heide 2016).

Meier, D. 2019: Schleswig-Holstein. Eine Landschaftsgeschichte (Heide 2019).

DITHMARSCHER NORDERMARSCH

Meier, D. 2011: Schleswig-Holstein im Frühen Mittelalter. Landschaft – Archäologie – Geschichte (Heide 2011).

Meier, D. 2012: Schleswig-Holstein im Hohen und Späten Mittelalter. Landesausbau – Dörfer – Städte (Heide 2012).

Meier, D. 2016: Die Eider. Flusslandschaft und Geschichte (Heide 2016).

Meier, D. 2019: Schleswig-Holstein. Eine Landschaftsgeschichte (Heide 2019).

VON MELDORF NACH BRUNSBÜTTEL

Meier, D. 2011: Schleswig-Holstein im Frühen Mittelalter. Landschaft – Archäologie – Geschichte (Heide 2011).

Meier, D. 2012: Schleswig-Holstein im Hohen und Späten Mittelalter. Landesausbau – Dörfer – Städte (Heide 2012).

Meier, D. 2019: Schleswig-Holstein. Eine Landschaftsgeschichte (Heide 2019).

VON BRUNSBÜTTEL IN DIE ELBMARSCHEN UND NACH LIETH

Meier, D. 2011: Schleswig-Holstein im Frühen Mittelalter. Landschaft – Archäologie – Geschichte (Heide 2011).

Meier, D. 2012: Schleswig-Holstein im Hohen und Späten Mittelalter. Landesausbau – Dörfer – Städte (Heide 2012).

Meier, D. 2019: Schleswig-Holstein. Eine Landschaftsgeschichte (Heide 2019).

Schmidtke, K.-D. 1992: Die Entstehung Schleswig-Holsteins (Neumünster 1992).

OSTHOLSTEIN

Meier, D. 2015: Unsere Ostseeküste (Heide 2015).

Meier, D. 2019: Schleswig-Holstein. Eine Landschaftsgeschichte (Heide 2019).

Muuß, U., Petersen, M. u. König, D. 1973: Die Binnengewässer Schleswig-Holsteins. Unter Mitarbeit von G. Herrmann (Neumünster 1973).

Schlenger, H., Paffen, K. H. u. Stewig, R. (Hrsg.) 1969: Schleswig-Holstein – Ein geographisch landeskundlicher Exkursionsführer (Kiel 1969).

SYLT

Meier, D. 2018: Sylt. Eine Landschaftsgeschichte (Heide 2018).

Meier, D. 2019: Schleswig-Holstein. Eine Landschaftsgeschichte (Heide 2019).

Römisch-Germanisches-Zentralmuseum Mainz 1968 (Hrsg.): Führer zu vor- und frühgeschichtlichen Denkmälern. Bd. 9 Schleswig – Haithabu – Sylt (Mainz 1968).

HALLIGEN

Meier, D., Kühn, H. J. u. Borger, G. 2013: Der Küstenatlas. Das schleswig-holsteinische Wattenmeer zwischen Vergangenheit und Gegenwart (Heide 2013).

Meier, D. 2020: Die Halligen. Zwischen Vergangenheit und Gegenwart (Heide 2020).

Altmoränen | Jungmoränen | Sander | Schmelzwasserabsätze | Marschen | Halligen | Sand/Nehrung

© Dirk Meier

WEITERE TITEL DES AUTORS IM BOYENS BUCHVERLAG

978-3-8042-1504-7

978-3-8042-1482-8

978-3-8042-1533-7

978-3-8042-1394-4

978-3-8042-1381-4